Steven Bartlett

The Diary of a CEO

STEVEN BARTLETT

THE DIARY OF A CEO

DIE ENTDECKUNG DES ERFOLGS

33 Gesetze für Leben und Arbeit

Aus dem Englischen von Sigrid Schmid
und Caroline Weißbach

ARISTON

Die Originalausgabe erschien 2023 unter dem Titel The Diary of a CEO
bei Ebury Edge, einem Imprint von Ebury Publishing.

MIX
Papier | Fördert
gute Waldnutzung
FSC® C014496

Penguin Random House Verlagsgruppe FSC® N001967

4. Auflage

Aus dem Englischen von Sigrid Schmid und Caroline Weißbach

Redaktion: Jordan T.A. Wegberg, Berlin
Umschlaggestaltung: Nele Schütz Design nach Vorlage des Original-Covers
Satz: Satzwerk Huber, Germering
Druck und Bindung: GGP Media GmbH, Pößneck
Printed in Germany

ISBN: 978-3-424-20295-3

Dieses Buch ist allen gewidmet,
die THE DIARY OF A CEO anhören und anschauen!

Dank euch leben wir den großartigsten Traum,
den wir nie hatten.

Inhaltsverzeichnis

Warum ausgerechnet ich dieses Buch schreibe

Ich bin CEO, Gründer, Mitbegründer oder Vorstandsmitglied von vier branchenführenden Unternehmen, die insgesamt – zu ihren Spitzenzeiten – einen kumulierten Wert von mehr als 1 Milliarde Dollar erreichten.

Aktuell bin ich der Gründer der innovativen Marketingagentur Flight Story, des Softwareunternehmens thirdweb und des Investmentfonds Flight Fund.

Weltweit haben Tausende Menschen für meine Unternehmen gearbeitet. Ich habe beinahe 100 Millionen Dollar an Investitionen für meine Unternehmen eingeworben.

Ich selbst habe in mehr als vierzig Unternehmen investiert. Bei vier Unternehmen sitze ich im Vorstand; zwei von diesen Unternehmen sind derzeit Branchenführer. Ich bin dreißig Jahre alt.

Als Gründer von zwei erfolgreichen Marketinggruppen, die es in ihrem Marktsegment und ihrer Branche bis ganz nach oben geschafft haben, habe ich einen Großteil meines Arbeitslebens in Vorstandsetagen verbracht, wo ich CEOs, CMOs und Führungskräfte der weltweit größten Marken darin beraten habe, wie sie sich am besten vermarkten und ihre Geschichte online erfolgreich verbreiten können. Uber, Apple, Coca-Cola, Nike, Amazon, TikTok, Logitech – sie alle waren meine Kunden.

Darüber hinaus habe ich in den letzten vier Jahren die erfolgreichsten Menschen der Welt aus Wirtschaft, Sport, Unterhaltung und Forschung interviewt. Ich verfüge über siebenhundert Stunden an Aufnahmen, in denen ich mit den erfolgreichsten Autoren, Schauspielern und CMOs spreche, mit führenden Neurowissenschaftlern, den Kapitänen und Managern beliebter Mannschaften, den CEOs milliardenschwerer Unternehmen, deren Produkte jeder tagtäglich benutzt, und ich habe mit mehr weltweit führenden Psychologen gesprochen, als ich zählen kann.

Ich habe diese Gespräche in einem Podcast mit dem Titel *The Diary of a CEO* veröffentlicht, der schnell zum am häufigsten heruntergeladenen Podcast in Europa und zu einem der wichtigsten Wirtschaftspodcasts in den USA, in Irland, Australien und im Nahen Osten wurde. Aktuell zählt er zu den am schnellsten wachsenden Podcasts weltweit, und seine Hörerzahlen stiegen allein im letzten Jahr um 825 Prozent.

Ich hatte das Glück, einige wirklich einzigartige Erfahrungen machen zu dürfen, und vor ein paar Jahren wurde mir klar, wie viele wertvolle und wichtige Informationen ich gesammelt hatte – und dass nur eine Handvoll Menschen auf der Welt auf diese Informationen zugreifen können. Außerdem erkannte ich, dass allen Erfolgen und Fehlschlägen, die ich auf meinem unternehmerischen Weg erlebt oder von denen ich in Hunderten Interviews gehört habe, einige Gesetze zugrunde liegen. Diese Gesetze sind zeitlos, sie lassen sich auf jede Branche übertragen und können von jedem genutzt werden, der etwas Großes erschaffen oder selbst zu den Großen zählen will.

Dieses Buch handelt nicht von Geschäftsstrategien. Solche Strategien sind kurzlebig. In diesem Buch geht es um etwas wesentlich Beständigeres: um die fundamentalen und immer gültigen Gesetze, mit denen man Großes schafft und selbst großartig werden kann.

Diese Gesetze können von jedem genutzt werden, unabhängig von Branche oder Beruf.

Diese Gesetze werden in hundert Jahren noch genauso gut funktionieren wie heute.

Diese Gesetze fußen auf Psychologie, Wissenschaft und jahrhundertelanger Forschung, und um ihre Gültigkeit nachdrücklich zu beweisen, habe ich Zehntausende Menschen auf der ganzen Welt aus allen Altersklassen und Berufszweigen befragt.

Dieses Buch basiert auf fünf grundlegenden persönlichen Überzeugungen:

1. Die meisten Bücher sind länger, als sie sein sollten.
2. Die meisten Bücher sind komplizierter, als sie sein müssten.
3. Ein Bild sagt mehr als tausend Worte.
4. Geschichten sind wirkmächtiger als Zahlen, aber beide sind wichtig.
5. Nuancen sind wichtig, und die Wahrheit liegt oft irgendwo dazwischen.

Kurz gesagt soll dieses Buch ein Zitat verkörpern, das vielfach Einstein zugeschrieben wird:

»Alles sollte so einfach wie möglich sein,
aber nicht einfacher.«

Für mich heißt das: Ich werde dir die zugrunde liegende Wahrheit und die Bedeutung jedes Gesetzes mit genau so vielen Wörtern wie nötig nahebringen – nicht mehr und nicht weniger –, und ich werde anhand starker Bilder und unglaublicher, wahrer Geschichten die entscheidenden Aspekte lebendig werden lassen.

☆ DIE VIER PFEILER DER GROSSARTIGKEIT

Wer wahre Größe erlangen und Großartiges schaffen will, muss vier wichtige Bereiche meistern. Ich nenne sie die vier Pfeiler der Großartigkeit.

PFEILER I: DAS SELBST

Leonardo da Vinci stellte fest: »Man kann keine geringere oder größere Meisterschaft erlangen als die des eigenen Selbst; niemals wirst du eine größere oder kleinere Herrschaft innehaben als über dich selbst; die Größe deines Erfolgs bemisst sich daran, wie gut du dich selbst beherrschst, die Tiefe deines Scheiterns daran, ob du dich selbst aufgibst. Diejenigen, die sich selbst nicht beherrschen können, erlangen auch keine Macht über andere.«

Bei diesem Pfeiler geht es um dich, deine Selbstwahrnehmung, deine Selbstkontrolle, wie du mit dir selbst umgehst, um Selbstführung, Selbstwert und die Geschichte deiner selbst. Unser Selbst ist das Einzige, was wir direkt kontrollieren können; es zu meistern, ist keine leichte Aufgabe, aber wenn es dir gelingt, dann bist du der Meister deines eigenen Schicksals.

PFEILER II: DIE GESCHICHTE

Im Weg stehen werden dir immer nur Menschen. Wissenschaft, Psychologie und Vergangenheit haben gezeigt, dass nichts diese Menschen stärker positiv beeinflussen kann – keine Schaubilder, Daten oder Informationen – als eine wirklich gute Geschichte.

Geschichten sind die mächtigsten Waffen eines Anführers – sie sind die Währung der Menschheit. Wer fesselnde, inspirierende, emotionale Geschichten erzählen kann, beherrscht die Welt.

Bei diesem Pfeiler geht es ums Geschichtenerzählen und darum, wie du mithilfe der Gesetze des Erzählens die Menschen, die dir im Weg stehen, überzeugen kannst, dir zu folgen, dir etwas abzukaufen, an dich zu glauben, dir zu vertrauen, zu klicken, zu handeln, dir zuzuhören und dich zu verstehen.

PFEILER III: DIE PHILOSOPHIE

In Wirtschaft, Sport und Wissenschaft sind die persönlichen Überzeugungen eines Menschen, seine Philosophie, das zuverlässigste Mittel, um vorherzusagen, wie er sich jetzt und später verhalten wird. Wenn du die Philosophie eines Menschen oder seine Überzeugungen kennst, kannst du zuverlässig prognostizieren, wie er sich in jeder möglichen Situation verhalten wird.

Bei diesem Pfeiler geht es um die persönlichen und beruflichen Philosophien großartiger Menschen und darum, wie diese Philosophien in ein Verhalten münden, das zu Großem führt. Deine Philosophie besteht aus den Überzeugungen, Werten und Prinzipien, die dein Verhalten lenken – es handelt sich dabei um grundlegende Überzeugungen, auf denen deine Handlungen und Entscheidungen basieren.

PFEILER IV: DAS TEAM

Die Definition des Begriffs »Gesellschaft« ist »eine Gruppe von Menschen«. Jedes Unternehmen, jedes Projekt oder jede Organisation besteht im Kern aus einer Gruppe von Menschen. Alles, was diese Organisation hervorbringt, sei es gut oder schlecht, entsteht in den Köpfen deiner Teammitglieder. Deine Arbeit wird vor allem dadurch bestimmt, mit wem du dich zusammenzuarbeiten entschließt.

Ich habe noch niemanden getroffen, der ein großartiges Unternehmen, Projekt oder eine großartige Organisation ganz allein, ohne die Hilfe anderer, auf die Beine gestellt hätte, und ich habe noch niemanden persönliche Größe erreichen sehen, ohne dass er von anderen Menschen unterstützt worden wäre.

Hier geht es darum, wie man eine solche Gruppe zusammenstellt und das Beste aus ihr herausholt. Es reicht nicht aus, einfach irgendeine Gruppe zusammenzuwürfeln; damit eine Gruppe zu einem wirklich großartigen Team zusammenwächst, braucht es die richtigen Menschen, die von der richtigen Arbeitskultur zusammengeschweißt werden. Wenn das geschieht, wird das Team zu mehr als der Summe seiner Teile. Wenn 1 + 1 = 3 sind, geschehen große Dinge.

PFEILER 1:
DAS SELBST

Gesetz 1:
Fülle deine fünf Eimer in der richtigen Reihenfolge

Dieses Gesetz erklärt dir die fünf Eimer, die über dein menschliches Potenzial entscheiden, wie du sie auffüllst und – sehr wichtig – in welcher Reihenfolge du sie befüllen solltest.

Mein Freund David stand gerade in seinem Vorgarten und genoss einen morgendlichen Espresso, als ein verschwitzter, verwirrt wirkender, keuchender Mann in abgenutzter Sportkleidung langsam auf ihn zutrabte.

Der Läufer hielt inne und grüßte, während er noch nach Luft schnappte. Er machte einen unverständlichen Witz, über den er selbst hysterisch lachte, anschließend begann er unzusammenhängend von dem Raumschiff zu erzählen, an dem er gerade baute, von den Mikrochips, die er in die Gehirne von Affen pflanzen wollte, und den KI-gesteuerten Hausrobotern, die er bald bauen werde.

Kurz darauf verabschiedete sich der Fremde von David und setzte seinen langsamen, schweißtreibenden Trott die Straße hinauf fort.

Dieser verschwitzte Jogger war kein Geringerer als Elon Musk. Milliardär und Gründer von Tesla, SpaceX, Neuralink, OpenAI, Paypal, Zip2 und The Boring Company.

Bevor ich enthüllt habe, um wen es sich bei dem verschwitzten Läufer handelte, hast du vielleicht verständlicherweise angenommen, er sei einer nahen psychiatrischen Einrichtung entlaufen oder leide unter einer psychotischen Episode. Sobald aber sein Name fiel, erschienen all die gerade beschriebenen Vorhaben plötzlich glaubwürdig.

Sogar so glaubwürdig, dass Menschen, wenn Elon der Welt von seinen Ambitionen erzählt, bedenkenlos Milliarden von Dollar aus dem zukünftigen Erbe ihrer Kinder entnehmen und ihn damit unterstützen. Diese Menschen kündigen ihre Stellen und ziehen um, damit sie für ihn arbeiten können, und sie bestellen seine Produkte, noch bevor sie überhaupt existieren.

Das liegt daran, dass Elon Musk seine fünf Eimer gefüllt hat – tatsächlich besitzen alle mir bekannten Menschen, die über die Macht verfügen, wahrhaft Großartiges zu leisten, fünf randvolle Eimer.

Die Summe dieser fünf Eimer ist die Summe deines professionellen Potenzials. Der Füllstand dieser Eimer bestimmt, wie groß, überzeugend und realisierbar deine Träume für dich und die Menschen sind, die von ihnen erfahren.

Wer Großes erreicht, hat Jahre, oft sogar Jahrzehnte daran gearbeitet, diese fünf Eimer zu füllen. Mit fünf vollen Eimern verfügt man über genügend Potenzial, um die Welt zu verändern.

Wenn du auf Jobsuche bist, das nächste Buch aussuchst, das du lesen möchtest, oder entscheidest, welchen deiner Träume du verwirklichen willst, musst du dir immer bewusst sein, wie voll deine Eimer sind.

☆ DIE FÜNF EIMER

1. Was du weißt (dein Wissen)
2. Was du kannst (deine Kompetenz)
3. Wen du kennst (dein Netzwerk)
4. Was du hast (deine Ressourcen)
5. Was die Welt von dir hält (dein Ruf)

Am Anfang meiner Karriere stellte sich mir, einem achtzehnjährigen Start-up-Gründer, eine moralische Frage, die mir nicht mehr aus dem Kopf ging. Was war das noblere Ziel: Sollte ich meine Zeit und meine Energie in den Aufbau eines Unternehmens stecken (das mich am Ende reich machen würde), oder sollte ich nach Afrika in meinen Geburtsort zurückkehren und dort all meine Zeit und Energie darauf verwenden, auch nur ein Leben zu retten?

Diese Frage trug ich mehrere Jahre mit mir herum, bis mir eine Zufallsbegegnung in New York die lang ersehnte Klarheit verschaffte. Dort nahm ich an einer Veranstaltung von Radhanath Swami teil, einem weltweit angesehenen Guru, Mönch und spirituellen Anführer.

Ich mischte mich also unter die andächtigen Anhänger, die gebannt an den Lippen des Swamis hingen. In dieser regungslosen, ehrfürchtigen Stille fragte der Guru, ob jemand eine Frage an ihn habe.

Ich hob meine Hand. Der Guru gab mir mit einem Wink zu verstehen, dass ich meine Frage stellen sollte. Ich fragte: »Ist der Aufbau eines Unternehmens und die Bereicherung meiner selbst ein nobleres Vorhaben, als wenn ich zurück nach Afrika gehe und dort versuche, Leben zu retten?«

Der Guru starrte mich an, als könne er in die Tiefen meiner Seele blicken, und verkündete nach einer langen Pause: »Du kannst nicht aus leeren Eimern schöpfen.«

Mehr als ein Jahrzehnt später weiß ich genau, was der Guru damals meinte. Er riet mir, mich auf das Füllen meiner eigenen Eimer zu konzentrieren, denn mit vollen Eimern kann man die Welt nach den eigenen Vorstellungen positiv verändern.

Nachdem ich mehrere Unternehmen aufgebaut, mit den größten Organisationen der Welt zusammengearbeitet, Tausende Menschen gemanagt, Hunderte Bücher gelesen, siebenhundert Stunden lang die erfolgreichsten Menschen der Welt interviewt habe und ein Multimillionär geworden bin, sind meine Eimer nun gut gefüllt. Aufgrund dieser Arbeit besitze ich jetzt **das Wissen, die Kompetenz, das Netzwerk, die Ressourcen und den Ruf**, um Menschen auf der ganzen Welt zu helfen, und genau das möchte ich für den Rest meines Lebens tun, indem ich gemeinnützige Arbeit leiste, spende, Organisationen gründe, Medienunternehmen aufbaue und eine Schule gründe.

Diese fünf Eimer, von denen ich spreche, stehen miteinander in Verbindung – den einen aufzufüllen, hilft auch beim Befüllen des nächsten –, und sie werden in der Regel von links nach rechts gefüllt.

Üblicherweise beginnt unsere professionelle Laufbahn mit der Aneignung von **Wissen** (Schule, Universität usw.), und wenn wir dieses Wissen anwenden, sprechen wir von **Kompetenz**. Wenn du über Wissen und Kompetenz verfügst, stellst du für andere einen professionellen Wert dar, und dein **Netzwerk** wächst. Wissen, Kompetenz und ein Netzwerk führen konsequenterweise zu einer Erweiterung der **Ressourcen**, auf die du zugreifen kannst, und sobald du über Wissen, Kompetenz, ein wertvolles Netzwerk und Ressourcen verfügst, wirst du dir zweifelsohne einen **Ruf** aufbauen.

Bedenkt man alle fünf Eimer und die Verbindung, in der sie zueinander stehen, wird schnell klar, dass sich eine Investition in den ersten Eimer (Wissen) am meisten auszahlt. Denn wenn dieses Wissen angewandt wird (Kompetenz), dann strömt es unweigerlich auch in die anderen Eimer und füllt diese auf.

Wer das verinnerlicht hat, wird auch verstehen, dass eine Stelle, die geringfügig mehr Geld einbringt (Ressourcen), aber weniger Wissen und weniger Fähigkeiten liefert, eigentlich schlechter entlohnt ist.

Die Kraft, die uns davon abhält, nach dieser Logik zu handeln, ist in der Regel unser Ego. Unser Ego kann uns unglaublich gut davon überzeugen, die ersten beiden Eimer zu überspringen – es bringt uns dazu, einen Job nur des Geldes wegen anzunehmen (Eimer 4) oder wegen der damit verbundenen Position, des Status oder Rufs (Eimer 5), ohne dass wir über das notwendige Wissen (Eimer 1) oder die Kompetenz verfügen (Eimer 2), die wir bräuchten, um in dieser Position erfolgreich zu sein.

Wenn wir dieser Versuchung nachgeben, ruht unsere Karriere auf einem schwachen Fundament. Diese kurzfristigen Entscheidungen – wenn du deine Belohnung nicht hinausschieben, keine Geduld aufbringen und nicht in den ersten Eimer investieren kannst – werden sich am Ende rächen.

Im Jahr 2017 kam ein sehr talentierter einundzwanzigjähriger Mitarbeiter namens Richard in mein Büro und meinte, er habe Neuigkeiten für mich. Er erzählte mir, ein neues Marketingunternehmen habe ihm auf der anderen Seite des Atlantiks eine Stelle als CEO angeboten, und er wolle meine Firma – in der es ihm gut ging – verlassen, um sie anzunehmen. Das Angebot lockte mit einer enormen Gehaltssteigerung (beinahe doppelt so viel, wie wir ihm zahlten), einem Aktienpaket und der Möglichkeit, in New York zu leben – was Welten von dem kleinen öden Dorf entfernt war, in dem er aufgewachsen war, und eine deutliche Verbesserung zum englischen Manchester darstellte, wo er im Moment für mein Unternehmen arbeitete.

Um ganz ehrlich zu sein: Ich glaubte ihm kein Wort. Für mich war es unvorstellbar, dass ein ernst zu nehmendes Unternehmen einer

Nachwuchskraft ohne Führungserfahrung eine so bedeutende Position anbot.

Dennoch ließ ich seine Angaben gelten und erklärte ihm, wir würden ihn bei seinem Ausscheiden aus unserem Unternehmen unterstützen.

Wie sich herausstellte, lag ich falsch – Richard hatte die Wahrheit gesagt. Das Jobangebot gab es wirklich, und einen Monat später wurde er CEO von besagtem Marketingunternehmen, zog nach New York und begann sein neues Leben als leitender Manager im Big Apple, wo er einem Team von mehr als zwanzig Mitarbeitern in einem rapide wachsenden Marketing-Start-up vorstand.

Leider ist die Geschichte an dieser Stelle noch nicht zu Ende. Das Leben sollte sowohl Richard als auch mich lehren, dass man die ersten beiden Eimer (Wissen und Kompetenz) nicht überspringen kann, wenn man auf langfristige und nachhaltige Ergebnisse aus ist. Sonst baut man sein Haus auf Sand.

Nach achtzehn Monaten ging es mit dem einst Erfolg versprechenden Unternehmen, dem Richard beigetreten war, bergab. Die wichtigsten Angestellten verließen die Firma, das Geld ging ihr aus, und sie geriet wegen ihres Führungsstils in die Kritik. Nach der Firmenschließung war Richard arbeitslos, weit weg von zu Hause und auf der Suche nach einer neuen, weitaus niedrigeren Position im gleichen Sektor, in dem er zuvor bei uns angestellt gewesen war.

Wenn du vor der Entscheidung stehst, welchen Lebensweg du einschlagen möchtest, welches Stellenangebot du annehmen sollst oder in was du deine Freizeit investieren willst, solltest du immer Folgendes bedenken: Wissen ist, wenn es angewandt wird (Kompetenz), Macht. Wenn du deinen ersten beiden Eimern Priorität einräumst, dann wird dein Fundament langfristig so stabil sein, wie du es brauchst, um am Ende erfolgreich zu sein, auch wenn die tektonischen Platten des Lebens unter dir beben und sich verschieben.

Ich definiere ein berufliches Erdbeben als ein unvorhersehbares Ereignis in deiner Karriere, das sich negativ auf dich auswirkt. Das kann alles Mögliche sein: eine technologische Innovation, die den gesamten Industriezweig erschüttert, eine Kündigung seitens deines Arbeitgebers, oder du hast selbst gegründet, und dein Unternehmen geht bankrott.

Nur zwei deiner Eimer kann kein berufliches Erdbeben jemals leeren – es kann dein Netzwerk zerschlagen, es kann dir deine Ressourcen nehmen, es kann sich sogar auf deinen Ruf auswirken, aber es kann dir niemals dein Wissen nehmen, und es kann dich ebenfalls nie deiner Kompetenzen berauben.

Diese beiden ersten Eimer bestimmen dein Überleben, stellen dein Fundament dar und sind der deutlichste Indikator dafür, wie deine Zukunft aussehen wird.

☆ DAS GESETZ: FÜLLE DEINE FÜNF EIMER IN DER RICHTIGEN REIHENFOLGE

Angewandtes Wissen ist Kompetenz, und je mehr Wissen du dir aneignen und anwenden kannst, desto größer wird der Mehrwert sein, den du in der Welt erschaffst. Dieser Wert wird sich durch ein wachsendes Netzwerk, umfangreiche Ressourcen und einen soliden Ruf auszahlen. Achte darauf, deine Eimer in der richtigen Reihenfolge zu füllen.

Wer Gold hortet,
ist einen Moment
lang reich.

Wer Wissen und
Kompetenzen anhäuft,
ist ein Leben lang reich.

Wahrer Wohlstand
zeigt sich in deinem
Wissen und deiner
Kompetenz.

The Diary of a CEO

Gesetz 2:
Willst du etwas meistern, dann verpflichte dich, es zu lehren

Dieses Gesetz erklärt eine simple Technik, mit der die weltweit anerkanntesten Intellektuellen, Autoren und Philosophen zu Meistern ihres Faches geworden sind, und wie du mit ihrer Hilfe jede Fähigkeit erlernen, jedes Thema verstehen und dir ein Publikum aufbauen kannst.

DIE GESCHICHTE

Für mich fühlte es sich an, als hätte sich an jenem Abend alle Welt versammelt, um mir dabei zuzusehen, wie ich auf der Bühne im Boden versank. In Wirklichkeit bestand mein Publikum jedoch nur aus einer Handvoll Mitschüler meiner Sekundarstufe, deren Eltern und ein paar Lehrerinnen und Lehrern.

Ich war vierzehn Jahre alt und sollte diesen Abend, an dem die besten Prüfungsergebnisse ausgezeichnet wurden, mit einigen Worten beschließen. Als ich auf die Bühne trat, verfiel der Saal in erwartungsvolles Schweigen.

Und dort stand ich, erstarrt, stumm und voller Angst. Es war die längste Minute, die je irgendjemand ertragen hat; ich starrte auf das bebende Blatt Papier in meinen verschwitzten Händen, kurz davor, mir in die Hose zu machen, und erlebte, was man gemeinhin als »Lampenfieber« bezeichnet.

Ich zitterte so stark, dass ich die vorbereitete Rede auf dem Papier nicht mehr lesen konnte. Am Ende stammelte ich ein paar improvisierte, klischeebehaftete Worte, die keinen Sinn ergaben, und floh so schnell von der Bühne und aus dem Gebäude, als ob ein Sondereinsatzkommando hinter mir her wäre.

Zehn Jahre nach diesem traumatischen Tag trete ich nun fünfzig Wochen im Jahr überall auf der Welt auf – ich stehe zusammen mit Barack Obama vor Zehntausenden in São Paulo auf der Bühne, ich spreche vor ausverkauften Stadien in Barcelona, ich toure durch das Vereinigte Königreich und rede auf Veranstaltungen, die mich von Kiew über Texas bis nach Mailand führen.

✭ DIE ERKLÄRUNG

Ich habe mich von einem schrecklich schlechten öffentlichen Redner zu jemandem entwickelt, der mit den besten Rednern unserer Zeit Umgang pflegt, und diese Transformation führe ich auf ein simples Gesetz zurück.

Dieses Gesetz ist nicht nur für meine Gelassenheit auf der Bühne, mein Auftreten und meine Vortragsweise verantwortlich (meine Kompetenzen), dank ihm habe ich auch etwas Interessantes zu erzählen, wenn ich auf der Bühne stehe (mein Wissen): Ich habe mich der Lehre verpflichtet.

Der verstorbene spirituelle Anführer Yogi Bhajan sagte einmal: »Wenn du etwas lernen willst, lies darüber. Wenn du etwas verstehen willst, schreibe darüber. Wenn du etwas meistern willst, lehre es.«

Als ich einundzwanzig Jahre alt war, gab ich mir selbst ein Versprechen: ich würde jeden Abend um neunzehn Uhr einen Tweet schreiben oder ein Video filmen, worin ich einen einzigen Gedanken oder eine Idee ausformulierte, und das Ergebnis eine Stunde später, um zwanzig Uhr, online stellen.

Von allen Dingen, die ich in meinem Leben getan habe, um mein Wissen und meine Fähigkeiten voranzubringen – um meine ersten zwei Eimer zu füllen –, hatte dieses Vorhaben die größte Wirksamkeit. Ich übertreibe keineswegs, wenn ich behaupte, dass es mein gesamtes Leben verändert hat, und deswegen lege ich diesen Rat auch jedem wärmstens ans Herz, der versucht, ein besserer Denker, Redner, Autor oder Content-Creator zu werden.

Der ausschlaggebende Punkt ist, dass ich mir das Lernen, darüber zu schreiben/etwas aufzunehmen und es anschließend im Internet zu teilen, zu einer täglichen Pflicht gemacht habe, es war nun mehr als nur ein Interesse meinerseits.

✯ EIN RISIKO EINGEHEN

Bald nachdem ich diese Verpflichtung eingegangen war, bekam ich Rückmeldungen durch Kommentare meines Publikums und über die analytischen Daten der Plattformen, auf denen ich postete; das half mir dabei, besser zu werden, und es schuf eine Community, die mir nur wegen dieser täglichen Idee folgte. Anfangs bestand mein Publikum aus weniger als hundert Menschen, fast zehn Jahre später folgen mir nun über alle Kanäle hinweg fast 10 Millionen.

Mit der ersten Idee, die ich teilte, ging ich mit meinem Publikum einen »sozialen Vertrag« ein – im Grunde eine soziale Verpflichtung den Menschen gegenüber, die mir nur für diese tägliche Idee folgten. Das motivierte mich weiterzumachen, und ich hatte nun etwas zu verlieren – ihre Aufmerksamkeit und meinen Ruf –, wenn ich aufhörte.

Im Kern bedeutet eine Verpflichtung, dass man etwas zu verlieren hat, und wenn man etwas zu verlieren hat, geht man ein persönliches Risiko ein.

»Ein Risiko eingehen« ist ein wichtiges psychologisches Werkzeug, mit dem man seine Lernkurve in allen Bereichen steigern kann. Risiko erhöht den Lerneinsatz, indem es tief reichende psychologische Anreize schafft, ein Verhalten beizubehalten. Alles Mögliche kann aufs Spiel gesetzt werden, von Geld bis hin zu öffentlichen persönlichen Verpflichtungen.

Du willst mehr über ein bestimmtes Unternehmen erfahren? Kaufe einige Aktienanteile. Du willst etwas über das Web 3.0 lernen? Kaufe ein NFT. Wenn du regelmäßiger ins Fitnessstudio gehen möchtest, eröffne eine WhatsApp-Gruppe mit deinen Freunden, in der du dein tägliches Work-out teilst. In allen drei Beispielen wird entweder monetäre oder soziale Währung eingesetzt.

Mehrere globale Studien konnten zeigen, dass das Eingehen eines persönlichen Risikos funktioniert, da das menschliche Verhalten wesentlich stärker darauf ausgelegt ist, Verluste zu vermeiden, als Ziele zu verfolgen. Wissenschaftler sprechen in diesem Zusammenhang von Verlustaversion.

Sorge also dafür, dass du etwas zu verlieren hast.

☆ DIE AKTUALISIERTE FEYNMAN-METHODE

Daraus folgt: **Wenn du etwas meistern willst, tue es öffentlich und regelmäßig**. Das Veröffentlichen niedergeschriebener Ideen zwingt dich zu wiederholtem Lernen und zu einem klareren Schreibstil. Das Posten von Videos macht dich zu einem besseren Redner und trainiert dich im Ausformulieren deiner Gedanken. Indem du deine Überzeugungen auf einer Bühne mitteilst, lernst du, wie du ein Publikum für dich einnehmen und mitreißende Geschichten erzählen kannst. Das gilt für jeden Lebensbereich, tue es öffentlich und schaffe eine Verpflichtung, die dich zur Regelmäßigkeit zwingt, dann kannst du alles erreichen, was du möchtest.

Einer der wertvollsten Aspekte meiner selbst geschaffenen Verpflichtung war, dass ich jede Idee, die ich teilen wollte, auf ihren Kern herunterbrechen musste, auf höchstens 140 Zeichen, damit sie in einen Tweet passte.

Ist man in der Lage, eine Idee zu vereinfachen und erfolgreich mit anderen zu teilen, versteht man sie dadurch besser. Verstehen wir etwas nicht, verstecken wir uns in der Regel hinter überflüssigen, unnötig komplizierten Wörtern. Tun wir das nicht, ist das der Beweis dafür, dass wir eine Idee verstanden haben.

Das Herunterbrechen eines Gedankens auf seinen Kern wird oft als Feynman-Methode bezeichnet, benannt nach dem angesehenen amerikanischen Wissenschaftler Richard Feynman. Für seinen Beitrag zur Quantenelektrodynamik erhielt Feynman 1965 den Nobelpreis. Er hatte ein Talent dafür, hochkomplexe, verblüffende Ideen in so einfachen Worten zu erklären, dass sogar ein Kind sie verstehen konnte.

> *Ich konnte die Sache nicht auf das Niveau eines Erstsemesters herunterbrechen. Das bedeutet, dass wir sie wirklich nicht verstehen.*
>
> **Richard Feynman**

Die Feynman-Methode lässt sich gut als mentale Übung für die eigene Weiterentwicklung einsetzen. Sie zwingt einen, unnötig Komplexes wegzulassen, ein Konzept auf seine Essenz einzudampfen und ein reichhaltiges, tief gehendes Verständnis der Disziplin zu erlangen, die man sich aneignen will. Die Feynman-Methode besteht aus wenigen wichtigen Schritten, die ich vereinfacht und auf Basis meiner eigenen Lernerfahrung aktualisiert habe:

SCHRITT 1: LERNE

Zuerst musst du das Thema eingrenzen, das du verstehen möchtest, es sorgfältig recherchieren und von allen Seiten beleuchten.

SCHRITT 2: ERKLÄRE ES EINEM KIND

Zweitens solltest du die Idee so aufschreiben, als ob du sie einem Kind erklärst; verwende leicht verständliche Wörter, weniger Wörter und einfache Konzepte.

SCHRITT 3: TEILE ES MIT

Gib deine Idee an andere weiter; poste sie online, in deinem Blog, teile sie auf der Bühne oder einfach beim Abendessen. Verwende ein Medium, bei dem du eine klare Rückmeldung erhältst.

SCHRITT 4: ÜBERPRÜFE

Gehe die Rückmeldungen durch. Haben andere das Konzept auf Basis deiner Erklärungen verstanden? Können sie es dir in ihren eigenen Worten erklären? Falls nicht, fange wieder beim ersten Schritt an; falls ja, wende dich etwas Neuem zu.

☆☆☆

Dies ist die Gemeinsamkeit aller großen Redner, angesehenen Autoren und bekannten Intellektuellen, mit denen ich mich je beschäftigt oder die ich interviewt habe.

Jede Person auf der Liste der hundert wichtigsten modernen Intellektuellen des Magazins *Prospect* befolgt dieses Gesetz.

Als ich mich mit den großen Philosophen der Vergangenheit beschäftigte, stellte ich fest, dass jeder einzelne davon dieses Gesetz verinnerlicht hatte, oft waren sie sogar überzeugte Verfechter davon.

Alle waren zu einem gewissen Zeitpunkt, sei es aus Absicht oder Zufall, eine Verpflichtung eingegangen, durch die sie fortwährend nachdachten, schrieben und ihre Überlegungen mit anderen teilten.

Egal ob es sich um moderne Autoren wie James Clear, Malcolm Gladwell oder Simon Sinek handelt, die Tweets, Blogeinträge und Videos in den sozialen Medien posten, oder um antike Philosophen wie Aristoteles, Platon und Konfuzius, die auf Papyrusrollen schrieben und auf Bühnen vortrugen, sie alle folgten diesem entscheidenden Gesetz; sie alle haben sich der Lehre verpflichtet und sind dadurch zu Meistern des Wissens und der Vermittlung desselben geworden.

> Die Person, die in jedem Klassenzimmer am meisten lernt, ist der Lehrer.
>
> **James Clear**

☆ DAS GESETZ: WILLST DU ETWAS MEISTERN, VERPFLICHTE DICH, ES ZU LEHREN

Lerne mehr, vereinfache mehr und teile mehr mit. Deine Beständigkeit wird deinen Fortschritt fördern, die Resonanz wird deine Fähigkeiten vergrößern, und das Befolgen dieses Gesetzes wird dich zu einem Meister deines Gebiets machen.

Man wird nicht besser,
indem man Wissen
für sich behält.

Man wird besser,
indem man es
weitergibt.

The Diary of a CEO

Gesetz 3: Niemals widersprechen

Dieses Gesetz macht dich zu einem Meister in Sachen Kommunikation, Verhandlung und Konfliktlösung. Du wirst Streitgespräche für dich entscheiden können, man wird dir zuhören, und du wirst die Meinung anderer ändern können. Es erklärt außerdem, weshalb die meisten deiner Argumente zu nichts führen.

✩ DIE GESCHICHTE

Über einen Großteil meiner Kindheit hinweg sah ich meiner Mutter zu, wie sie wütend auf meinen Vater einschrie, während dieser vor dem Fernseher saß und sie anscheinend überhaupt nicht wahrnahm. Bis dahin hatte ich nichts Vergleichbares erlebt, und bis heute kam nichts anderes diesen ohrenbetäubenden Schreieskapaden gleich.

Sie konnte ihn fünf oder sechs Stunden lang – wegen derselben Sache – anschreien und dabei immer wieder die gleichen Worte verwenden, ohne dass sie in Lautstärke oder Enthusiasmus nachließ. Manchmal versuchte mein Vater kurz gegenzuhalten, und wenn sein Einwand zwangsläufig im Sande verlief, ging er entweder wieder dazu über, meine Mutter zu ignorieren, oder er floh in einen anderen Teil des Hauses, schloss sich in seinem Zimmer ein oder setzte sich ins Auto und fuhr davon.

Erst mehr als zwanzig Jahre später wurde mir bewusst, dass ich genau diese Konfliktlösungsstrategie von ihm übernommen hatte.

Diese Erkenntnis kam mir, während ich um zwei Uhr morgens im Bett lag und meine wütende Freundin mir endlos etwas vorhielt, worüber sie unglücklich war. Ich entgegnete: »Das sehe ich anders«, und versuchte mich in einem überzeugenden Gegenargument. Erwartungsgemäß blieb der Erfolg aus. Als hätte ich Öl ins Feuer gegossen, schrie sie mich nun nur noch lauter an und brachte denselben Punkt mit den exakt gleichen Worten vor.

Irgendwann stand ich auf und versuchte zu gehen. Sie folgte mir, weswegen ich mich in meinem begehbaren Kleiderschrank verbarrikadierte, wo ich bis fast fünf Uhr morgens blieb, während sie mich durch die Tür hindurch anschrie – über dieselbe Sache, mit denselben Worten, wie eine kaputte Schallplatte –, ohne dass man ein Nachlassen in Lautstärke oder Enthusiasmus hätte wahrnehmen können.

Sie ist nun meine Ex-Freundin; wie zu erwarten, hielt die Beziehung nicht.

DIE ERKLÄRUNG

In Wahrheit ist in jeder zwischenmenschlichen Beziehung – geschäftlich, romantisch oder platonisch – Kommunikation sowohl das Problem als auch die Lösung.

Man kann die langfristige Gesundheit jeder Beziehung daran erkennen, ob ein Konflikt sie stärkt oder schwächt.

> *Gesunder Konflikt stärkt Beziehungen, weil die Beteiligten gemeinsam gegen ein Problem angehen; ungesunder Konflikt schwächt eine Beziehung, weil die Beteiligten gegeneinander arbeiten.*

Ich habe mich mit Tali Sharot zusammengesetzt, einer Professorin für kognitive Neurowissenschaften am University College London und am MIT, da ich verstehen wollte, was uns die Neurowissenschaft über die Regeln lehren kann, nach denen effektive Kommunikation funktioniert. Was Sharot mir erzählte, hat mein Privatleben, meine romantischen Beziehungen und die Art, wie ich meine geschäftlichen Verhandlungen führe, für immer verändert.

Sharot und ihr Team wollten herausfinden, was im Gehirn passiert, wenn wir streiten. Dazu führten sie eine Studie durch, die sie im Fachblatt *Nature Neuroscience* veröffentlichten. Darin zeichneten sie die Gehirnaktivitäten ihrer Probanden während eines Streits auf.

Während des Versuchs sollten zweiundvierzig Personen paarweise eine finanzielle Schätzung anstellen. Jedes Paar lag, getrennt durch eine Glaswand, nebeneinander in einem Kernspintomografen. Ihre Reaktionen während des Versuchs wurden aufgezeichnet. Beiden wurden Bilder von Immobilien gezeigt, deren Wert sie nacheinander schätzen sollten, außerdem mussten sie auf das Zutreffen ihrer Einschätzung wetten. Jeder der Teilnehmenden konnte die Schätzung des jeweiligen Partners auf einem Bildschirm sehen.

War das Versuchspaar sich bei einer Schätzung einig, waren beide bereit, mehr auf das Zutreffen ihrer Angaben zu wetten. Dabei sahen die Wissenschaftler, die die Gehirnaktivitäten untersuchten, dass die Gehirne aktiv wurden, was dafür sprach, dass sie kognitiv aufnahmebereit und offen waren. Stimmten die Partner dagegen nicht miteinander überein, schien die Gehirnaktivität zu stoppen und herunterzufahren, woraufhin sie sich der Meinung des anderen gegenüber verschlossen und diese weniger wertschätzten.

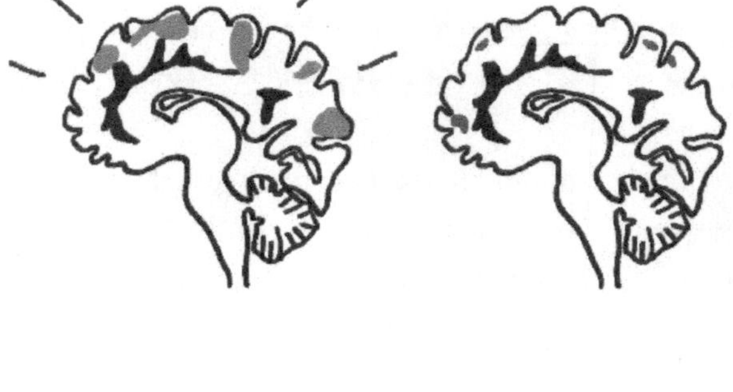

Sharots Erkenntnisse lassen aktuelle Entwicklungen in stark umkämpften Bereichen des politischen Diskurses in einem neuen Licht erscheinen. Ein Beispiel wäre der Klimawandel: obwohl Wissenschaftler über die letzten zehn Jahre hinweg immer mehr eindeutige Beweise dafür vorgelegt haben, dass der Klimawandel menschengemacht ist, stellte eine Umfrage des Pew Research Centers fest, dass die Zahl der US-Republikaner, die von den wissenschaftlichen Ergebnissen überzeugt sind, im gleichen Zeitraum *abnahm*. Heftiges Argumentieren, wie wissenschaftlich fundiert es auch sein mag, funktioniert offensichtlich nicht.

Folgendes muss also geschehen, wenn wir unsere Chancen erhöhen wollen, dass uns jemand auf der Gegenseite zuhört. Sharot meint, **die eigene Antwort darf nicht mit einer ablehnenden Aussage beginnen, wenn man das Gehirn seines Gegenübers für den eigenen Standpunkt aktiv und aufnahmebereit halten möchte.**

Wenn du mit jemandem nicht übereinstimmst, musst du unbedingt dem emotionalen Drang widerstehen und deine Antwort auf keinen Fall mit »Das sehe ich anders« oder »Da liegst du falsch« einleiten.

Beginne deine Erwiderung stattdessen mit einem Aspekt, den ihr gemeinsam habt, in dem ihr übereinstimmt, und mit den Teilen der Argumentation, die du nachvollziehen kannst.

> *Ein Argument kann noch so gut durchdacht und logisch aufgebaut sein, es ist unwahrscheinlich, dass es akzeptiert wird, wenn du es mit einer Ablehnung einleitest – unabhängig davon, wie viele Beweise vorliegen oder ob du objektiv gesehen recht hast.*

Beginnen wir dagegen mit Zustimmung, starten wir an einem gemeinsamen Ausgangspunkt, erhöhen wir so die Wahrscheinlichkeit, dass unsere starken Argumente, unsere unbestechliche Logik und das Gewicht unserer Belege überhaupt wahrgenommen werden.

Dieses dritte Gesetz – niemals widersprechen – ist ein entscheidender Grundsatz für jeden erfolgreichen Verhandlungsführer, Redner, Verkäufer, Geschäftsmann, Schriftsteller – und Partner.

Bei meinen Interviews mit dem Sprach- und Kommunikationscoach Julian Treasure, dessen TED-Talk mehr als 100 Millionen Mal angeschaut wurde, und Paul Brunson, Experte für Beziehungen und Partnervermittlung und bekannt als »Love Doctor«, erklärten mir beide die Kunst der guten Kommunikation. Um ein hervorragender Kommunikator, Gesprächs- oder Beziehungspartner zu werden, muss man zuerst so zuhören, dass die andere Person sich »gehört« fühlt, und anschließend darauf achten, so zu antworten, dass sie sich »verstanden« fühlt.

Tali Sharots Studien in den Neurowissenschaften liefern klare wissenschaftliche Ergebnisse, die zeigen, weshalb es so wichtig ist, dass wir jemandem zunächst das Gefühl geben, »gehört und verstanden« zu werden, bevor wir seine Meinung ändern können. Es überrascht wenig, dass gerade die Menschen am ehesten unsere Meinung ändern können, mit denen wir in 98 Prozent der Themen übereinstimmen – wir fühlen uns von ihnen grundlegend verstanden, weswegen wir eher geneigt sind, ihnen zuzuhören.

☆ DAS GESETZ: NIEMALS WIDERSPRECHEN

Halte mitten in Verhandlungen, Debatten oder während eines heftigen Streits inne und mache dir bewusst: Wenn du die Meinung deines Gegenübers ändern willst, musst du zuerst auf eine gemeinsame Überzeugung oder ein gemeinsames Handlungsmotiv eingehen, damit das Gehirn des Gegenübers aufnahmebereit für deinen Standpunkt bleibt.

Unsere Worte sollten dem Verstehen Brücken bauen, anstatt einer Verbindung im Weg zu stehen.

Widersprich weniger, verstehe mehr.

The Diary of a CEO

Gesetz 4: Du kannst dir deine eigenen Überzeugungen nicht aussuchen

Dieses Gesetz macht deutlich, wie man jede Überzeugung verändern kann, die man hat – egal ob es um den Glauben an sich selbst, Ansichten über andere oder um Weltanschauungen geht –, und zeigt gleichzeitig, wie man die sturen Überzeugungen anderer verändern kann.

Denke an jemanden, den du abgöttisch liebst: deine Mutter, deinen Vater, deinen Partner, deine Partnerin, deinen Hund – an die wichtigste Person (oder das wichtigste Tier) in deinem Leben.

Stell dir nun vor, wie diese Person an einen Stuhl gefesselt ist und ein wütender Terrorist eine Waffe auf sie richtet.

Nun sagt der Terrorist zu dir: »Wenn du mir nicht sofort glaubst, dass ich Jesus Christus bin, dann werde ich sie hier und jetzt erschießen!«

Was wirst du tun?

Tatsache ist, du kannst bestenfalls lügen – du kannst lediglich behaupten, dass du ihm glaubst, er sei Jesus Christus, und hoffen, dass dein geliebter Mensch so verschont bleibt. Du könntest dich aber nicht ernsthaft dazu bringen, daran zu glauben.

Dieses Gedankenexperiment beleuchtet die wahre Natur unserer Überzeugungen auf tief greifende und aufwühlende Weise. In meinem hypothetischen Szenario konntest du dich nicht dazu entscheiden, an etwas zu glauben, obwohl für dich alles auf dem Spiel stand.

Weshalb denken wir also, dass wir irgendeine unserer Überzeugungen »wählen« können?

Ich wollte dieser Frage weiter auf den Grund gehen, also startete ich eine Umfrage unter eintausend Menschen und stellte ihnen folgende Frage: »Denkst du, dass du dir deine Überzeugungen selbst aussuchst?« Erstaunlicherweise antworteten 85,7 Prozent (also 857 Befragte) mit ja.

Auf der nächsten Seite der Umfrage stellte ich meinen Probanden dann die Frage, ob sie in der Lage seien, ernsthaft daran zu glauben, ein Terrorist, der ihre Liebsten mit einer Waffe bedroht, sei Jesus Christus, wenn das bedeuten würde, dass sie ihre Liebsten damit retten könnten. 98 Prozent der Befragten gaben zu, dass sie sich nicht zu dieser Überzeugung zwingen könnten – sie könnten höchstens lügen.

Keine deiner grundlegenden Ansichten über dich, andere und über die Beschaffenheit der Welt hast du selbst »gewählt«.

Die meisten Menschen reagieren auf diese Aussage instinktiv abwehrend, schließlich fühlt man sich erst einmal entmachtet. Sie greift unsere Vorstellungen von »freiem Willen«, Kontrolle und Unabhängigkeit an. Wenn ich mir keine meiner Überzeugungen aussuchen kann, wie soll ich sie dann jemals ändern können? Bin ich also für immer an die Überzeugungen und Ansichten gebunden, die ich in diesem Moment über die Welt, andere und mich selbst habe?

Zum Glück ist das nicht der Fall.

Unser Leben ist der beste Beweis dafür, dass sich unsere Ansichten und Überzeugungen kontinuierlich verändern und weiterentwickeln – du glaubst ja wahrscheinlich nicht mehr an den Weihnachtsmann, oder?

Auch die Überzeugungen einer Gesellschaft verändern sich stetig und mittlerweile immer schneller. Im 18. Jahrhundert glaubten die Menschen noch, Tabak sei gesund, und Ärzte bliesen Tabakrauch in den Anus von Ertrunkenen, um sie wiederzubeleben. Im 19. Jahrhundert war man überzeugt, klitorale Orgasmen seien ein Zeichen für Wahnsinn, und Ärzte behandelten Menschen medizinisch, die dergleichen erlebten. Noch bis in die 1970er-Jahre hinein glaubten Menschen, Aliens würden uns codierte Nachrichten senden, indem sie das Korn auf den Feldern im Mittleren Westen platt drückten. Und im Mittelalter zogen sich die Ärzte ihre Kuren buchstäblich aus dem Allerwertesten – man war überzeugt, dass Kot alles Mögliche heilen konnte, von Kopfschmerzen bis hin zur Epilepsie.

Glücklicherweise gilt: **Überzeugungen ändern sich.**

☆☆☆

Unsere Gehirne verbrauchen viel Energie, weswegen sie Strategien entwickelt haben, Energie zu sparen, um besser überleben zu können. Der eigentliche Zweck eines Gehirns ist es, Vorhersagen zu treffen, indem es Muster erkennt und darauf aufbauend Annahmen generiert. Das muss es so energieeffizient und so schnell wie möglich tun. Überzeugungen ermöglichen dem Gehirn schnelle Voraussagen.

Festgefahrene Ansichten sind ein nützliches Überlebenswerkzeug für Menschen, da Überzeugungen unser Verhalten lenken – unsere Vorfahren, die stur daran glaubten, dass Löwen gefährlich seien, dass Feuer heiß ist und dass man tiefes Wasser meiden sollte, überlebten lang genug, um Kinder zu zeugen, die ähnlich stur waren.

Kommen wir noch einmal auf unser anfängliches Beispiel des Terroristen zurück, der unsere Liebsten festhält und mit einer Hinrichtung droht. Stell dir nun vor, dass eben dieser Terrorist ein Glas Wasser nimmt und es in Wein verwandelt (eine Handlung, für die Jesus bekannt ist). Würde das deine Ansichten über den Terroristen ändern? Könntest du nun glauben, dass der Terrorist in Wahrheit Jesus Christus ist?

In meiner Umfrage meinten 77 Prozent, dass diese Tat ausreichen würde, um sie davon zu überzeugen, dass es sich bei dem Terroristen um Jesus handle, und insgesamt 82 Prozent gaben an, dass sich ihre

Ansichten über den Terroristen verändern würden – das Verwandeln von Wasser in Wein war Beweis genug, damit sie ihre Überzeugungen ändern konnten.

Dieses Gedankenexperiment und die dazugehörige Umfrage verdeutlichen die grundlegende Beschaffenheit all unserer Überzeugungen: Die Dinge, an die wir glauben, bauen grundsätzlich auf irgendeiner Form von vorausgegangenen Beweisen und Erfahrungen auf. Wissenschaftliche Studien haben außerdem mehrfach bewiesen, dass es nicht wirklich von Belang ist, ob diese Beweise objektiv wahr oder falsch sind – wir entscheiden subjektiv, ob ein Beleg zutrifft, und zwar auf Basis unserer Erfahrungen und Voreinstellungen.

Es gibt nach wie vor 300.000 Amerikaner und Amerikanerinnen, die glauben, die Erde sei flach. In einer kürzlich veröffentlichten Umfrage von Ipsos gaben 21 Prozent der Erwachsenen an, dass sie an den Weihnachtsmann glauben. Eine beunruhigend hohe Anzahl an Menschen denkt, König Charles sei ein Vampir. Einer von drei Amerikanern glaubt, dass es Bigfoot gibt. Und einer von vier Schotten glaubt, es gäbe ein riesiges Monster in einem See in der Nähe von Inverness.

Wir können ihre Ansichten nicht ändern, indem wir ihnen schlichtweg sagen, dass sie falsch liegen, das haben wir bereits im 3. Gesetz gelernt. Genauso wenig funktioniert es, einem Scheibenweltanhänger das echte Bild des runden Planeten Erde zu zeigen, und es reicht ebenfalls nicht aus – selbst wenn ein Motivationscoach vielleicht das Gegenteil behaupten würde –, jemandem, dessen Selbstbewusstsein mit sieben Jahren auf dem Spielplatz durch bösartiges Mobbing zerstört wurde (eine sehr wirkmächtige Erfahrung), zu erzählen, er müsse einfach an sich glauben oder Affirmationen vor dem Spiegel wiederholen; solche Maßnahmen werden nichts an den Überzeugungen ändern, die diese Person tief drinnen von sich hat.

✰ SEHEN HEISST GLAUBEN

Einem Scheibenweltanhänger einfach ein Bild der runden Erde zu zeigen, das im Weltall von der NASA aufgenommen wurde, funktioniert deswegen nicht, weil dieser nicht nur dem Bild vertrauen muss, sondern auch der Quelle, von der es kommt – der NASA. Scheibenweltanhänger trauen keinem von beidem; sie glauben, die NASA sei verlogen, Astronauten seien Schauspieler, und die wissenschaftliche Gemeinschaft sei Teil dieser Verschwörung.

In seinem bekannten Buch *Die Psychologie des Überzeugens* erklärt Dr. Robert Cialdini, was passiert, wenn wir jemandem Kompetenz in einer Sache zutrauen. Wenn uns Lionel Messi sagt, die Fußballschuhe von Adidas seien besser als die von Nike, wenn uns ein privater Trainer beim Gewichtheben korrigiert oder ein Arzt uns zu einem bestimmten Medikament rät, ist es sehr wahrscheinlich, dass wir uns der Autorität dieser Menschen fügen, ihre Überzeugungen übernehmen und das tun, was sie sagen.

> Für einige unserer wichtigsten Überzeugungen haben wir keinerlei Belege, außer dass Menschen, die wir mögen und denen wir vertrauen, diese Überzeugungen teilen. In Anbetracht dessen, wie wenig wir wissen, ist es absurd, wie fest wir an unsere Überzeugungen glauben – aber es ist auch unerlässlich.
>
> **Daniel Kahneman, erhielt 2002 den Nobelpreis für Wirtschaftswissenschaften**

Autoritätsfiguren können großen Einfluss auf unsere Überzeugungen ausüben, den größten Einfluss haben jedoch **Belege aus erster Hand, die wir mit unseren eigenen fünf Sinnen wahrnehmen**. Wie das Sprichwort so schön sagt: Sehen heißt glauben. Weil die Scheibenweltgemeinschaft weder der Wissenschaft noch der Astronomie glaubt, im Grunde also niemandem, der qualifiziert ist, wäre die einzig verbleibende Möglichkeit, Scheibenweltanhänger ins All zu fliegen, damit sie sich die Erde selbst anschauen können.

Aus der Notwendigkeit, alle Belege mit unseren eigenen Augen sehen zu müssen, erklärt sich auch, weswegen so viele verrückte Verschwörungstheorien die Zeit überdauern – weshalb so viele Menschen den Klimawandel ablehnen, an eine flache Erde glauben und den medizinischen Nutzen von Impfungen infrage stellen: Für die meisten unter uns ist es unmöglich, diese Dinge selbst zu erfahren.

Ähnlich ergeht es auch jemandem, dem das Vertrauen in die eigenen Rednerfähigkeiten fehlt. Ihm wird es kaum ausreichen, wenn seine Mutter ihm sagt, er sei ein guter Redner – er benötigt Erfahrungen aus erster Hand, indem er sich auf eine Bühne stellt und eine positive Rückmeldung von einer unvoreingenommenen Quelle erhält, der er vertraut.

Wir gehen davon aus, dass wir uns selbst und unseren eigenen Augen trauen können, weswegen es für Wissenschaftler so wichtig ist, dass sie unsere fünf Sinne ansprechen, wenn sie ihre Erkenntnisse an uns weitergeben wollen. Auf Grundlage dieses Prinzips versuchen nun diejenigen, die über den Klimawandel aufklären möchten, wissenschaftliche Erkenntnisse über das Auftreten und den Verlauf des Klimawandels in »lokale Lehren« zu übersetzen, indem sie beispielsweise zeigen, welchen Einfluss der Klimawandel auf die Umgebung hat, in der wir leben. Dadurch können wir selbst losziehen und uns die Folgen mit eigenen Augen anschauen.

VERTRAUEN IN BESTEHENDE ÜBERZEUGUNGEN

Ich habe Tali Sharot, die wir im vorangegangenen Gesetz getroffen haben, folgende Frage gestellt: »Wie können wir unsere eigenen Überzeugungen oder die von jemand anderem ändern?« Sie hat jahrelang genau zu diesem Thema geforscht, um herauszufinden, weshalb Überzeugungen überhaupt existieren, warum sie sich nur schwer ändern lassen und wie man sie dennoch am besten ändern kann.

Das Gehirn, erklärte sie mir, betrachtet neue Informationen immer im Kontext der Informationen, die es bereits gespeichert hat. Wenn ich jemandem also erkläre, ich hätte einen rosa Elefanten über den Himmel fliegen sehen, wird dessen Gehirn diese Aussage im Lichte der bisher gespeicherten Informationen evaluieren (Elefanten sind nicht rosa und können nicht fliegen) und meine Aussage höchstwahrscheinlich als falsch zurückweisen.

Wenn ich aber das Gleiche einem dreijährigen Kind erzähle, wird dieses mir wahrscheinlich glauben, da es bis jetzt noch keine festen Überzeugungen über Elefanten, Luftfahrt und physikalische Gesetze ausgebildet hat.

Sharot zufolge entscheiden vier Faktoren darüber, ob eine neue Information eine bereits existierende Überzeugung verändern wird:

1. Die bereits gesammelten Informationen, über die eine Person verfügt.
2. Wie sehr diese Person ihrem aktuellen Wissensstand vertraut.
3. Die neue Information selbst.
4. Das Vertrauen, das besagte Person in die neu gewonnene Information hat.

Nehmen wir nun das oft diskutierte Phänomen des »Confirmation Bias« hinzu – ein Bestätigungsfehler, der sich daraus ergibt, dass Menschen dazu tendieren, eher nach Informationen zu suchen, die ihre bereits erworbenen Überzeugungen oder Werte bestätigen. Sie ziehen solche Informationen außerdem anderen vor und erinnern sich leichter an sie. Damit wird deutlich: Je weiter ein neuer Beleg von einer aktuellen Überzeugung entfernt ist, desto unwahrscheinlicher ist es, dass er das Denken einer Person verändert.

☆ WIR ÄNDERN UNSERE MEINUNG, WENN ES UNS NÜTZT!

All das läuft darauf hinaus, dass fest verankerte, falsche Überzeugungen sich nur sehr schwer ändern lassen, allerdings gibt es eine wichtige Ausnahme: Wenn der Gegenbeweis genau dem entspricht, was wir gerne hören möchten, ist es wahrscheinlicher, dass wir unsere Meinung ändern. Beispielsweise passen Menschen, denen erzählt wird, dass andere sie wesentlich attraktiver finden, als sie sich selbst einschätzen würden, sehr gerne ihre Selbstwahrnehmung diesen Aussagen an, das zeigt jedenfalls eine Studie von 2011. Ähnliches stellte sich in einer Studie von 2016 heraus: Als man den Probanden erzählte, sie seien aufgrund ihres Genmaterials deutlich weniger anfällig für Krankheiten als gedacht, änderten sie schnell ihre Überzeugungen.

Wie steht es mit der Politik? Im August 2016 sollten neunhundert US-Bürger und -Bürgerinnen das Ergebnis der bevorstehenden Präsidentschaftswahl einschätzen, indem sie einen kleinen Pfeil auf einer Skala platzierten, auf der links Clinton und rechts Trump stand. Ging man also davon aus, dass Clinton haushoch gewinnen werde, sollte man seinen kleinen Pfeil direkt neben Clinton setzen; dachte man, die Chancen stünden fünfzig zu fünfzig, platzierte man den Pfeil in der Mitte und so weiter. Zuerst fragte man die Teilnehmenden: »Welches Ergebnis wünschen Sie sich?«, worauf die eine Hälfte antwortete, Clinton solle gewinnen, und die anderen 50 Prozent sich Trump als Wahlsieger wünschten.

Als man die Probanden anschließend fragte, wer ihrer Meinung nach gewinnen werde, setzten beide Gruppen ihre Pfeile näher an Clinton als an Trump – sie dachten also, Clinton werde die Wahl für sich entscheiden. Daraufhin zeigte man ihnen eine neue Statistik, die einen Wahlsieg Trumps vorhersagte. Jetzt sollten die Teilnehmenden erneut angeben, wer ihrer Meinung nach gewinnen werde. Änderte die neue Statistik die Einschätzungen?

In der Tat ergaben sich neue Ergebnisse. Allerdings änderte die Statistik vor allem die Einschätzungen der Trump-Befürworter – schließlich war es genau das, was sie gerne hören wollten. Sie waren darüber entzückt, dass die neue Umfrage auf Trump als Sieger hinwies, und änderten umgehend ihre Einschätzungen.

Diejenigen, die für Clinton plädierten, änderten ihre Vorhersagen kaum, und viele ignorierten die Statistik ganz.

☆ GREIFE KEINE BESTEHENDEN ÜBERZEUGUNGEN AN, SONDERN INSPIRIERE NEUE

»Das Geheimnis besteht darin, sich auf die Funktionsweise unseres Gehirns einzulassen, anstatt dagegen anzukämpfen«, schloss Tali Sharot in Bezug auf die Frage, wie sich eine Überzeugung ändern lässt. Zwar versuchen das die meisten Menschen, scheitern aber daran.

Versuche nicht, die bereits existierenden Belege von jemandem abzutun oder gegen sie zu argumentieren; **konzentriere dich stattdessen darauf, deinem Gegenüber komplett neue Belege anzubieten,** und betone dabei die unglaublich positiven Auswirkungen, die diese neuen Informationen auf ihn haben werden.

Ein Beispiel ist die Reaktion von Eltern auf den falschen Zusammenhang zwischen der Mumps-, Masern- und Röteln-Impfung (MMR) und Autismus, den ein mittlerweile widerlegter Zeitschriftenartikel aus dem Jahr 1998 herstellte. Nachdem sich die These des Artikels verbreitet hatte, wollten viele Eltern ihre Kinder nicht mehr gegen Mumps, Masern und Röteln impfen lassen und hielten stur an ihren Überzeugungen fest. Einer Gruppe von Wissenschaftlern gelang es schließlich, diese festen Überzeugungen zu ändern, indem sie nicht versuchten, die Überzeugungen der Eltern zu widerlegen – sie gingen überhaupt nicht auf die bereits bestehenden Ansichten ein. Stattdessen lieferten sie den Eltern neue Informationen über die Vorteile, die eine solche Impfung mit sich brachte, korrekte Informationen darüber, wie die Impfung ihre Kinder vor tödlicher Krankheit schützte. Und es funktionierte – Eltern stimmten nun der Impfung ihrer Kinder zu.

☆ AUSFÜHRLICHES UND EIGENSTÄNDIGES PRÜFEN KANN JEDE ÜBERZEUGUNG SCHWÄCHEN

Interessanterweise bringt es Menschen nicht von ihren Überzeugungen ab, wenn man sie angreift oder versucht, sie mit Fakten zu überzeugen, dagegen werden sie ihre eigene Überzeugung eher aufgeben, wenn man sie bittet, *Details* ihrer Ansichten zu erklären oder zu analysieren. Hierbei handelt es sich um eine Technik, mit der sich Verhaltenstherapeuten gut auskennen.

Elizabeth Kolbert vom *New Yorker* beschrieb eine in Yale durchgeführte Studie, bei der Masterstudierende und Doktoranden einschätzen sollten, wie gut sie sich mit der Funktion ihrer eigenen Toilette auskannten. Anschließend sollten sie eine detaillierte Erklärung schreiben, die Schritt für Schritt darlegte, wie die Vorrichtung funktionierte. Nachdem sich die Studierenden an dieser Erklärung versucht hatten, sollten sie erneut ihr eigenes Verständnis einschätzen. Die Befragten waren nun deutlich weniger von ihrem Wissen überzeugt.

In einer ähnlichen, 2012 durchgeführten Studie befragte man Probanden nach ihrem Standpunkt in Bezug auf Gesetzesvorschläge, die sich mit dem Gesundheitswesen befassten. Kolbert beschreibt: »Die Teilnehmenden sollten zunächst ihre eigene Position einordnen, indem sie angaben, wie stark sie den Entwürfen zustimmten oder nicht. Anschließend wies man sie an, so detailliert wie möglich die Auswirkungen zu erklären, die jeder einzelne Entwurf hätte, wenn er in Kraft trete. An diesem Punkt gerieten die meisten in Schwierigkeiten.« Als die Probanden danach erneut nach ihrer eigenen Einschätzung gefragt wurden, hielten sie weniger stark an ihren Überzeugungen fest, und ihre Zustimmung oder Ablehnung der Vorschläge fiel weniger vehement aus.

Bittet man jemanden also, seine festen Überzeugungen und die ihnen zugrunde liegende Logik im Detail zu erklären, dann ist das eine äußerst wirkungsvolle Methode, diese Überzeugungen zu schwächen. Das funktioniert auch bei Ansichten, die einschränkend wirken. Wenn jemand an sich selbst zweifelt und denkt, er sei wertlos, kann man ihn umstimmen, indem man ihn so detailliert wie möglich erklären lässt, weshalb er sich so fühlt, und indem man die Antworten, die das Gegenüber gibt, ausführlich hinterfragt.

☆ NEUE ERFAHRUNGEN ERMÖGLICHEN VERÄNDERUNG

Wie wir bereits im 2. Gesetz feststellen konnten, litt ich in meiner Jugend unter schrecklichem Lampenfieber, dem eine Reihe an Überzeugungen zugrunde lagen, die mich kleinhielten. Es hätte nicht ausgereicht, mir lediglich zu sagen: »Alles wird gut«, dadurch hätte sich meine vorgefasste Meinung über das Sprechen auf einer Bühne, darüber, wie mein Auftritt laufen und wie das Publikum auf mich reagieren würde, nicht geändert – dafür waren meine Überzeugungen zu stark.

Der Grund, weshalb mein Lampenfieber schließlich verschwand – bis zu dem Punkt, an dem ich nun 99,9 Prozent weniger nervös bin, wenn ich in einer ausverkauften Arena oder live im Fernsehen auftrete –, besteht schlichtweg darin, dass ich immer wieder auf Bühnen gesprochen habe. Damit habe ich nach und nach neue, positive Erfahrungen aus erster Hand gesammelt und meine bisherigen Erfahrungen überschrieben, die ich in Bezug auf meine Fähigkeiten gesammelt hatte. Je öfter ich auf einer Bühne stand, desto stärker vertraute ich meinen neuen Erfahrungen, und so verschwand mein Glaube an meine Unfähigkeit und damit auch die Angst, die er ausgelöst hatte.

> Tue, was du fürchtest, und wiederhole es immer wieder. Das ist der bisher schnellste und sicherste Weg, Angst zu überwinden.
>
> **Dale Carnegie**

Dies stellt meiner Meinung nach die allerwichtigste fundamentale Wahrheit in Bezug auf das Ändern von Überzeugungen dar und darauf, wie man das Selbstvertrauen einer Person – oder sogar das eigene – stärken kann. **Ansichten und Überzeugungen ändern sich, wenn eine Person neue abweichende Beweise erhält**, von denen sie subjektiv überzeugt ist.

Wenn einer deiner Freunde Ansichten über sich hegt, die ihn kleinhalten, oder wenn du selbst solche Überzeugungen hegst, dann wird es euch nicht helfen, wenn ihr euch Selbsthilfebücher, inspirierende Zitate oder Motivationsvideos zu Gemüte führt. Der einzige Weg, wie ihr eure vorgefertigten Ansichten über euch selbst überwinden könnt, besteht im **Verlassen eurer Komfortzone**. Ihr müsst euch einer Situation aussetzen, in der ihr eure Ansichten direkt konfrontiert und sie mit neuen Erfahrungen aus erster Hand zu überschreiben beginnt.

So ändert man selbst die stärksten Überzeugungen. So wurde ich innerhalb von zwölf Monaten von einem tief religiösen Menschen zum Agnostiker, so entwickelte sich aus dem unsicheren Kind, das ich war, der selbstbewusste Erwachsene, der ich heute bin, und so wurde aus einem schrecklich ängstlichen öffentlichen Redner jemand, dessen Selbstvertrauen auf der Bühne durch nichts erschüttert werden kann.

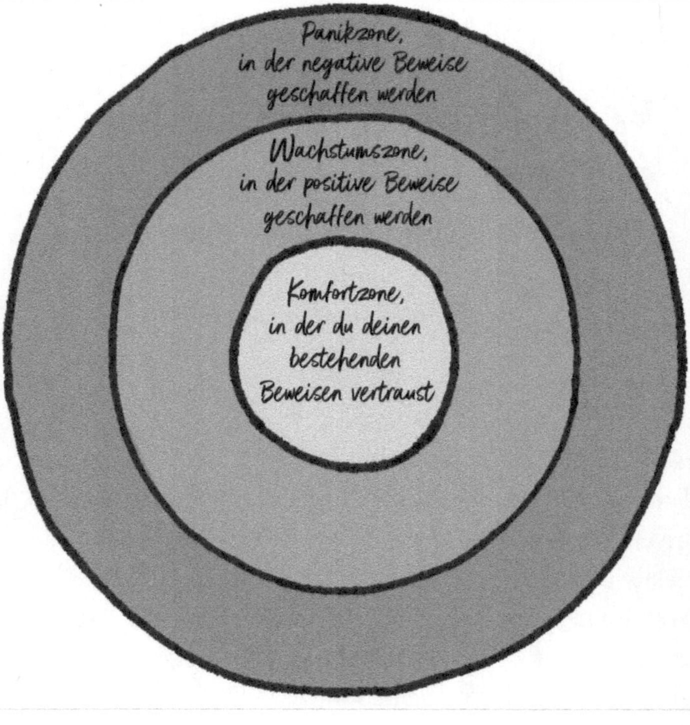

✯ DAS GESETZ: DU KANNST DIR DEINE EIGENEN ÜBERZEUGUNGEN NICHT AUSSUCHEN

Überzeugungen sind störrisch, aber formbar. Damit eine Person ihre Überzeugungen ändert, muss sie überzeugende neue Belege erhalten, denen sie vertrauen kann. Es ist wahrscheinlicher, dass sie diese neuen Belege für valide hält, wenn die Quelle mit ihren anderen existierenden Überzeugungen übereinstimmt. An Belege, die ein positives Ergebnis in Aussicht stellen, kann man am einfachsten glauben. Wenn du die Überzeugungen, die dich kleinhalten, im Detail prüfst, werden diese Überzeugungen geschwächt. Wenn du die Überzeugung eines anderen ändern willst, greife sie nicht direkt an, sondern gib der Person die Möglichkeit, positive, neue Erfahrungen zu machen, die sie inspirieren und gegen die negativen Effekte der alten Überzeugungen angehen können. Fordert man solche Überzeugungen nicht heraus, stellen sie das größte Hindernis zwischen uns und dem dar, was wir sein könnten.

Hör auf, dir selbst
zu sagen, du seist
unqualifiziert, nicht
gut genug und unwürdig.

Du kannst nur wachsen,
wenn du anfängst,
die Dinge zu tun,
für die du nicht
qualifiziert bist.

The Diary of a CEO

Gesetz 5: Verlege dich aufs Bizarre

Dieses Gesetz ist für jedes erfolgreiche Unternehmen verantwortlich, das ich bisher aufgebaut habe – es lehrt dich, wie du in unserer sich stetig wandelnden Welt immer auf dem neusten Stand bleibst, wie du Wandel nutzen kannst und wie du es vermeidest, dass dich eine der bevorstehenden technischen Revolutionen abhängt.

✯ DIE GESCHICHTE

»Die Leute lieben Musik; deswegen werden wir immer im Geschäft bleiben.«

Diese schicksalhaften Worte äußerte der ehemalige CEO eines der weltweit größten Musikgeschäfte, als er von der zweiten Etage auf das geschäftige Treiben im Laden unter ihm schaute.

Wenige Jahre später schloss sein weltbekanntes Musikgeschäft.

Er hatte recht; die Leute lieben Musik. Allerdings wollen sie nicht eine Stunde lang im Regen unterwegs sein und sich dann durch die Menschenmenge eines vollen Ladens kämpfen, um eine Plastikscheibe zu finden, mit der sie sich anschließend an der Kasse anstellen müssen, um zu bezahlen. Er schätzte die Wünsche seiner Kunden falsch ein. Sie wollten Musik, keine CDs.

iTunes, Apples digitale Musikplattform, tauchte im Frühling 2003 auf und bot seinen CDs kaufenden Kunden, was sie wollten: Musik ohne all die Unannehmlichkeiten.

Ich habe aus verlässlicher Quelle gehört, dass dieser spezielle CEO, der digitaler Musik so zynisch gegenüberstand, mit seiner obersten Führungsebene noch nicht einmal über dieses Thema sprach, geschweige denn über die Gefahr, die digitale Musik darstellte.

Einer seiner Geschäftskollegen erzählte mir, er habe sich »**rausgenommen**«, weil er die Sache nicht verstand, er dachte, die Plattform sei voller Raubkopien und würde die Liebe der Menschen für CDs kaum beeinflussen.

Wahrscheinlich hat sich der Schriftsteller Clifford Stoll ebenfalls »rausgenommen«, als er die folgenden höhnischen Vorhersagen über die Zukunft des Internets traf, die er im Februar 1995 in *Newsweek* veröffentlichte:

> Mich beunruhigt diese trendige und überbewertete Gemeinschaft. Visionäre prophezeien neue Möglichkeiten für die Teleheimarbeit, interaktive Bibliotheken und multimediale Klassenzimmer. Sie sprechen von elektronischen Stadtversammlungen und virtuellen Gemeinschaften. Der Handel wird sich von Büros und Einkaufszentren auf Netzwerke und Modems verlagern … so ein Quatsch … In Wahrheit wird keine Onlinedatenbank jemals Ihre Tageszeitung ersetzen können.

Newsweek beendete schließlich den Druck des Magazins und wurde rein digital.

Im Jahr 1903 nahm sich der Präsident einer führenden Bank eindeutig raus, als er Henry Ford – dem Gründer der Ford Motor Company – erklärte: »Das Pferd wird sich durchsetzen, das Automobil ist nur eine Spielerei – eine Laune.«

Der CEO von Intel Andy Grove nahm sich 1992 raus, als er meinte: »Die Idee eines persönlichen Kommunikators in jeder Hosentasche ist ein Hirngespinst, das durch Gier befeuert wird.«

Und auch der ehemalige CEO von Microsoft Steve Ballmer hatte sich rausgenommen, als er über Apple lachte und meinte: »Auf keinen Fall wird das iPhone irgendeinen signifikanten Marktanteil erwirtschaften.«

Mit neunzehn Jahren hatte ich ein Meeting in den wunderschönen Londoner Büros einer weltweit führenden Modemarke. Wir schrieben das Jahr 2012, und Social Media waren unter Kunden bereits weitverbreitet, während die Marken in diesem Bereich noch hinterherhinkten – was sie in Bezug auf neue Technologie immer zu tun scheinen.

An diesem Tag bestand meine Mission darin, die Marketingabteilung des Unternehmens – vor allem den Marketingdirektor – davon zu überzeugen, dass sie die sozialen Medien ernst nehmen und sich auf sie einlassen müssten und dass sie vor allem eigene Social-Media-Profile benötigten.

Ich scheiterte. Ich wurde beschimpft, verlacht und hinauskomplimentiert. Der Marketingdirektor, dem ich meinen Pitch präsentierte, war offensichtlich entsetzt: »Die Leute können dann also einfach unsere Posts kommentieren und uns kritisieren?«, fragte er. »Ich will nicht, dass unsere Marke viral geht – wie sollten wir das kontrollieren?«, fuhr er fort. »Für uns funktioniert die Werbung in Zeitschriften gut, und die sozialen Medien sind für uns zu gefährlich.« Er beendete unser Treffen, noch bevor ich meine Präsentation beenden konnte, und ich muss wohl kaum erwähnen, dass ich nichts mehr von ihm hörte.

Mein Unternehmen gewann daraufhin immer mehr Einfluss, man könnte sogar behaupten, dass es zum einflussreichsten Marketingunternehmen der Branche wurde.

Die Modefirma, mit der ich mich getroffen hatte, ging im Jahr 2019 bankrott.

✮ DIE ERKLÄRUNG

Das Rausnehmen, wie ich es definiere, hat nichts damit zu tun, »falschzuliegen« – es bedeutet, dass man sich seiner selbst auf so arrogante Weise sicher ist, dass man nicht mehr zuhört, lernt oder auf neue Informationen achtet.

Ein solches Verhalten bedeutet nicht unbedingt, dass wir arrogant sind – oft ist es schlichtweg ein Zeichen unserer Menschlichkeit; die psychologische Ursache, weshalb sich Menschen gegenüber wichtigen, potenziell überlebenswichtigen Informationen verschließen, ist das ausführlich erforschte Phänomen der **kognitiven Dissonanz**.

Der amerikanische Psychologe Leon Festinger prägte in den 1950er-Jahren diesen Begriff, mit dem er die Spannung beschrieb, die man empfindet, wenn Gedanken und Verhalten nicht übereinstimmen. Rauchen führt beispielsweise zu einer solchen Dissonanz, da es mit den Beweisen in Konflikt steht, dass Rauchen extrem schädlich ist. Um diese Spannung abzubauen, muss ein Raucher entweder mit dem Rauchen aufhören, oder er *rechtfertigt* sein Verhalten auf irgendeine Weise. Uns allen fallen einige der Ausreden ein, die Raucher parat haben, von »Ich rauche nur ab und zu« über »Es gibt noch viel schlimmere Dinge, die man dem eigenen Körper antun könnte« bis hin zu »Ich darf ja wohl selbst entscheiden, was ich tue«.

Festinger erklärte mit diesem Konzept, weshalb so viele Menschen mit widersprüchlichen Vorstellungen und Werten leben. Kognitive Dissonanz kann uns außerdem davon abhalten, unsere Meinung zu ändern, wenn es eigentlich notwendig wäre, selbst dann, wenn es Karrieren, Arbeitsplätze, Unternehmen oder Leben retten könnte.

Forschungen zufolge ist kognitive Dissonanz für uns dann am schmerzvollsten, wenn wir es mit Fakten und Belegen zu tun bekommen, die mit unserer Eigenwahrnehmung in Konflikt stehen oder diese destabilisieren, die unsere Identität und unser Selbstbewusstsein untergraben oder durch die wir uns in irgendeiner Weise bedroht fühlen.

Im Geschäftsleben wird jemand, der sich zu streng an eine Ideologie hält, wahrscheinlich keine Lösung anbieten können, da das Lösen eines Problems in der Regel Demut erfordert. Nur so kann man seine ursprüngliche Hypothese aufgeben und auf das hören, was der Markt einem erzählt.

✯ LIEBER STERBEN ALS FALSCHLIEGEN

Gibt man eine öffentliche Erklärung über die eigenen Ansichten ab, wie der CEO von Intel über Handys oder der CEO von Microsoft über das iPhone, läuft man Gefahr, das eigene Schicksal zu besiegeln. Sobald wir uns auf eine Ansicht festlegen, wird unser Gehirn unermüdlich beweisen wollen, dass wir recht haben, selbst wenn das offensichtlich nicht der Fall ist.

Die Forschung hat immer wieder gezeigt, dass wir, sobald wir eine Entscheidung treffen – ich werde diese Partei wählen; ich werde in dieser Gegend ein Haus kaufen; ich denke, COVID-19 ist eine ernste Sache; nein, ich bin mir sicher, dass das Risiko übertrieben dargestellt wird –, automatisch anfangen, diese Entscheidung zu rechtfertigen und zu rationalisieren. Selbst wenn wir anfangs noch Zweifel hegten, werden diese recht schnell verschwinden.

Der amerikanische Psychologe Elliot Aronson untersuchte dieses Phänomen in einer Studie, die berühmt werden sollte; er stellte eine Diskussionsgruppe zusammen, die ausschließlich aus wichtigtuerischen und langweiligen Menschen bestand. Einige der Teilnehmenden mussten sich einem aufwendigen Auswahlverfahren unterziehen, während andere sofort in die Gruppe aufgenommen wurden, ohne dass ihnen irgendetwas abverlangt worden wäre. Diejenigen, denen die Aufnahme erschwert worden war, gaben eher an, dass ihnen die Gruppe gefalle, als diejenigen, die einfach aufgenommen worden waren. Aronson erklärte das so: Immer wenn wir Zeit, Geld und Energie in eine Sache investiert haben und sie sich anschließend als komplette Zeitverschwendung herausstellt, entsteht eine Dissonanz, die wir versuchen zu reduzieren, indem wir unsere schlechten Entscheidungen rechtfertigen. Aronsons Probanden konzentrierten sich intuitiv auf die interessanten oder immerhin erträglichen Aspekte, die die Teilnahme an einer absichtlich langweiligen Gruppe mit sich brachte. Dagegen mussten diejenigen, die nur sehr wenig Aufwand in die Teilnahme hatten stecken müssen, weniger Dissonanz aushalten und waren so auch eher bereit zuzugeben, was für eine Zeitverschwendung das Ganze gewesen war.

☆ WIR HÖREN DER GEGENSEITE NICHT ZU

Der eingangs erwähnte Marketingdirektor war nicht der Einzige, der mich nicht ernst nahm. Während der ersten drei Jahre, in denen meine Marketingfirma existierte, wurden wir täglich angegriffen, niedergemacht und kritisiert.

Kommentatoren bezeichneten uns als »Parasiten«, behaupteten, unser Geschäft sei nur eine Modeerscheinung, und sagten voraus, wir wären »innerhalb weniger Monate bankrott«. Ich weiß noch, wie ich meine Mitgründerin Hannah Anderson tröstete, als BuzzFeed News 2015 einen kritischen Artikel veröffentlichte, der unseren Charakter, unsere Praktiken und unsere Glaubwürdigkeit infrage stellte.

Natürlich kamen die Attacken immer von Menschen aus der »traditionellen« Medien- und Marketingwelt – aus Fernsehen, Presse und Radio. Sie sahen uns als die nervigen neuen Kids der Branche. In einem Kommentar hieß es, wir seien »mysteriöse Social-Media-Hacker«, und ein anderer Journalist schrieb, wir würden Millionen mit unseren »wenig geschmackvollen Werbestrategien« verdienen.

In Wahrheit taten wir gar nichts sonderlich Revolutionäres – die anderen verstanden schlichtweg nicht, was wir taten, und in gewisser Weise bedrohte es ihr Selbstverständnis, dass »eine Gruppe irgendwelcher Zwanzigjähriger in Manchester« die Branche übernahm, wie es ein Journalist ausdrückte.

Wenn wir jemanden, etwas, eine neue Idee oder Technologie nicht verstehen und wenn diese Neuerung unsere Identität, Intelligenz oder Lebensgrundlage angreift, nehmen wir uns – bei dem Versuch, unsere kognitive Dissonanz abzuschwächen – oft raus. Wir greifen sie an, statt zuzuhören und uns darauf einzulassen. Das mag uns ein gutes Gefühl geben, allerdings ist ein Strauß, der den Kopf in den Sand steckt, eine leichte Beute.

Das erklärt auch, weshalb die wichtigsten Innovationen in unserem Leben vehementer Kritik ausgesetzt waren, als sie neu aufkamen – sie bedrohten das Gefühl der Menschen für ihre eigene Identität, Intelligenz und störten ihre Weltansicht. Deswegen gehe ich auch schon seit Langem davon aus, dass vehemente Kritik an einer Technologie in der Regel ein positiver Indikator für ihr Potenzial ist – dass es da etwas gibt, das man sich genauer ansehen sollte, dass sich jemand angegriffen fühlt und dass ein Fortschritt bevorsteht.

Aus diesem Grund habe ich mich auf »Web 3.0«, »Blockchain-Technologie« oder auch »Kryptowährung« eingelassen und in diesem Bereich eine Softwarefirma namens thirdweb gegründet – weil genau die richtigen Leute das Ganze ablehnten, angriffen oder sich darüber ärgerten. Diese Welle des Pessimismus erinnerte mich stark an 2012, als ich ein Web-2.0-Unternehmen gründete, also eine Social-Media-Firma. Deswegen hielt ich mich mit Urteilen zurück und stellte meine eigenen Nachforschungen an. Unter all dem ruchlosen geldgierigen und kurzsichtigen Verhalten, das oft in Zusammenhang mit einer neuen Technologie auftritt, erkannte ich die zugrunde liegende technische Revolution, die Blockchain mit sich bringt und von der ich glaube, dass sie viele Funktionen in unserem Leben leichter, besser, schneller und preiswerter machen wird. Vor Kurzem schätzte man den Marktwert von thirdweb in unserer letzten Investmentrunde auf 160 Millionen US-Dollar, und inzwischen nutzen Hunderttausende Kunden unsere Werkzeuge.

Selbst wenn eine Innovation keine Welle an Kritik auslöst, ist es wichtig, sich daran zu erinnern, dass Innovation immer einen Störfaktor darstellt, weil sie anders ist. Per Definition sollte sie sich komisch anfühlen, unkonventionell sein, missverstanden werden und ungewohnt, bescheuert, dumm oder sogar illegal erscheinen.

Ich habe die Werbelegende Rory Sutherland, Vizevorsitzender der Ogilvy-Werbegruppe, zu genau diesem Thema interviewt, und er erzählte mir: »Viel zu oft geht es den Leuten weniger darum, ob eine Idee wahr oder effektiv ist, sondern darum, ob sie in die Vorstellungen der herrschenden Konvention oder einer Führungsperson passt. Neue Dinge gefährden Ego, Status, Arbeitsplätze und Identitäten.«

Man kann kognitive Dissonanz und das damit zusammenhängende Vermeidungsverhalten überall entdecken. Wann immer wir uns einer Ideologie, einem Politiker, einer Politikerin, einer Zeitschrift, einer Marke oder einer Technologie verbunden fühlen, nehmen wir Belege, die mit unserer Loyalität zu diesen Dingen in Konflikt stehen, anders wahr. Wir spüren bereits Dissonanz, wenn wir lediglich annehmen, dass jemand »zur Gegenseite« gehört, noch bevor der Betreffende den Mund aufgemacht hat.

★ WIE MAN ZU JEMANDEM WIRD, DER SICH »EINLÄSST«

Wie der Bildungsunternehmer Michael Simmons meint: »Für jemanden, der heute vierzig Jahre alt ist, wird sich die Geschwindigkeit des erlebten Fortschritts im Jahr 2040, wenn er sechzig Jahre alt ist, viermal schneller anfühlen als jetzt. Das, was sich heute wie der Fortschritt anfühlt, den wir innerhalb eines Jahres machen, wird dann innerhalb von drei Monaten eintreten. Wer heute zehn Jahre alt ist, wird, wenn er sechzig ist, innerhalb von nur elf Tagen das erleben, was wir heute innerhalb eines Jahres an Fortschritt wahrnehmen.«

Ray Kurzweil, der weltweit wohl bedeutendste Futurist, fasst zusammen, wie tief greifend eine solche extreme Zunahme der Änderungsrate ist: »Wir werden im 21. Jahrhundert keine hundert Jahre technologischen Fortschritts miterleben; wir werden Zeugen eines Fortschritts sein, der bei etwa zwanzigtausend Jahren liegt (wenn wir ihn an der heutigen Fortschrittsrate messen), also etwa tausend Mal mehr als das, was wir im 20. Jahrhundert erreicht haben.«

Der Wandel wird immer schneller voranschreiten, stelle dich also darauf ein, dass dein Gefühl der kognitiven Dissonanz – dass etwas keinen Sinn ergibt und dem widerspricht, was du bereits weißt – noch zunehmen wird.

Wie bereits im 3. und 4. Gesetz gezeigt wurde, benötigen wir Selbstreflexion und, zumindest vorübergehend, Dissonanz, damit wir zugeben können, wenn wir falschliegen – anstatt reflexartig in eine Abwehrhaltung oder in Selbstrechtfertigungen zu verfallen.

Man will nicht der Entrepreneur sein, der die nächste technologische Revolution verpasst, man will nicht der CMO sein, der die nächste große Marketinggelegenheit zurückweist, man will nicht der Journalist sein, der die nächste entscheidende Entwicklung in den Medien abtut. Man will nicht die Person sein, die sich rausnimmt. Bedenken wir die gerade erwähnte Fortschrittsrate, dann wird es wesentlich mehr Dinge geben, die einen dazu verleiten könnten, sich rauszunehmen.

Zum Glück gibt es einige praktische mentale Techniken, mit denen wir die Dissonanz abschwächen und so das daraus folgende »Rausnehmen« vermeiden können.

Eine Methode besteht darin, immer erst einmal davon auszugehen, dass zwei auf den ersten Blick widersprüchliche Vorstellungen gleichzeitig wahr sein können, und sie bewusst voneinander getrennt zu halten, eine Technik, die Elliot Aronson und seine Kollegin, die Sozialpsychologin Carol Tavris, als die »Shimon-Peres-Lösung« bezeichnen. Der ehemalige Premierminister Israels Shimon Peres war verärgert, als sein Freund Ronald Reagan im Zuge eines offiziellen Besuchs in Deutschland einen Friedhof besuchte, auf dem Nazis beerdigt lagen.

Peres wurde anschließend gefragt, was er von Reagans Entscheidung, den Friedhof zu besuchen, halte. Er hätte seine Dissonanz auf zwei Weisen mindern können:

1. Die Freundschaft aufkündigen.
2. Reagans Besuch als trivial abtun.

Peres entschied sich für keine von beiden, stattdessen sagte er einfach: »Wenn ein Freund einen Fehler macht, bleibt der Freund ein Freund und der Fehler ein Fehler.«

Peres konnte die Dissonanz aushalten und widerstand dem Bedürfnis, zwei Dinge mit Gewalt in Einklang zu bringen. Das lehrt uns, dass wir die einfachen, reflexartigen Antworten vermeiden können und uns nicht in ein Schwarz-Weiß-Denken zwingen lassen müssen. Stattdessen ist es möglich, Nuancen zuzulassen und anzuerkennen, dass zwei widersprüchliche Dinge gleichzeitig zutreffen können. Unabhängig davon, was der moderne Online-Tribalismus einen vielleicht glauben machen will – deine wichtigsten Überzeugungen sollten nicht binär sein; Menschen, die »sich einlassen«, können gleichzeitig die Vorteile der alten und der neuen Zeiten sehen ohne den Drang, das eine oder das andere sofort abzulehnen oder zu verdammen.

In Augenblicken der Dissonanz, wenn wir uns Ideen, Innovationen und Informationen gegenübersehen, die wir nicht verstehen, die unsere Konventionen herausfordern oder unsere Identität bedrohen – Web 3.0, KI, virtuelle Realität, soziale Medien, gegensätzliche politische Ideologien und soziale Bewegungen –, ist es ausschlaggebend, dass wir dem Drang zu urteilen widerstehen. Urteile sind oft nur ein Versuch, unsere kognitive Dissonanz zu lindern. Wir müssen **uns einlassen**, uns damit auseinandersetzen und die ehrlichen Fragen stellen: Warum glaube ich, was ich glaube? Liege ich möglicherweise falsch? Weiß ich, wovon ich spreche? Nehme ich mich gerade raus, weil ich es nicht verstehe? Folge ich einer bestimmten Agenda? Handelt es sich hier um meine eigenen Ansichten oder um die Überzeugungen der Menschen, die mir ähneln?

Diejenigen, die über die notwendige Geduld und innere Einstellung dafür verfügen, tragen zweifelsohne die Zukunft in ihren Händen.

Diejenigen, denen eben dies fehlt, werden zurückbleiben.

✯ DAS GESETZ: VERLEGE DICH AUFS BIZARRE

Wenn du etwas nicht verstehst, lass dich tiefer darauf ein. Wenn es deine Intelligenz herausfordert, lass dich tiefer darauf ein. Wenn es dazu führt, dass du dich dumm fühlst, lass dich tiefer darauf ein. Wenn du dich rausnimmst, wirst du abgehängt. Blockiere keine Menschen, mit denen du nicht übereinstimmst, folge mehr von ihnen. Lauf nicht vor Ideen weg, die dir unangenehm sind, renne auf sie zu.

Dein größtes Risiko ist es,
kein Risiko einzugehen.

Für Erfolg musst du
Fehler riskieren.

Für Liebe musst du
Herzschmerz riskieren.

Für Applaus musst du
Kritik riskieren.

Für das Außergewöhnliche
musst du das Langweilige
aufs Spiel setzen.

Vermeide dein Leben lang
Risiken, und du läufst Gefahr,
das Leben zu vermeiden.

The Diary of a CEO

Gesetz 6:
Fragen statt Erklären – der Question-Behaviour-Effekt

Dieses Gesetz erklärt einen der einfachsten und effektivsten psychologischen Tricks, mit denen man jemanden zu einem gewünschten Verhalten oder einer neuen Angewohnheit motivieren kann. Du kannst ihn bei dir selbst oder bei jemand anderem anwenden!

Wir schreiben das Jahr 1980 in Amerika. Ronald Reagan befindet sich mit Jimmy Carter, seit 1976 im Amt, im Wahlkampf um das Präsidentenamt. Die Wirtschaft ist in einem schrecklichen Zustand, und Reagan muss seine Wähler dazu bringen, Carter abzuwählen.

In der letzten Wahlkampfwoche, am 28. Oktober 1980, treffen die beiden Kandidaten in ihrem ersten und einzigen TV-Duell aufeinander, und 80,6 Millionen Zuschauer schalten ein – was die Debatte zur bis dahin meistgesehenen in der amerikanischen Geschichte machte.

Der amtierende Präsident Carter ging laut Umfragen mit 8 Prozentpunkten Vorsprung in die Debatte.

Reagan wusste, dass er Carters miserable wirtschaftliche Leistung gegen ihn verwenden musste, anstatt aber, wie jeder Präsidentschaftskandidat vor ihm, wirtschaftliche Fakten anzuführen, tat er etwas, was vorher noch niemand getan hatte und was seither alle Kandidaten von ihm übernommen haben. Er stellte eine einfache und mittlerweile legendäre Frage: »Geht es Ihnen heute besser als vor vier Jahren?« Dann fuhr er fort:

> Nächsten Dienstag werden Sie alle wählen gehen, Sie werden in der Wahlkabine stehen und eine Entscheidung treffen. Ich denke, es wäre gut, wenn Sie sich bei dieser Entscheidung fragen, ob es Ihnen besser geht als vor vier Jahren. Ist es für Sie heute einfacher, in den Laden zu gehen und einzukaufen, als vor vier Jahren? Ist die Arbeitslosenzahl in den letzten vier Jahren gesunken oder gestiegen? Begegnet man Amerika weltweit immer noch mit dem gleichen Respekt? [...] Und wenn Sie alle diese Fragen mit ja beantworten können, dann, denke ich, ist es offensichtlich, wen Sie wählen werden.

Direkt nach der Debatte startete ABC News eine telefonische Umfrage, auf die sie 650.000 Antworten erhielt – beinahe 70 Prozent der Teilnehmenden meinten, Reagan habe die Debatte gewonnen. Sieben Tage später schlug Reagan Carter mit überwältigenden 10 Prozentpunkten Vorsprung und wurde der vierzigste Präsident der Vereinigten Staaten.

Einfach nur eine Frage? Nein, es handelt sich um wissenschaftlich fundierte, politische Magie. Weshalb? **Im Gegensatz zu Aussagen führen Fragen zu einer aktiven Antwort – sie bringen Menschen zum Nachdenken.** Wissenschaftler an der Ohio State University konnten zeigen, dass Fragen wesentlich mehr auslösen als Aussagen, solange die Fakten klar auf deiner Seite sind.

DIE MACHT DES QUESTION-BEHAVIOUR-EFFEKTS

Wir alle nehmen uns Dinge vor, die wir dann nicht einhalten. Wie oft hast du schon gesagt: »Ich werde dieses Jahr mehr auf meine Ernährung achten«, oder: »Ich werde diese Woche morgens immer Sport machen«, nur um dich dann nicht daran zu halten? Natürlich wollen wir unseren Vorhaben treu bleiben, allerdings können gute Absichten allein keinen ernsthaften Wandel anstoßen. Eine gut formulierte *Frage* könnte das dagegen schon.

Ein Team aus Forschenden von vier Universitäten in den USA arbeitete sich durch mehr als einhundert Studien aus über vierzig Jahren und fand dabei heraus, dass es in Bezug auf die Einflussnahme auf das eigene Verhalten oder das eines anderen besser ist zu fragen, als etwas zu erklären.

David Sprott von der Washington State University, Co-Autor des Forschungsprojekts, meinte: »Wenn Sie eine Person über ein in der Zukunft liegendes Verhalten befragen, nehmen Sie damit Einfluss auf die Wahrscheinlichkeit, dass dieses Verhalten auch eintritt.« Fragen lösen eine andere psychologische Reaktion aus als Aussagen.

Damit bringt ein Schild mit der Aufschrift: »Bitte trennen Sie Ihren Müll« beispielsweise seine Rezipienten weniger wahrscheinlich zu der gewünschten Reaktion, als wenn darauf steht: »Werden Sie Ihren Müll trennen?« Wenn ich mir sage: »Ich werde heute Gemüse essen«, ist es weniger wahrscheinlich, dass ich heute tatsächlich Gemüse zu mir nehme, als wenn ich mich selbst frage: »Werde ich heute Gemüse essen?«

Werden Sie Ihren Müll trennen?

Erstaunlicherweise fanden Forschende heraus, dass es das Verhalten einer Person bis zu sechs Monate lang beeinflussen kann, wenn man eine Aussage in eine Frage umformuliert.

Der Question-Behaviour-Effekt ist bei Ja-Nein-Fragen sogar noch stärker.

Am stärksten ist der Question-Behaviour-Effekt außerdem dann, wenn die Fragen zu einem Verhalten anregen sollen, das mit den persönlichen und sozialen Ambitionen des Befragten übereinstimmt (wenn ein Ja eine Person also dem näher bringt, was sie sein will).

Beginnt die Frage mit »werden/wird«, impliziert das Verantwortlichkeit und Aktion und verstärkt den Question-Behaviour-Effekt zusätzlich. Beginnt eine Frage mit »kann« oder »könnte«, schwächt das den Effekt, da es bei diesen Worten eher um das Können als um das eigentliche Tun geht. »Werde« ist auch stärker als das konditionale »würde«, das eher eine Möglichkeit als eine Wahrscheinlichkeit impliziert.

✭ KOGNITIVE DISSONANZ ZUM EIGENEN VORTEIL NUTZEN

Im 5. Gesetz habe ich die Nachteile der kognitiven Dissonanz dargestellt, jetzt werde ich dir zeigen, wie hilfreich sie sein kann.

Kognitive Dissonanz beschreibt das mentale Unwohlsein, das du empfindest, wenn die beste Version deiner selbst – der Mensch, der du wirklich sein möchtest – nicht mit deiner jetzigen Verfassung übereinstimmt. Nehmen wir an, du willst ein Tai-Chi-Experte werden, und ein Freund fragt dich, ob du täglich Tai-Chi machst. Beantwortest du die Frage mit nein, entsteht eine kognitive Dissonanz, da es unangenehm auf den Unterschied hinweist zwischen dem, was du sein möchtest, und dem, was du bist. Um das zu vermeiden, wirst du wahrscheinlich mit ja antworten. Und sobald du das getan hast, ist es wesentlich wahrscheinlicher, dass dein Vorhaben Realität wird, da die Frage dich nicht nur daran erinnert hat, wer du sein möchtest, sondern auch an den Weg, den du gehen musst, um dein Ziel zu erreichen. Mit deiner Antwort hast du dir vorgenommen, diesen Weg auch zu beschreiten – alles wegen einer kleinen, aber wirkmächtigen Frage.

Das Ganze funktioniert deswegen besser, wenn wir Ja-Nein-Fragen stellen, weil diese eindeutigen Wahlmöglichkeiten keinen Spielraum für Rechtfertigungen oder Ausreden zulassen – mit beidem drücken wir uns allzu gern vor der Realität und davor, was wir tun müssen, um zu dem zu werden, der wir sein wollen.

Wer mein erstes Buch gelesen hat, der weiß, dass meine wunderbare persönliche Assistentin Sophie gern jede Woche aufs Neue verlauten lässt, sie »gehe am Montag ins Fitnessstudio«. Manchmal bin ich naiv und einfältig genug zu fragen, ob sie am genannten Tag wirklich im Fitnessstudio war. Dann erzählt sie mir immer ausführlich, weshalb es diesmal nicht geklappt hat, und schließt mit einer neuen Ankündigung, sie werde stattdessen nächsten Montag gehen. Sie hat diese Routine über die letzten acht Jahre hinweg erfolgreich beibehalten.

Das Gute an einer Ja-oder-Nein-Frage ist, dass sie dir keine Chance lässt, dich selbst zu täuschen. Sie zwingt dich zu einer Entscheidung.

Wenn du also anfängst, dein eigenes Verhalten zu entschuldigen, oder wenn du jemand anderem ins Gewissen reden willst, dass er etwas anders machen soll, versuche Folgendes: Stelle dir selbst oder der anderen Person eine einfache Frage, die sich nur mit ja oder nein beantworten lässt. Das funktioniert besonders gut in Bereichen, in denen dir ein wenig mehr Motivation guttäte. »Werde ich heute ins Fitnessstudio gehen?« »Werde ich heute in der Mittagspause etwas Gesundes bestellen?« Lass keine Erklärungen zu. Einfach ja oder nein. Neulich ging ich in der Nähe des Hauses meiner Freundin joggen, sie lebt in Porto (Portugal). Die Gegend ist für ihre steilen Hügel bekannt, und als ich an ein besonders beeindruckendes Exemplar kam – es machte einen fast vertikalen Eindruck –, rettete mich der Question-Behaviour-Effekt. Ich fragte mich: »Wirst du ohne Unterbrechung bis ganz nach oben laufen?« Ich antwortete mit »ja«. Ich kann es nicht genau erklären, aber aus irgendeinem Grund hat mir das wirklich geholfen – ich schaffte es ohne Innehalten bis ganz nach oben; die Frage hatte alle möglichen Ausreden ausgeschaltet, die ich sonst vielleicht gezückt hätte, um eine Pause zu rechtfertigen; mit meinem »ja« hatte ich mir ein Versprechen gegeben, das ich nicht brechen wollte.

Du kannst den Question-Behaviour-Effekt auch nutzen und anderen helfen. Frage einen Freund oder einen geliebten Menschen: »Wirst du gesünder essen?«, oder: »Wirst du dich um die Beförderung bemühen?« Diese sanfte Konfrontation hat nachweislich immer wieder zu einem nachhaltigen und verlässlichen Wandel geführt, und sie ermutigt andere, die beste Version ihrer selbst anzustreben.

Du kannst den Effekt auch im Beruf einsetzen. Wenn du ein Kellner in einem Restaurant bist, dann sage dem Tisch voller zufriedener Gäste nicht: »Ich hoffe, es hat Ihnen geschmeckt«, während du abräumst, frage stattdessen: »Wie hat es Ihnen geschmeckt?«, wenn du ihnen die Rechnung gibst, kurz bevor sie über die Höhe deines Trinkgelds entscheiden werden. Wie uns US-Präsident Reagan gelehrt hat: Wenn die Fakten klar auf deiner Seite sind, dann werden Fragen zu einem extrem wirkungsvollen Mittel, um das Verhalten auszulösen, das du dir von anderen wünschst.

✭ DAS GESETZ: FRAGEN STATT AUSSAGEN – DER QUESTION-BEHAVIOUR-EFFEKT

Wenn du positives Verhalten auslösen möchtest, triff keine Aussagen, stelle binäre Ja-Nein-Fragen. Menschen werden eher mit »ja« antworten, wenn es sie näher an das heranbringt, was sie sein möchten, und sobald sie mit »ja« geantwortet haben, ist es wahrscheinlicher, dass dieses »ja« wahr wird.

Stell dir Fragen zu deinem Handeln, und dein Handeln wird antworten.

The Diary of a CEO

Gesetz 7: Mache nie Abstriche bei deiner Self-Story

In diesem Gesetz wird ein Konzept eingeführt, von dem du wahrscheinlich noch nie zuvor gehört hast, nämlich deine »Self-Story«. Es zeigt, wie deine Self-Story deinen Erfolg beeinflusst, und liefert dir eine geheime Strategie, wie du dir eine bessere Self-Story schreiben kannst, damit du Großes erreichst.

»Vielen ist das nicht bewusst …«, meinte Chris Eubank jun. und lehnte sich verschwörerisch in seinem Sessel nach vorn.

Chris Eubank jun., Profiboxer und Sohn von Chris Eubank, dem legendären Mitglied der International Boxing Hall of Fame, war für ein Interview zu mir nach Hause gekommen, um das ich ihn in Vorbereitung auf dieses Buch gebeten hatte.

Er fuhr fort:

… aber was einen Boxer ausmacht, ist zu 80 Prozent mental. Der Mut, der Instinkt und das Stehvermögen, das du brauchst, um durch eine Menge von Tausenden Leuten zu laufen. Und während du läufst, weißt du, dass du, sobald du beim Ring angekommen und die Treppen raufgestiegen bist, deinen Mantel ausziehen musst. Die Glocke wird ertönen, und du wirst mit jemandem kämpfen müssen. Du wirst vor Millionen Menschen, die dir überall auf der Welt zuschauen, verletzt werden, und du wirst jemand anderem Schmerzen zufügen müssen. Schon allein das, dieser Gang – die meisten Leute auf diesem Planeten könnten das nicht. Einfach nur dieser Gang, von dem Teil mit dem Boxen mal ganz zu schweigen, für den braucht man eine enorme mentale Stärke.

Ich: Denkst du, dass man jemandem diese mentale Stärke beibringen könnte?

Eubank jun.: Ich denke schon; ich habe miterlebt, wie manche Kämpfer sie entwickelt haben, und du brauchst sie auch. Am Ende wird es Zeiten im Training, beim Sparring und auf jeden Fall während des Kampfs geben, in denen du schlimm verletzt wirst. Du wirst dich selbst infrage stellen. Was mache ich hier? Geht's mir noch gut? Kann ich diesen Typ besiegen? Sollte ich aufgeben? Sollte ich versuchen, hier rauszukommen? Das ist zu viel. Weißt du, jeder Kämpfer erlebt diesen Moment.

Ich: Hast du je bei einem Match ernsthaft darüber nachgedacht aufzugeben?

lange Pause

Eubank jun.: Einmal war ich kurz vorm Aufgeben. Bevor ich Profi wurde, war ich auf Kuba. Da draußen sind die Typen echte Tiere. Das sind Monster. Ich steige also in den Ring für eine einfache Sparring-Session, und dann kommt da der kubanische Olympiateilnehmer im Schwergewicht die Treppe hoch und steigt in den Ring. Ich dachte erst, der steigt in den Ring für ein bisschen Schattenboxen, um sich für seine eigene Sparring-Session mit jemand anderem aufzuwärmen. Und dann meinten alle: »Nein, ihr beiden werdet miteinander sparren.« Ich nur so: »Äh, der ist ungefähr dreimal so groß wie ich. Wie stellt ihr euch das vor?«, und die anderen: »Ach was, er wird mit dir arbeiten, ihr werdet einfach nur ein bisschen trainieren.« Also dachte ich mir: *Na schön. Geht klar. Dann mal los.*

Die Glocke läutet zur ersten Runde, und der Typ geht sofort auf mich los und in den Vollkontakt. Die stärksten Schläge, die ich je einstecken musste. Bam, bam, bam. Ich ducke mich, weiche aus, renne durch den Ring. Und er folgt mir einfach, ich kann ihn nicht abschütteln.

Bam, bam, bam. Er schleudert mich einfach aus dem Ring. Von da oben fällt man fast anderthalb Meter tief auf Beton. Ich lande auf meinem Knie, und mein ganzes Bein wird sofort taub. Ich versuche aufzustehen, und mein Bein macht gar nicht mehr mit. Ich schaue auf, und da lehnt dieses kubanische Schwergewicht an den Banden und schaut auf mich runter. Ich stehe an einem mentalen Scheideweg und muss eine Entscheidung treffen. Sage ich jetzt: »Hör mal, meinem Knie geht's übel. Du bist einfach zu groß«? Oder steige ich zurück in den Ring? Ich sehe mich um, während ich auf dem Betonboden sitze. Alle schauen mich an, mein Vater ist auch da. Ich habe eine Entscheidung getroffen. Ich dachte mir, weißt du was, lass uns das verdammt noch mal zu Ende bringen. Ich bin wieder in den Ring gestiegen, und der Kubaner hat weiter auf mich eingeschlagen, zwei schmerzvolle Runden lang … Aber die einzige Sache, an die ich denken konnte, war: *Ich muss drei Runden schaffen, denn ich habe gesagt, dass ich drei Runden mache. Ich werde hier nicht als jemand rausgehen, der aufgibt. Das könnte ich mir nicht verzeihen. Ich muss nach Hause gehen und gut schlafen können. Ich kann nicht guten Gewissens einschlafen, wenn ich weiß, dass ein anderer Mann mich zum Aufgeben gezwungen hat.* Ich bin also wieder in den Ring gestiegen und habe mir meine Abreibung verpassen lassen. Und von diesem Tag an hatte ich keine Angst mehr. Das war das schlimmste Erlebnis in meinem Leben, aber es war auch das beste, weil ich nun wusste, zu was ich fähig bin. Ich wusste nun, dass ich durchhalten konnte. Wenn der mich nicht zum Aufgeben bringen konnte, wer dann? Keiner. Und dieses Wissen habe ich meine ganze restliche Karriere hindurch in mir getragen.

Ich: Das ist unglaublich. Du sprichst von einer Geschichte, die du über dich selbst schreibst, für dich selbst und wie viel Einfluss diese Geschichte auf dein zukünftiges Verhalten hat.

Eubank jun.: Genau. Das passiert vor allem im Training: manchmal renne ich auf dem Laufband, und dann bekomme ich plötzlich einen Wadenkrampf, und es sind noch acht Minuten, weil ich meinen Timer auf vierzig Minuten gestellt habe und erst zweiunddreißig Minuten gelaufen bin. Der Krampf fängt also an, und ich laufe trotzdem mit einem Bein weiter, ich humpele, denn wenn mich das Laufband zum Aufgeben bringen kann, was passiert dann, wenn ich in den Ring steige, wo mir ein Typ eine reinhaut und mir das wehtut? Dann wird der mich auch zum Aufgeben bringen. Das ist wirklich wichtig, weil es dich lehrt, daran zu glauben, dass du, egal wie schwer es wird, die Art Mensch bist, die mit allem fertigwerden kann.

Es ist nicht wichtig, ob andere zusehen oder ob ich der Einzige bin, der weiß, dass ich aufgegeben habe. Du darfst auch dann nicht aufgeben, wenn keiner zuschaut – du willst diese Energie nicht in dir haben, du musst diese Dämonen draußen halten. Das sind böse Geister, und wenn du sie reinlässt, werden sie die Führung übernehmen!

> Ich habe jede Minute meines Trainings gehasst, aber ich sagte mir: »Gib nicht auf. Leide jetzt, dann wirst du den Rest deines Lebens ein Champion sein.«
>
> **Muhammed Ali**

✩ DEINE SELF-STORY SCHAFFT »MENTALE STÄRKE«

Das US-Militär ist die stärkste Militärmacht der Welt. Jedes Jahr kommen 1300 neue Kadetten an die berüchtigte Militärakademie in West Point. Teil ihrer Initiation ist eine Reihe extrem schwieriger Herausforderungen, die man »Beast Barracks« nennt. Forschende, die sich mit West-Point-Kadetten beschäftigt haben, gehen davon aus, dass diese Prüfungen »absichtlich so aufgebaut sind, dass sie die mentalen Fähigkeiten der Kadetten bis an ihre Grenzen bringen«.

Als ich diese Studie las, dachte ich wie die meisten, dass die sportlichsten, physisch stärksten Kadetten mit dem größten Durchhaltevermögen und der höchsten Intelligenz am erfolgreichsten abschließen. Allerdings machte Angela Duckworth von der University of Pennsylvania eine überraschende Entdeckung, als sie die Erfolge der Kadetten auswertete und untersuchte, welchen Einfluss mentale Stärke, Durchhaltevermögen und Passion auf das Erreichen von Zielen haben.

Duckworth begleitete fast 2500 Kadetten innerhalb zweier Anfängerklassen. Für ihre Untersuchung verglich sie mehrere Werte, darunter die Leistungen der Kadetten in der Oberstufe, ihre SAT-Ergebnisse, ihre körperlichen Eignungstests und ihre »Grit-Skala« (eine Skala, die das Durchhaltevermögen und die Passion messen sollte, mit der langfristige Ziele verfolgt wurden; sie ging von eins bis fünf).

Es stellte sich heraus, dass weder die physische Stärke noch die Intelligenz oder das Führungspotenzial etwas darüber aussagen konnten, ob ein Kadett die Beast Barracks überstand – was zählte, waren mentale Stärke und der Wille, ein langfristiges Ziel zu erreichen. Durchhaltevermögen war das Wichtigste. Man mag es kaum glauben, aber Kadetten, die auf der Grit-Skala nur einen Punkt über dem Durchschnitt lagen, hatten eine *60 Prozent* höhere Wahrscheinlichkeit, die Beast Barracks zu überstehen.

Weitere Untersuchungen zeigen, dass deine Self-Story und deine »mentale Stärke«, dein »Mumm« oder deine »Resilienz« für das Erreichen deiner Ziele, sei es im Arbeitsleben oder allgemein, am wichtigsten sind. Das sind gute Neuigkeiten, da man zwar nicht viel an der eigenen körperlichen Konstitution oder an seinen grundlegenden Fähigkeiten ändern kann, aber man *kann* vieles für die Geschichte tun, die man sich und anderen von sich erzählt.

Leider wird unsere eigene Geschichte nicht nur von Belegen und Erfahrungen aus erster Hand beeinflusst, die wir über uns sammeln, sie wird auch fundamental von den Stereotypen in unserer Umgebung geprägt. Wenn die Gesellschaft, in der du lebst, beispielsweise davon ausgeht, dass schwarze Menschen zu weniger fähig sind als weiße – und du schwarz bist –, dann wirst du wahrscheinlich diese Überzeugung internalisieren, und sie wird Teil deiner Self-Story werden. Wissenschaftliche Studien konnten zeigen, dass allein dieses eine Stereotyp deine Self-Story, deine Leistung und schlussendlich deine Ergebnisse signifikant beeinflussen kann.

Ich war acht Jahre alt und zog mir gerade – gespannt auf unsere erste Schwimmstunde – im Umkleideraum meine Badehose an, als sich ein Mitschüler zu mir umdrehte und ganz nebenbei meinte: »Weißt du, dass schwarze Menschen nicht schwimmen können? Ihre Körper sind anders, für dich wird es also heute schwer werden!« Ich habe sowohl englische als auch afrikanische Vorfahren. Dieser beiläufige Kommentar zerstörte in diesem Moment also nicht nur meine Vorfreude, sondern auch meine Überzeugung, ich könne schwimmen lernen. Natürlich lief die anschließende Schwimmstunde schlecht – ich paddelte herum wie ein ertrinkender Hund und gab auf, noch bevor die Stunde vorbei war. Erst achtzehn Jahre später, nachdem mich jemand, dem ich vertraute, überzeugen konnte, dass das nicht stimmt, lernte ich schwimmen.

Eine bemerkenswerte Studie von 1995 verwendete eine Strategie, die sie als »Priming« bezeichnete, um die Auswirkungen darzustellen, die diese Art von »Bedrohung durch Stereotype« (stereotype thread) auf die Selbstwahrnehmung haben kann.

Die Wissenschaftler ließen eine Gruppe Studenten einen schweren Vokabeltest absolvieren, vor dem Test stellten sie einigen der schwarzen Studenten Fragen zu ihrer Ethnie. Erstaunlicherweise schnitten die Studierenden, denen man solche Fragen gestellt hatte, bei dem Test schlechter ab als die anderen schwarzen und weißen Teilnehmenden, die man vorher nicht befragt hatte. Wichtig: Stellte man im Vorfeld keine Fragen, wiesen die Leistungen keine signifikanten Unterschiede auf.

Der unheimliche Einfluss, den negative Stereotypen auf die Selbstwahrnehmung von jemandem haben können, wirkt sich nicht nur im Zusammenhang mit dem ethnischen Selbstbild aus. In einer anderen Studie testeten die Wissenschaftler den böswilligen Mythos, Frauen seien schlechter in Mathe als Männer. Man inszenierte die Testsituation dahingehend, dass einige der männlichen und weiblichen Probanden die Forschenden vor dem Mathetest sagen hörten, dass Frauen und Männer erfahrungsgemäß sehr verschieden abschnitten; bei einer anderen Gruppe hieß es, Frauen und Männer würden gleich abschneiden.

Die Frauen in den Testgruppen, die vor dem Test den negativen Kommentar mitbekommen hatten, schnitten deutlich schlechter ab, gaben einen höheren Grad an Nervosität während des Tests an und erwarteten weniger von ihrer eigenen Leistung als die Männer ihrer Gruppe. Dieses Experiment bestätigte vorausgegangene Studienergebnisse, wonach bei Probanden, deren Geschlechtszugehörigkeit offen kommentiert wurde, eine Bedrohung durch Stereotype einsetzte und ihre Leistung deutlich nachließ.

Was würde aber passieren, wenn eine Frau ihrer Identität entkommen, ihre Self-Story ändern und so tun könnte, als sei sie jemand anderes, während sie den Test absolviert?

Ein Wissenschaftler namens Shen Zhang ging dieser Frage nach. Zhang stellte einhundertzehn weiblichen und zweiundsiebzig männlichen Studierenden dreißig Multiple-Choice-Matheaufgaben. Vor dem Test wurde allen erklärt, dass Männer besser in Mathe seien als Frauen. Anschließend absolvierten einige der Teilnehmenden den Test unter ihrem eigenen Namen, während andere ihre Testergebnisse unter einem der folgenden Pseudonyme abgaben: Jacob Tyler, Scott Lyons, Jessica Peterson oder Kaitlyn Woods.

In dem Test schlossen die Männer besser ab als die Frauen. Frauen, die den Test unter einem Pseudonym ablegten, erzielten überraschenderweise bessere Ergebnisse als ihre Mitprobandinnen, unabhängig davon, ob das Synonym weiblich oder männlich gewesen war. Und: Frauen, die unter einem Alias teilgenommen hatten, schlugen sich genauso gut wie die Männer!

Das alles bestätigt ein für alle Male die Vorteile von Tests oder Bewerbungsverfahren, die mit alternativen Identifikationsmethoden arbeiten und Klarnamen vermeiden – mit den Worten der Wissenschaftler würde dies potenziell »stigmatisierten Individuen dabei helfen, sich von einer bedrohlichen Situation zu lösen« und »negative Stereotype entkräften«.

★ WIE MAN IN GESUNDHEIT, ARBEIT UND LEBEN EINE STARKE SELF-STORY SCHAFFT

Die »Self-Story«, die Chris Eubank jun. beschrieb, entspricht einer Theorie, die Wissenschaftler und Psychologen gut kennen und als »Selbstkonzept« bezeichnen. Es handelt sich um unser Selbstverständnis, wer wir glauben zu sein, und es schließt alle unsere Gedanken und Gefühle zu uns selbst mit ein – physisch, persönlich und sozial. Dazu gehören auch unsere Vorstellungen davon, zu was wir fähig sind, über unser Potenzial und unsere Kompetenz.

Am schnellsten entwickelt sich unser Selbstbild während unserer Kindheit und Pubertät, wobei es sich auch während unseres Erwachsenenlebens – basierend auf den Erfahrungen, die wir sammeln – weiterhin formt und verändert.

DEINE SELF-STORY ERSCHAFFT MENTALE STÄRKE

Der Psychologieprofessor Fatwa Tentama meint, unsere individuelle »Resilienz« werde durch ein positives Selbstbild beeinflusst. Individuen mit einer positiven Self-Story sind optimistischer, halten Widrigkeiten besser stand, können besser mit Stress umgehen und erreichen ihre Ziele leichter.

> Menschen mit einem geringen Selbstkonzept sehen sich selbst als schwach, inkompetent und unerwünscht. Sie verlieren eher das Interesse am Leben, sind pessimistisch und geben schneller auf.
>
> **Laura Polk, Wissenschaftlerin und Leadership-Expertin**

Die Wissenschaftlerin Eka Aryani führte an der Mercu Buana Universität Yogyakarta in Indonesien eine Studie an Studierenden durch, die den Zusammenhang zwischen Selbstbild und Resilienz verdeutlichen sollte. Ihre Untersuchungen ergaben, dass die »Self-Story« zu 40 Prozent für die mentale Stärke eines Studenten verantwortlich ist. Die restlichen 60 Prozent, welche die individuelle Resilienz beeinflussen, beinhalten Faktoren wie tatsächliche Fähigkeiten, Familienumfeld und gesellschaftliche Umstände.

Wie können wir also unsere Self-Story verbessern, sodass wir resilient und optimistisch sind, unsere Ziele erreichen und auch gegen Widerstände durchhalten?

EINE STÄRKERE SELF-STORY ENTWERFEN

Wahrscheinlich kennst du bereits das Zitat des legendären Basketballtrainers John Wooden: »Der wahre Charakter eines Mannes misst sich an dem, was er tut, wenn niemand zuschaut.« Das stimmt, wissenschaftlich gesehen stimmt es aber genauso, dass der Charakter einer Person erschaffen, umgebaut oder zerstört wird, wenn niemand zusieht.

> *Alles, was du tust – egal ob jemand zusieht –, liefert dir Belege dafür, wer du bist und was du kannst.*

Wie wir im 4. Gesetz sehen konnten, sind Erfahrungen aus erster Hand – alles, was wir mit unseren eigenen Sinnen wahrnehmen – die stärksten Belege für das Erschaffen oder Verändern einer Überzeugung.

Du bist im Fitnessstudio beim Krafttraining, und für eine erfolgreiche Übungseinheit fehlen noch zehn Wiederholungen. Du kommst zur neunten Wiederholung, und deine Muskeln brennen wie Feuer – was tust du?

Deine Entscheidung mag in dem Moment unwichtig wirken – aber jede Entscheidung, die wir treffen, trägt zu einem Erfahrungsschatz voller starker Belege aus erster Hand bei. Sie beeinflusst, wer wir sind, wie wir uns gegenüber Herausforderungen verhalten und zu was wir fähig sind. Jede Entscheidung ist ein Eintrag in das heutige Kapitel unserer Self-Story.

Diese Erfahrung wird nicht nur zukünftige Entscheidungen beim Trainieren vorwegnehmen, sie wird sich durch den Rest deines Lebens ziehen und unaufhaltsam dein Verhalten beeinflussen.

Diese Erfahrung wird dir etwas zuflüstern, wenn es schwer wird – »lass einfach los«, »gib auf«, »denk dran, du kannst das nicht« –, und Untersuchungen zeigen, dass negative Eigenerfahrungen dir angesichts von Widrigkeiten mehr Stress, mehr Sorge und mehr Angst bereiten werden, als wenn du auf eine Self-Story voller Durchhalten, Überwindung und Erfolge zurückblicken kannst.

Der Glaube an uns selbst erschafft unsere Gedanken und Gefühle, unsere Gedanken und Gefühle entscheiden über unsere Handlungen, und unsere Handlungen schaffen unsere Belege und Erfahrungen. Für neue Belege musst du anders handeln.

Entscheide dich für die zehnte Wiederholung, wenn es einfacher

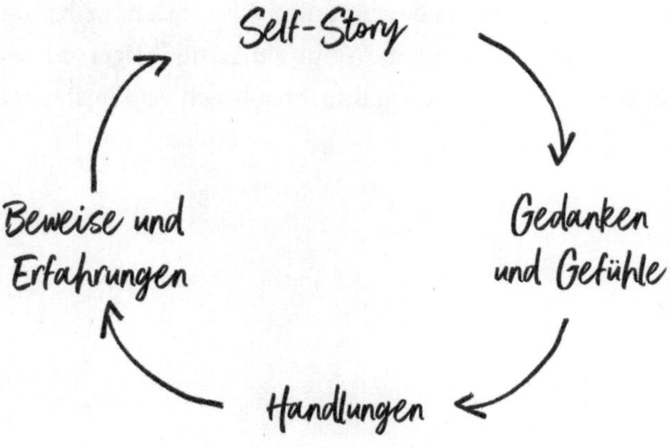

wäre, es bei neun zu belassen. Entscheide dich für das schwierige Gespräch, wenn es einfacher wäre, es zu vermeiden. Entscheide dich für eine Nachfrage, wenn es einfacher wäre, die Frage nicht zu stellen. Beweise dir selbst – auf tausend kleine Arten, bei jeder Gelegenheit –, dass du das mitbringst, was du brauchst, um die Herausforderungen des Lebens zu meistern. Wenn du das tust, und auch nur dann, wirst du wirklich in der Lage sein, diese Herausforderungen zu meistern und dir das aufzubauen, was du dafür benötigst: eine widerstandsfähige, positive, erfahrungsbasierte Self-Story.

☆ DAS GESETZ: MACHE NIE ABSTRICHE BEI DEINER SELF-STORY

Für anhaltenden Erfolg bedarf es mentaler Stärke, und die erlangt man grundsätzlich durch eine positive Self-Story. Um eine positive Self-Story aufbauen zu können, brauchst du Erfahrungen und Beweise. Diese speisen sich aus den Entscheidungen, die du triffst, wenn es schwer wird. Vermeide kontraproduktive Beweise, und sei dir des tückischen Langzeiteffekts bewusst, den sie auf dein Selbstbild und dein Verhalten haben können. Wenn ein Achtjähriger dir sagt, du könntest nicht schwimmen, sag ihm, er soll sich gefälligst verziehen.

Der verlässlichste Hinweis darauf, dass jemand in der Zukunft Neues erreichen wird, ist, wenn er sich in der Gegenwart anders verhält.

The Diary of a CEO

Gesetz 8:
Kämpfe nie gegen eine schlechte Gewohnheit an

Dieses Gesetz hält einige überraschende Wahrheiten darüber bereit, wie man schlechte Gewohnheiten festigen oder überwinden kann. Es erklärt, weshalb das Ankämpfen gegen eine schlechte Gewohnheit oft zu einem Rückfall führt – und es zeigt dir, was du stattdessen tun solltest.

Ich wuchs mit der ständigen Sorge auf, mein Vater würde sterben.

Irgendwann, bevor ich zehn Jahre alt war, fanden meine Geschwister und ich heraus, dass mein Vater heimlich rauchte – wahrscheinlich hielt er es vor uns geheim, damit wir es ihm nicht nachmachten. Sobald wir aber seine Zigarillos gefunden hatten, rauchte er auch in unserer Gegenwart.

Mich wunderte, dass er nur im Auto rauchte. Nie auf Partys, nie zu Hause, nie auf der Arbeit, immer nur im Auto. Ich versuchte ein paar Mal, ihn zum Aufhören zu bewegen, aber meine subtilen Bemühungen führten zu nichts. Bis ich ihm eines Tages, zehn Jahre später, unabsichtlich das lieferte, wodurch er seine vierzig Jahre alte Gewohnheit beendete.

Um erklären zu können, wie das vor sich ging, muss ich zunächst kurz erklären, was Gewohnheiten festigt und weshalb sie fortbestehen.

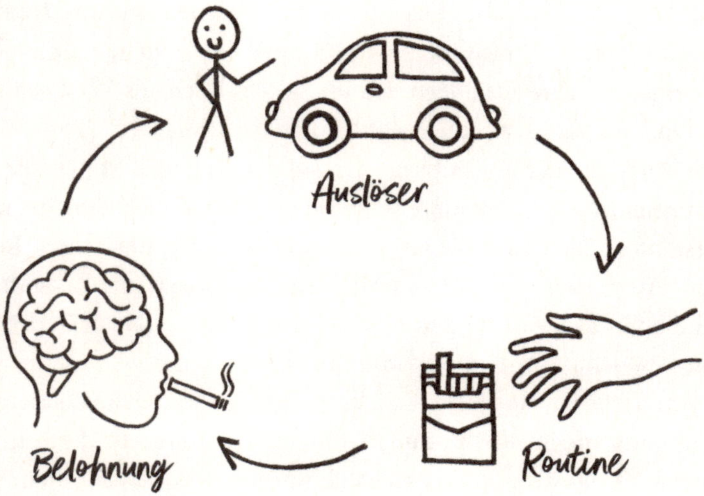

In seinem Buch *Die Macht der Gewohnheit: Warum wir tun, was wir tun* spricht Charles Duhigg vom Konzept der **Gewohnheitsschleifen.** Vereinfacht gesagt, besteht eine Gewohnheitsschleife aus drei Kernelementen:

1. Reiz: der Auslöser für gewohnheitsmäßiges Verhalten (z.B. ein stressiges Meeting oder ein negatives Ereignis).
2. Routine: das gewohnte Verhaltensmuster (z.B. eine Zigarette rauchen oder Schokolade essen).
3. Belohnung: das Ergebnis/der Effekt, den das gewohnte Verhalten hat (z.B. das Gefühl von Erleichterung oder Glück).

☆☆☆

Als ich mit achtzehn die Universität verließ, um mein erstes Tech-Start-up zu gründen, las ich *Hooked* von Nir Eyal. Das Buch erklärt, wie die großen Social-Media- und Tech-Unternehmen ihre Nutzer von den eigenen Produkten abhängig machen, indem sie die Gewohnheitsschleife ausnutzen. Ich vergaß das Buch aus Versehen im Bad meines Vaters, als ich meine Familie besuchte.

Mein Vater, der unglaublich gern auf der Toilette liest, schaute es sich genauer an. Er erkannte seine eigene Gewohnheitsschleife und verstand endlich auch die Gründe, weshalb er rauchte: seinen Reiz (sein Auto), seine Routine (in die Seitentür fassen, die Zigaretten nehmen und eine anzünden) und seine Belohnung (Nikotin, das zu einer Ausschüttung von Dopamin im Gehirn führt).

Am nächsten Tag ging er zu seinem Auto, entfernte die Zigaretten und legte stattdessen Mini-Lutscher in sein Zigarettenetui. Er rauchte nie wieder. Die Gewohnheitsschleife war unterbrochen worden. Sie war durch eine neue, weniger süchtig machende Gewohnheit ersetzt worden, wodurch sich die gesundheitliche Prognose meines Vaters drastisch verbesserte.

Intuitiv hatte mein Vater das Richtige getan. Er hatte nicht versucht, gegen die Gewohnheit an sich anzukämpfen, sondern **den letzten Schritt der Gewohnheitsschleife durch eine wesentlich weniger abhängig machende Belohnung ersetzt** – durch die Lutscher.

Kürzlich haben einige beeindruckende wissenschaftliche Untersuchungen gezeigt, wie töricht es ist, gegen schlechte Angewohnheiten anzukämpfen und weshalb Menschen Rückfälle erleben, wenn sie es versuchen.

Ist dir je aufgefallen, dass du, wenn du dich zu sehr darauf konzentrierst, mit etwas aufzuhören, schlussendlich wieder in dein altes Verhalten zurückfällst und es dann sogar noch verstärkst?

Das liegt daran, dass wir handlungsorientierte Wesen sind, keine handlungsvermeidenden. Tali Sharot, die wir im Kapitel über das 3. Gesetz kennengelernt haben, sagte mir:

> Damit wir im Leben etwas Gutes erreichen – sei es nun eine Beförderung oder ein Schokokuchen –, müssen wir in der Regel aktiv werden und etwas tun, womit wir es uns verdienen. Dementsprechend hat unser Gehirn gelernt, Handlung mit Belohnung in Verbindung zu bringen. Erwarten wir also etwas Gutes, aktiviert das in uns ein »Los«-Signal, das uns zum Handeln drängt und so eine aktive Handlung wahrscheinlicher macht.

Sharot spricht hier über ein Experiment, bei dem die Teilnehmenden entweder einen Knopf drücken sollten, der ihnen eine Belohnung liefert (einen Dollar), oder einen Knopf, der ein negatives Ereignis verhindert (einen Dollar verlieren). Die Teilnehmer, die den Knopf mit der Belohnung drückten, taten dies wesentlich schneller als diejenigen, die den Knopf drückten, um einen Verlust zu vermeiden.

Das Gehirn assoziiert Belohnung mit Handlung beziehungsweise mit Aktivität, weswegen man beides miteinander verbinden muss.

Außerdem haben einige Studien gezeigt, dass man eine Handlung eher ausführt und eher an etwas denkt, wenn man genau diese Handlung oder diesen Gedanken zu vermeiden versucht. Das spricht zum einen deutlich für die Kraft von Manifestationen – dafür, dass das, worüber man nachdenkt, auch eintritt –, und zum anderen bestätigt es die Annahme, dass es wenig nützt, wenn man gegen eine Gewohnheit anzukämpfen oder bewusst nicht an sie zu denken versucht.

Im Jahr 2008 veröffentlichte *Appetite* eine Studie, laut der Freiwillige, die bewusst nicht ans Essen denken sollten, anschließend wesentlich mehr aßen als die Kontrollgruppe. Die erste Gruppe erlebte das, was man einen »behavioural rebound effect« nennt, also einen Rückfall in alte Verhaltensmuster.

Ähnliches ergab eine Studie von 2010 aus der Zeitschrift *Psychological Science*. Sie zeigte, dass Rauchende, die versuchen sollten, nicht ans Rauchen zu denken, wesentlich mehr daran dachten als die Gruppe, der diese Aufgabe nicht gestellt worden war.

Das erinnerte mich an einen Rat, den mir mein Fahrlehrer gegeben hatte, als ich 18 war: »Steven, dein Auto wird dahin fahren, wo du hinschaust. Wenn du nicht in die Autos am Straßenrand reinfahren möchtest, dann konzentriere dich nicht auf die Autos am Straßenrand, sonst wirst du ihnen zwangsläufig zu nahe kommen. Schau geradeaus, in die Ferne, dahin, wo du hinfahren willst.«

Das scheint mir eine angemessene Analogie für das Überwinden oder Neuschaffen von Gewohnheiten: Am Ende wirst du das tun, worauf du dich konzentrierst, konzentriere dich also nicht darauf, mit dem Rauchen aufzuhören, kämpfe nicht dagegen an; konzentriere dich stattdessen auf das Verhalten, mit dem du das Rauchen ersetzen willst.

Elliot Berkman, der Direktor des Labors für soziale und affektive Neurowissenschaften an der University of Oregon, meint, das Gehirn eines Rauchers registriere von dem Satz »Hör auf zu rauchen« vor allem das Wort »rauchen«. Wenn man sich aber vornimmt, immer einen Kaugummi zu kauen, wenn man eigentlich eine Zigarette rauchen will, kann sich das Gehirn auf ein eher handlungsorientiertes, positives Ziel konzentrieren. Das erklärt, weshalb diese kleinen Lutscher meinen Vater zum Aufhören brachten: er hat nicht nur die Zigaretten aus der Autotür entfernt; er hat sie durch eine neue Handlung ersetzt, auf die sich sein Gehirn konzentrieren konnte – an einem Lolli lutschen.

☆ WENN DU EINE GEWOHNHEIT ÜBERWINDEN WILLST, SCHLAF DICH AUS

»Wann schläfst du eigentlich?« Diese Frage wurde mir in den letzten zehn Jahren fast jede Woche aufs Neue gestellt, von Interviewern, Panel-Moderatoren und Journalisten, ich erinnere mich schon gar nicht mehr an alle. Hinter dieser Frage verbirgt sich die Unterstellung – die mich schon immer verblüfft hat –, dass ich einen solchen umfassenden beruflichen Erfolg wohl kaum mit genügend Schlaf erreicht haben könne. In Wahrheit ist genau das Gegenteil der Fall – ich habe immer sehr gut geschlafen. Ich setze kein Treffen, keinen Anruf und keinen Termin vor elf Uhr morgens an, und ich stelle nur selten einen Wecker, denn mir war schon immer bewusst, dass Schlaf meinem Erfolg nicht im Weg steht, sondern seine Grundlage ist.

»Es ist wesentlich wahrscheinlicher, dass wir das tun, was wir nicht tun möchten, wenn wir gestresst sind«, meint Russell Poldrack, Psychologieprofessor in Stanford. Beispielsweise versuchen wir uns eher einen Schuss Dopamin in Form von Zucker, stark verarbeiteten Lebensmitteln, Drogen, Pornos oder Alkohol zu verpassen, wenn wir gestresst sind.

Stressvermeidung ist also das Beste, was du tun kannst, damit sich eine neue Gewohnheit festigt und du sie anfangs oft genug wiederholen kannst, um die Neuronen in deinem Gehirn zu aktivieren, sodass sie sich miteinander verbinden – besonders während der kritischen Anfangsphase, in der du die Gewohnheit noch neu einübst.

Was in diesem Zusammenhang den größten positiven Einfluss hat, ist gleichzeitig sogar noch das Einfachste: ein guter Schlaf. Was auch immer du in deinem Leben verbessern möchtest, sei es dein Privatleben oder einfach nur dein Hang zum Rauchen, Schlafen hilft.

Wenn du gerne fitter werden möchtest, verbessert ausreichend Schlaf deine Schnelligkeit, deine Kraft und deine Ausdauer. Wenn du auf der Arbeit bessere Leistungen erbringen möchtest, wird Schlafmangel deiner Produktivität im Weg stehen – und falls du Manager bist, wird er dazu führen, dass du weniger aufmerksam, weniger konzentriert, weniger fröhlich und sogar weniger moralisch bist.

Solltest du versuchen, abzunehmen oder gesünder zu essen, wird Schlafmangel den Leptinspiegel in deinem Körper senken – das Hormon Leptin teilt deinem Gehirn mit, dass du satt bist. Damit hängt außerdem ein Anstieg von Ghrelin zusammen, das als »Hungerhormon« bekannt ist, es steigert den Appetit und hat eine erhöhte Fetteinlagerung zur Folge; es kann dich dazu bringen, dich für weniger gesundes Essen zu entscheiden.

Wenn du also deine alten Gewohnheiten durch neue ersetzen möchtest, vergiss all die komplizierten Tipps, Tricks und Hacks, konzentriere dich stattdessen auf Grundsätzliches. Du wirst erfolgreich sein, wenn du dich **gut fühlst**, wenn du **nicht unnötig gestresst** bist und wenn du **ausreichend geschlafen** hast.

☆ ARBEITE IMMER NUR AN EINER GEWOHNHEIT

Wir alle wissen, dass Willensstärke der Schlüssel zum Erfolg ist. Allerdings hatten wir noch bis vor fünfundzwanzig Jahren eine recht rudimentäre Vorstellung davon. Wir sahen sie als eine Fähigkeit, die gleich bleibt, sobald man sie einmal entwickelt hat. Dies änderte sich, als Mark Muraven während seiner Doktorarbeit (mittlerweile ist er Universitätsprofessor in Albany, New York) die These aufstellte, Willensstärke nehme ab, je mehr wir von ihr Gebrauch machten.

Im Jahr 1998 führte er ein mittlerweile berühmt gewordenes Experiment durch. In seinem Labor stellte er eine Schüssel mit Radieschen und eine mit frisch gebackenen Keksen auf und holte dann zwei Gruppen hinzu, denen man zuvor erklärt hatte, dass es in dem Experiment um Geschmackssinn gehe. Der ersten Gruppe sagte man, sie könne die Kekse essen und die Radieschen ignorieren, während man die zweite bat, statt der Kekse die Radieschen zu essen.

Fünf Minuten nach Beginn des Experiments betrat ein Wissenschaftler den Raum und gab beiden Gruppen nach einer fünfzehnminütigen Pause ein Rätsel auf, das sich nicht lösen ließ.

Diejenigen, die die Kekse essen durften und so ihre Willensreserven noch nicht angezapft hatten, waren komplett entspannt und versuchten immer wieder, die gestellte Aufgabe zu lösen, manche mehr als eine halbe Stunde lang. Durchschnittlich investierten die Keksesser fast neunzehn Minuten, bevor sie aufgaben.

Diejenigen, die Radieschen statt Keksen gegessen hatten und so ihre Willensstärke bereits einsetzen mussten, legten ein ganz anderes Verhalten an den Tag. Sie waren schnell frustriert und machten ihrem Unmut entsprechend Luft. Manche legten hoffnungslos ihren Kopf auf dem Tisch ab; andere verloren komplett die Geduld und wandten sich gegen das gesamte Experiment, indem sie sich beschwerten, dass es sich um komplette Zeitverschwendung handle. Durchschnittlich beschäftigten sich die Radieschenesser nur acht Minuten mit der Aufgabe – weniger als halb so lang wie die Keksesser –, bevor sie aufgaben.

Nach der Keks-Radieschen-Studie haben noch weitere Wissenschaftler das Abnehmen von Willensstärke getestet und bewiesen. Willensstärke wird mittlerweile weniger als eine feste Fähigkeit angesehen, sondern eher mit einem Muskel verglichen, der – wie jeder andere Muskel im Körper – ermüdet, wenn er stark beansprucht wird. In einem Experiment konnten die Teilnehmenden ihr Lachen nicht unterdrücken, nachdem sie während der ersten Phase des Versuchs über gewisse Dinge nicht nachdenken sollten. Ein weiteres Experiment verlangte von seinen Teilnehmern, sie sollten ihren Emotionen nicht nachgeben, während sie ein rührseliges Video ansahen. Während eines anschließenden Tests, der die Teilnehmer eher physisch als emotional forderte, gaben die zuvor emotional herausgeforderten Teilnehmer – ganz wie die unglücklichen Radieschenesser – schneller auf.

Wenn die Wissenschaft hier also richtigliegt und unser Ausmaß an Willensstärke begrenzt ist, dann verringern Druck, Verbote und Strapazen offensichtlich unsere Chancen, neue Gewohnheiten beizubehalten und alte abzulegen. Je mehr Druck du dir selbst machst, desto höher ist die Wahrscheinlichkeit eines Rückfalls.

Es ist keine gute Idee, gegen Gewohnheiten anzukämpfen – es wird deinen Willen schwächen und wahrscheinlich zu einem Jo-Jo-Effekt führen, der die Gewohnheiten eher festigt. Aus diesem Grund funktionieren auch unrealistische Nulldiäten nicht – immer dann, wenn du das Gefühl hast, dass du dir etwas verbietest, das du wirklich haben willst, wirst du mit an Sicherheit grenzender Wahrscheinlichkeit scheitern. In einer Umfrage von 2014 gaben beispielsweise fast 40 Prozent der Befragten an, dass sie ihre Vorsätze für das neue Jahr nicht eingehalten hatten, weil ihre Ziele zu hoch gesteckt waren und sie sie dementsprechend nicht dauerhaft beibehalten konnten, und 10 Prozent gaben an, sie hätten sich zu viel auf einmal vorgenommen.

Aus diesem Grund ist es äußerst wichtig, dass unsere Vorhaben umsetzbar sind. Damit wir sie beibehalten können, müssen sie klein genug sein – sie dürfen uns keine großen Opfer abverlangen, die unsere Willensstärke überbeanspruchen. Statt alle ungewollten Gewohnheiten auf einmal aufzugeben, solltest du dich auf einige wenige Ziele konzentrieren, denn das erhöht die Wahrscheinlichkeit, dass du sie auch erreichst. Es stellt eine zu große Belastung für deine Willensstärke dar, wenn du dir zu viele große, unrealistische Ziele steckst, für die du etwas aufgeben musst. Auf diese Weise wird dir der Wille ausgehen, du wirst scheitern und in deine alten Gewohnheiten zurückfallen.

Und genau aus diesem Grund gehen so viele Psychologen und Wissenschaftler davon aus, dass die beste Methode für das Schaffen neuer Gewohnheiten nicht darin besteht, das Alte zu bekämpfen oder sich – was kontraproduktiv wäre – Belohnungen zu verbieten. Man schafft neue Gewohnheiten, indem man **neue Belohnungen findet, gesündere und weniger süchtig machende Belohnungen, dabei aber sichergeht, dass man sich *nach wie vor* belohnt**, während man das neue Verhalten festigt.

✯ DAS GESETZ: KÄMPFE NIE GEGEN EINE SCHLECHTE GEWOHNHEIT AN

Wenn du eine Gewohnheit überwinden willst, kämpfe nicht dagegen an. Arbeite innerhalb deiner Gewohnheitsschleife, und ersetze unerwünschte durch positive Handlungen. Widme dich immer nur einer schlechten Angewohnheit; je verbissener du dich ändern willst, desto geringer sind deine Chancen auf Veränderung. Achte beim Aufbau einer neuen Gewohnheit auf dich und deine Bedürfnisse, und versuche, so viel wie möglich zu schlafen.

Schlafe, trainiere,
bewege dich, lächle,
lache, hör zu.

Lies, spare, trink, faste,
baue, erschaffe.

Deine Gewohnheiten sind
deine Zukunft.

The Diary of a CEO

Gesetz 9:
Behalte immer das Wichtigste im Blick

Dieses Gesetz geht davon aus, dass die meisten von uns die falschen Prioritäten setzen – und es mahnt dich dazu, deine Gesundheit neu zu priorisieren, damit du lang genug leben kannst, um all deine anderen Prioritäten zu genießen.

Warren Buffett, ehemals der reichste Mann der Welt, saß vor einer kleinen Gruppe Studenten in Omaha, Nebraska, und gab ihnen folgenden, äußerst wichtigen Rat:

> Als ich sechzehn Jahre alt war, hatte ich nur zwei Sachen im Kopf – Mädchen und Autos. Bei den Mädchen war ich nicht sonderlich erfolgreich. Also beschäftigte ich mich mit Autos. Ich dachte auch über Mädchen nach, aber bei Autos hatte ich mehr Glück.
>
> Nehmen wir mal an, mir wäre ein Dschinn erschienen, als ich sechzehn war. Und dieser Dschinn hätte zu mir gesagt: »Ich werde dir dein Traumauto schenken. Es wird morgen früh, geschmückt mit einer großen Schleife, vor deiner Tür stehen. Nigelnagelneu. Und es wird ganz allein dir gehören!«
>
> Da ich alle möglichen Dschinngeschichten kannte, hätte ich gefragt: »Was ist der Haken an der Sache?« Und der Dschinn hätte geantwortet: »Es gibt nur einen einzigen Haken … Das wird das ein-

zige Auto sein, das du je in deinem Leben bekommst. Es muss also dein ganzes Leben lang halten.«

Wenn das passiert wäre, hätte ich mir zwar trotzdem ein Auto ausgesucht, aber wissen Sie, was ich damit getan hätte, da ich ja wusste, dass es mein Leben lang funktionieren musste?

Ich hätte die Gebrauchsanweisung ungefähr fünfmal gelesen. Ich hätte es immer in die Garage gestellt. Die kleinste Delle oder den kleinsten Kratzer hätte ich sofort reparieren lassen, damit bloß nichts rostet. Ich hätte das Auto gehegt und gepflegt, weil es mein ganzes Leben lang hätte halten müssen.

In genau derselben Position befinden Sie sich, wenn es um Ihren Geist und Ihren Körper geht. Man bekommt nur einen Verstand und nur einen Körper. Und beides muss ein Leben lang halten. Beides lässt sich für viele Jahre einfach benutzen.

Wenn man sich aber nicht darum kümmert, dann wird beides nach vierzig Jahren kaputt sein, genau wie es das Auto wäre.

Wie gut Ihr Körper und Ihr Verstand in zehn, zwanzig oder dreißig Jahren funktionieren werden, hängt davon ab, wie Sie jetzt, heute, mit ihm umgehen.

Sie müssen sich darum kümmern.

Die ersten 80 Prozent meines bisherigen Lebens habe ich Arbeit, Frauen, Freunde, Familie, meinen Hund und meine materiellen Güter an erste Stelle gestellt.

Das ging so lange gut, bis ich siebenundzwanzig Jahre alt war und ich und der Rest der Welt mit ansehen mussten, wie ein globales Virus namens Covid-19 über die Zivilisation hinwegfegte und tragischerweise mehr als 6 Millionen Menschen tötete.

Bis dahin hatten die Privilegien meiner Jugend und die damit zusammenhängende Naivität dafür gesorgt, dass ich »gesund sein« für selbstverständlich hielt. Wenn ich ganz ehrlich bin, interessierte mich meine Gesundheit überhaupt nicht; mich interessierte mein

Aussehen – ich trainierte für ein Six-Pack –, aber über wirkliche Gesundheit hatte ich bis dahin glücklicherweise nicht nachdenken müssen.

Ich denke, die Pandemie war für die meisten von uns traumatisch, für mich hatte sie aber immerhin den kleinen Vorteil, dass das Trauma dieser zwei Jahre eine nicht verhandelbare Wahrheit in mein Gehirn einbrannte: **Meine Gesundheit sollte meine oberste Priorität sein.**

Ein internationales Team aus Wissenschaftlern wertete die Daten von beinahe 400.000 Covid-19-Patienten aus verschiedenen peer-reviewten Artikeln aus. Sie fanden heraus, dass fettleibige Menschen, die an Covid-19 erkrankten, ein um 113 Prozent höheres Risiko für eine Hospitalisierung aufwiesen. Vorerkrankte Personen starben wesentlich häufiger.

Ich bin seit Längerem fest davon überzeugt, dass im Grunde keiner von uns wirklich glaubt, dass er sterben wird – das zeigt sich deutlich in der Art, wie wir unser Leben gestalten, in den Kleinigkeiten, über die wir uns Gedanken machen, und darin, wie wir mit Risiken umgehen. Durch Covid-19 stand der Tod direkt vor meiner Haustür, ich erlebte ihn erstmals aus nächster Nähe und viel zu persönlich. Nun konnte ich über seine schreckenerregenden, befreienden und ungewissen Eigenschaften nachgrübeln.

Dem Tod so direkt ins Gesicht zu schauen, machte mir einiges klar, ich konnte nun sehen, wie wenig ich mein eigenes Leben priorisiert hatte. Ich erkannte, dass ich meine Arbeit, meine Freundin, meine Freunde, meinen Hund, meine Familie und alles, was ich besaß, auf den fragilen Tisch gehäuft hatte, den meine Gesundheit darstellte.

Das Leben könnte mir irgendetwas davon vom Tisch herunternehmen, wie es das oft tut, und dennoch würde sich weiterhin alles andere darauf stapeln. Man könnte, Gott behüte, meinen Hund entfernen, und es läge nach wie vor alles andere darauf; man könnte meine Freundin herunternehmen, und ich hätte immer noch den Rest; aber wenn man mir den Tisch wegnähme – meine Gesundheit –, dann würde alles zu Boden fallen. Ich würde alles verlieren.

Alles hängt von dem Tisch ab.

Alles hängt von meiner Gesundheit ab.

Meine Gesundheit ist das Wichtigste.

Dementsprechend ist meine Gesundheit zwangsläufig immer meine oberste Priorität, jeden Tag aufs Neue, für immer.

Das Wichtige dabei ist: Indem ich diese Realität annehme – in der ich meine Gesundheit an erste Stelle setze –, wird auch mein Leben verlängert, und ich kann alle meine anderen Prioritäten (meinen Hund, meine Partnerin, meine Familie) sogar noch länger genießen.

Kümmere dich um dich selbst, es gibt keine großartigere Form der Wertschätzung.

Diese eine Erkenntnis änderte mein Leben, und in den letzten drei Jahren habe ich meine Essgewohnheiten radikal geändert. Ich habe Zucker, industriell verarbeitete Lebensmittel und raffinierte Getreideprodukte reduziert. Ich treibe nun an sechs Tagen der Woche Sport – ich lasse keine Woche aus – und nehme deutlich mehr Wasser, Gemüse und Probiotika zu mir.

Ich bin objektiv gesund, was großartig ist, aber ich fühle mich auch unglaublich gut, was sogar noch besser ist. Die positiven Auswirkungen auf jeden Bereich meines Lebens – Geschäft, Produktivität, Schlaf, Beziehung, Stimmung, Sexleben, Selbstbewusstsein – sind so tiefgreifend, dass ich nicht umhin kam, die Sorge um das Wichtigste als Gesetz in dieses Buch mit aufzunehmen, da es eine Voraussetzung ist, damit man Großartiges erreichen kann.

Diejenigen, die denken, sie hätten keine Zeit für körperliche Ertüchtigung, werden sich früher oder später Zeit nehmen müssen, krank zu sein.

Edward Stanley

☆ DAS GESETZ: BEHALTE IMMER DAS WICHTIGSTE IM BLICK

Kümmere dich um deinen Körper; er ist schließlich das einzige Fahrzeug, das du je besitzen wirst, mit ihm wirst du die Welt erkunden, und er ist dein einziges wirkliches Zuhause.

Deine Gesundheit ist das Wichtigste.

The Diary of a CEO

PFEILER II:
DIE GESCHICHTE

Gesetz 10:
Absurde Spielereien prägen dein Image stärker als Zweckmäßiges

Dieses Gesetz wird dir zeigen, wie du deine Marketing- oder Markenbotschaft mit einem Hundertstel des bisherigen Budgets zehnmal weiter verbreiten und zehnmal mehr Menschen erreichen kannst.

Ich gründete mein erstes Marketingunternehmen mit zwanzig. Die Firma wuchs viel schneller, als dass meine Erfahrung hätte Schritt halten können, und schon nach einem Jahr akzeptierte ich eine 300.000 Dollar schwere Investition von unserem größten Klienten.

Gibt man einem unerfahrenen zwanzigjährigen CEO, der den Job zum ersten Mal macht, eine Menge Geld – mehr Geld, als er je gesehen hat –, besteht die Möglichkeit, dass er etwas Dummes damit anstellt. Und das ist so ziemlich genau das, was passiert ist.

Ich unterschrieb einen Mietvertrag für eine fast 1400 Quadratmeter große Lagerhalle in Manchester, im Norden Englands, die Hunderte von Angestellten hätte beherbergen können – dabei waren wir gerade mal zu zehnt.

Noch bevor ich Schreibtische für mein Team kaufte, ließ ich ein Zwischengeschoss einziehen und entwarf ein Gaming-Zimmer, damit wir Videospiele spielen konnten. Mir erschien eine Treppe langweilig, weswegen ich 13.000 Pfund für eine riesige blaue Rutsche ausgab, die vom Gaming-Zimmer aus in ein großes Bällebad mündete.

Als die Schreibtische eintrafen, hatte ich bereits einen Basketballkorb installiert, eine gut bestückte Bar mit Zapfhähnen eingerichtet, einen riesigen Baum in der Mitte des Büros eingepflanzt und noch einiges andere an kindischem Zubehör angeschafft.

In den nächsten Jahren wurde unser Unternehmen, obwohl das Durchschnittsalter unserer Angestellten gerade mal bei einundzwanzig Jahren lag, zum bekanntesten, am häufigsten erwähnten, am schnellsten wachsenden und disruptivsten Unternehmen der Branche. Unsere Verkaufszahlen stiegen pro Jahr um durchschnittlich mehr als 200 Prozent, mehrere Jahre hintereinander. Zu unseren Klienten gehörten die weltweit größten Marken, und als ich fünfundzwanzig wurde, beschäftigten wir mehr als fünfhundert Menschen.

Und der faszinierendste Teil dieser Geschichte ist, dass wir nie ein Verkaufsteam hatten.

Wir brauchten kein Verkaufsteam, denn wir hatten eine riesige blaue Rutsche.

Das klingt verrückt, ich weiß, wie die reinste Übertreibung – aber diese gigantische blaue Rutsche war in unseren ersten Jahren wirklich der wichtigste treibende Faktor unserer Medienpräsenz.

Jede größere Zeitung, die über uns schrieb, jeder Blog, jeder Fernsehsender, der über uns berichtete, erwähnte diese riesige blaue Rutsche, und sei es auch nur, um sich darüber lustig zu machen.

Nach drei Jahren war die Rutsche hundertfach von Journalisten fotografiert worden, und ich hatte so oft im Bällebad posieren müssen, dass es bei uns im Büro schon zu einem Running Gag geworden war. Sobald ein Reporter sich an der Rezeption meldete, weil er mich interviewen wollte, rief unweigerlich irgendwer: »Ab ins Bällebad!«

Die BBC, BuzzFeed, VICE News, Channel 4, Channel 5, ITV, *Forbes, GQ,* der *Guardian*, der *Telegraph*, die *Financial Times* – alle standen sie Schlange für einen Termin in unserem Büro, damit sie unsere

Geschichte bringen und uns interviewen konnten, und fast immer prangte unter der jeweiligen Schlagzeile ein Bild dieser großen blauen Rutsche. Die BBC nannte unser Büro einmal das »coolste« im ganzen Land, und als VICE vorbeikam, weil man eine Dokumentation über uns drehen wollte, verbrachte die Crew die meiste Zeit damit, die Rutsche und das Bällebad aus verschiedenen Kamerawinkeln aufzunehmen.

Im Nachhinein ist sich das gesamte Gründungsteam einig: Eine unserer besten finanziellen Entscheidungen – obwohl dumm, unbedacht und kindisch – war, 13.000 Pfund unserer Investition für diese große blaue Rutsche auszugeben.

Zugegebenermaßen kann ich an einer Hand abzählen, wie oft die Rutsche während der sieben Jahre, in denen ich die Firma leitete, benutzt wurde. Allerdings sollte man ihren Nutzen nicht an ihrem Gebrauch messen, sondern daran, wie gut sie als Marketingbotschaft funktionierte.

Die Rutsche schrie etwas über uns in die Welt hinaus. Sie sagte: »Dieses Unternehmen ist anders«, »Dieses Unternehmen ist jung«, »Dieses Unternehmen mischt die Branche auf«, und: »Dieses Unternehmen ist innovativ.«

Sie hat diese Botschaft lauter und überzeugender nach außen transportiert, als es irgendeine unserer Marketingkampagnen je hätte tun können.

Ein Bild sagt mehr als tausend Worte, unsere große blaue Rutsche schrieb gleich ein ganzes Buch – und dieses Buch ist die Geschichte unserer Werte, wer wir sind, an was wir glauben und wie wir uns verhalten.

Ich sage dir hier keinesfalls, dass du losgehen und dein Geld für eine große blaue Rutsche auf den Kopf hauen sollst. Was ich dir sagen will, ist Folgendes: Die Geschichte, die du der Öffentlichkeit über dich erzählst, wird nicht durch all die nützlichen und praktischen Dinge definiert, die du tust – oft noch nicht einmal durch das, was du verkaufst –, sondern durch die **sinnlosen Absurditäten,** mit denen deine Marke in Zusammenhang gebracht werden wird.

Ein Freund von mir ist kürzlich einem Fitnessstudio in London beigetreten, das sich Third Space nennt. Wahrscheinlich ist es mit seinen drei makellosen Etagen das größte High-End-Studio in London. Mein Freund wollte mich ebenfalls zum Beitreten bewegen und meinte: »Du solltest mitkommen – es ist so gut, die haben sogar eine dreißig Meter hohe Kletterwand im Eingangsbereich!«

Er tat an dieser Stelle das, was jeder macht. Er erwähnte nicht die Hunderten nützlichen Trainingsmaschinen, die unglaublich praktischen Regale voller Hanteln oder die wirklich sinnvollen Umkleideräume; er wollte mir das Studio auf Basis seiner absurdesten Eigenschaft schmackhaft machen.

Und ich muss ehrlicherweise zugeben, dass er damit erfolgreich war. Ich bin dort nun schon seit mehr als einem Jahr Mitglied, und in diesem Jahr habe ich noch kein einziges Mal irgendjemanden an dieser dreißig Meter hohen Kletterwand gesehen.

Hört man aber, dass ein Fitnessstudio eine dreißig Meter hohe Kletterwand hat, denkt man automatisch: *Wenn das Studio eine dreißig Meter hohe Kletterwand hat, dann muss es einfach alles haben!* Oder: *Wenn das Studio eine dreißig Meter hohe Kletterwand hat, muss es riesig sein.* Oder wenn man zur Generation Z gehört oder ein Millennial ist: *Wenn das Studio eine dreißig Meter hohe Kletterwand hat, dann muss es dort noch ganz viele andere witzige, verrückte Sachen geben, die ich fotografieren und in die sozialen Medien hochladen kann!*

Der Bekanntheitsgrad einer Marke hängt mehr von ihren sinnlosen Absurditäten ab als von ihrem praktischen Können; die absurdeste Information über dich sagt alles über dich aus.

✯ ABSURDITÄT IST TESLAS MARKETINGSTRATEGIE

Tesla ist in kürzester Zeit zu einer der weltweit meistverkauften Automarken aufgestiegen. Das Tesla Modell Y ist in Europa das meistverkaufte Auto und das Tesla Modell 3 eines der beliebtesten Luxusgefährte in den Vereinigten Staaten. Teslas Werbebudget beträgt 0 Dollar.

Genau wie meine Marketingfirma kein Verkaufsteam brauchte und mein Fitnessstudio wahrscheinlich kein Marketingteam hat, muss Tesla keine Werbung schalten, weil sich die Marke über Absurdität definiert.

Ihre Produkte sind gespickt mit absichtlich absurden Eigenschaften, über die ihre Kunden, die Medien und die Öffentlichkeit im Allgemeinen reden, lachen und so Tesla bekannt machen. Während andere Autofirmen ihre Fahrmodi »Comfort«, »Standard« und »Sport« nennen, macht sich Tesla die Macht der Absurdität zu eigen und wählt amüsante Bezeichnungen wie »Insane« (»irrsinnig«), »Ludicrous« (»aberwitzig«) und »Ludicrous+«.

2019 erhielten alle Teslas eine neue »Karaoke«-Funktion, mit der die Besitzer ihr Auto in eine Karaokemaschine verwandeln konnten, 2015 kam Tesla mit seinem berühmten »Bioweapon Defense Mode« heraus, der die Fahrenden vor »Biowaffen« schützen soll. Es wurde ein »Arcade«-Modus eingeführt, der den Wagen in eine mobile Spielhölle verwandelt, und man installierte »Easter Eggs« – geheime Features, die Fahrende selbst entdecken müssen, zum Beispiel lässt sich das Auto auf dem Navigationsbildschirm in den Schlitten vom Weihnachtsmann verwandeln, oder die dargestellte Straße wird zum Regenbogen; es gibt sogar einen »Furz-Modus«, bei dem jeder Sitzplatz Furzgeräusche produzieren kann.

All diese Dinge klingen kindisch und albern – genau wie meine große blaue Rutsche –, sieht man sich aber die Daten in den sozialen Medien genauer an, dann sorgen diese absurden Funktionen für mehr Gesprächsstoff als alle sinnvollen Funktionen der Konkurrenz zusammen.

Dinge, die den Status quo beibehalten, bringen Menschen nicht zum Nachdenken, Reden oder Schreiben, dagegen geben sie äußerst gern Dinge weiter, die den Status quo verhöhnen, niedermachen oder ihm ins Gesicht lachen.

☆ BIERDUSCHEN HABEN BREWDOG MILLIARDEN EINGEBRACHT

Die kleine Privatbrauerei BrewDog wurde im Jahr 2019 zur am schnellsten wachsenden Biermarke Großbritanniens. Auch sie ist viel kürzer im Geschäft als andere in ihrer Branche und verfügt über einen Bruchteil des Werbebudgets, das einige ihrer globalen Konkurrenten ausgeben – von denen es manche seit mehr als zweihundert Jahren gibt. Doch diese finanziellen Nachteile standen der Reichweite von BrewDog nicht im Weg, da seine Strategie sich – auf Gedeih und Verderb – bewusst der Macht der Absurdität bedient, um die eigene Botschaft zu verbreiten.

Als das Unternehmen im Jahr 2021 eine BrewDog-Hotelkette eröffnete, stellte sich heraus, dass man in jeder Dusche einen Bierkühlschrank installiert hatte, damit die Kunden jederzeit während ihrer Körperpflege ein Bier schlürfen konnten. Ich bin mir recht sicher, dass niemand – jedenfalls niemand, der bei Verstand ist – ihn benutzen wird, aber eine kurze Suche auf Google Images zeigt, dass ein Großteil der Hotelfotos diesen Kühlschrank in der Dusche zeigt. Der absurdeste Aspekt dieser Marke sagt alles über sie aus.

Ohne wirklich etwas zu sagen, schreit die Existenz des Bierkühlschranks den Kunden entgegen: »Wir gehören den Bierliebhabern«, »Wir sind eine Punk-Marke«, »Wir scheren uns nicht um Regeln«,

»Wir stellen alles auf den Kopf«, »Wir haben Humor«, »Dieses Hotel ist für Leute mit dem gewissen Etwas«, und wieder einmal, wenn man zur jüngeren Generation gehört: »Dieses Hotel liefert dir super Content für deine Social-Media-Kanäle.«

Wenn das Ganze so viel Einfluss hat, weshalb setzt dann nicht jeder auf Absurdität? Weil die meisten Unternehmensleiter, Finanzvorstände und Buchhalter von ihrem Marketing, ihren Marken- und Produktkampagnen einen messbaren ROI (Return on Investment), also einen messbaren Erfolg für ihre Investition verlangen. Die Absurdität, von der ich hier spreche, lässt sich unglaublich schwer messen oder beziffern, und so läuft es damit wie mit vielen Dingen im Bereich des Marketing, Storytelling und Branding – man ist entweder davon überzeugt oder eben nicht.

Während meiner zehnjährigen Beratertätigkeit für die weltweit größten Marken habe ich festgestellt, dass die wenigen Menschen, die an die Macht der Absurdität glauben und mit ihr arbeiten, fast immer Unternehmensgründer sind (angestellte CEOs tendieren in der Regel eher zur Risikovermeidung, sie verfügen über weniger finanzielle Kontrolle und sind weniger von den Werten der jeweiligen Marke überzeugt). Geben Gründer einen Dollar für Marketing aus, reicht dieser fast immer zehnmal weiter als bei der Konkurrenz, und langfristig scheinen sie immer den Rest ihrer Branche abzuhängen. Vor allem macht die Arbeit mit ihnen einfach wesentlich mehr Spaß.

Wenn du dich umschaust, wirst du feststellen, dass das einflussreichste Markenstorytelling Absurdität, Unlogisches, Kostspieligkeit, Ineffizienz und Unsinniges nutzt, weil Konventionen, Ähnlichkeiten und Vernunft zwar nützlich sein können, aber nichts darüber aussagen, wer du bist und wer nicht.

Sinn wird durch die Dinge vermittelt, die nicht in unserem kurzfristigen Eigeninteresse liegen und die wir dennoch tun – er zeigt sich in den Kosten, die wir auf uns nehmen, und in den Risiken, die wir eingehen.

Rory Sutherland, stellvertretender Vorsitzender der Ogilvy-Gruppe

☆ DAS GESETZ: ABSURDE SPIELEREIEN PRÄGEN DEIN IMAGE STÄRKER ALS ZWECKMÄSSIGES

Deine Absurditäten machen dich bekannt. Sie erzählen alles Wichtige über dich, sodass du selbst gar nichts *sagen* musst. Absurdität ist effektiver und macht mehr Spaß, aber sie ist nichts für schwache Nerven: sie ist für diejenigen bestimmt, die ein Risiko eingehen, für die Idioten und die Genies.

Normales wird ignoriert. Absurdes verkauft sich.

The Diary of a CEO

Gesetz 11:
Vermeide um jeden Preis Tapeten

Dieses Gesetz wird dir erklären, wie du mit allem, was du schreibst, sagst oder sonst produzierst, dein Publikum fesselst. Es ist das Erfolgsgeheimnis aller weltbekannten Geschichtenerzähler, Marketingfachleute und Kreativen.

»Ich werde mir den Arm abschneiden müssen.«

Sechs Tage lang überlebte Aron Ralston allein durch wilde Entschlossenheit, Ehrfurcht einflößende Hoffnung und einen mächtigen menschlichen Überlebensmechanismus – der uns allen innewohnt. Er ermöglichte es ihm, seine extremen Schmerzen lange genug auszublenden, um sich den eigenen Arm vom Körper zu schneiden.

An einem Frühlingstag im Jahr 2003 fuhr Ralston allein nach Moab in Utah, um mit dem Mountainbike den spektakulären Slickrock Trail zu fahren. Außerdem hatte er noch einige Tage Klettern eingeplant, weil er sich auf die für später im Jahr geplante Besteigung des Denali (früher Mount McKinley) in Alaska vorbereiten wollte. Am 26. April stieg er in den Bluejohn Canyon hinab. Nach fünf Meilen kam er an einen Abschnitt, wo große Gesteinsbrocken zwischen den engen Wänden des Canyons verkeilt waren. Als er sich langsam an ihnen vorbeiarbeitete, geriet ein 400 Kilo schwerer Stein ins Rutschen und klemmte seine rechte Hand an der Felswand ein.

Seine Hand war kaum mehr als eine blutige Masse, und er konnte auch den Felsbrocken nicht bewegen. Er steckte fest. Niemand wusste, wo er sich befand, er hatte nur einen Wasserbeutel und ein paar Snackriegel bei sich, und man würde ihn erst in mehreren Tagen vermissen.

Ralston saß fest.

Nachdem er quälend lange versucht hatte, seinen Arm zu befreien, und den Unglauben, den Schock und die Verzweiflung hinter sich gelassen hatte, sammelte er sich schließlich.

Das billige Taschenmesser, das er dabeihatte, stellte seinen einzigen Weg in die Freiheit dar. Während der nächsten Tage versuchte er, damit Stücke aus dem Stein herauszuschlagen, ohne Erfolg. Anschließend versuchte er dasselbe an der Felswand – wieder blieb der Erfolg aus. Ihm lief die Zeit davon; anfangs hatte er drei Liter Wasser gehabt, jetzt war es nur noch einer.

Er erinnert sich: »Ich hatte den Schmerz hinter mir gelassen, ich hatte die Angst abgelegt, aber den Durst, der meinen Körper quälte, konnte ich nicht überwinden.«

Ralston saß nun schon seit fünf Tagen im Canyon fest. Nachdem er alle anderen Möglichkeiten ausgeschöpft hatte, entschloss er sich, das Undenkbare zu tun. Mit der freien Hand sammelte er seine Sachen zusammen und machte sich daran, sich den Arm abzuschneiden.

Er betrachtete kurz die schmutzige Klinge seines Taschenmessers und stieß sie dann in den eingeklemmten Arm. Die Amputation dauerte mehr als eine Stunde, doch er schaffte es: Er war bei Bewusstsein, am Leben und frei.

Erschöpft und blutig, aber voller Erleichterung und Adrenalin schleppte er sich aus dem Canyon hinaus. Nach fast 10 Kilometern traf er auf Touristen, die ihn in Sicherheit brachten.

Auffallend ist, wie seltsam emotionslos, konzentriert und ruhig Ralston seine missliche Lage in seinem Buch und im Film *127 Hours* beschreibt, der seinen Leidensweg darstellt.

»Alles andere – der Schmerz, der Gedanke an Rettung, der Unfall an sich – tritt zurück. Ich nehme die Sache selbst in die Hand«, sagte er.

Zwar handelt es sich hier um ein extremes Beispiel, es stellt jedoch gut eines der vielen Werkzeuge dar, mit denen unser Gehirn uns von Natur aus beim Überleben hilft: die Fähigkeit, Informationen auszublenden, die es für irrelevant hält, damit wir uns auf die neuen Informationen konzentrieren können, die wichtig für unser Überleben und Wohlergehen sind, selbst wenn – wie im Fall Ralstons – diese Informationen in Form von unerträglichen Schmerzen, verheerenden Umständen oder Hoffnungslosigkeit daherkommen.

Ralston schreibt in seinem Buch über seine Verletzungen: »Am seltsamsten war wohl, dass ich keine Schmerzen von meiner Verletzung spürte – an meiner Lage war so vieles falsch, dass Schmerz für mein Gehirn nicht wichtig genug war, um ihm Aufmerksamkeit zu schenken.«

Was Ralston hier beschreibt, ist das erstaunliche psychologische Phänomen der Habituation.

☆ HABITUATION

Habituation ist ein angeborener neurologischer Vorgang im Gehirn, der uns dabei hilft, uns auf das zu konzentrieren, was wichtig ist, und die Dinge auszublenden, mit denen sich unser Gehirn gerade nicht beschäftigen muss.

Elie Wiesel, der während des Zweiten Weltkriegs die Konzentrationslager Auschwitz und Buchenwald überlebte, beschrieb anschließend, wie er und seine Mitinhaftierten in den Lagern ununterbrochen drohender Gewalt und Tod ausgesetzt waren, die dort herrschende schreckliche Geräuschkulisse und den scheußlichen Gestank. Mit der Zeit setzte die Habituation ein, ihre Gehirne gewöhnten sich an die Gefahren, die Geräusche, die Gerüche und all das andere Elend, das sie erleiden mussten.

Der junge tschechische Dichter Pavel Fischl beschrieb, wie sich die Menschen in dem von Nazis kontrollierten Ghetto in Theresienstadt schnell an ihre schreckliche neue Umgebung gewöhnten:

> Wir haben uns alle an den Lärm der Schritte auf den Fluren der Baracken gewöhnt. Wir haben uns alle an die vier dunklen Mauern gewöhnt, die jede Baracke umgeben. Wir haben uns alle an die langen Schlangen gewöhnt, in denen wir morgens um sieben, am Mittag und dann wieder abends um sieben stehen, in der Hand eine Schüssel, in die wir ein bisschen warmes Wasser bekommen, das entweder nach Salz oder Kaffee schmeckt, oder ein paar Kartoffeln.
>
> Wir sind gewohnt, ohne Betten zu schlafen, ohne Radio zu leben, ohne Plattenspieler, Kino, Theater und all die alltäglichen Sorgen gewöhnlicher Menschen. Wir haben uns daran gewöhnt, Menschen in ihrem eigenen Dreck sterben zu sehen, die Kranken in Schmutz und Ekel […]
>
> Wir sind daran gewöhnt, ein Hemd eine ganze Woche lang zu tragen; nun, man gewöhnt sich an alles.

Habituation ist ein Phänomen, bei dem sich das Gehirn an wiederkehrende Stimuli gewöhnt, indem es sie entweder ignoriert oder ihre Relevanz herunterstuft.

Hält man sich beispielsweise in einem Raum auf, in dem ein stetiges leises Summen hörbar ist, wird man dieses anfangs vielleicht als störend empfinden. Nach ein paar Minuten wird man das Geräusch allerdings wahrscheinlich schon gar nicht mehr bewusst wahrnehmen, da sich das Gehirn daran angepasst hat und es nicht länger aktiv verarbeitet.

Dieses kognitive Phänomen setzt mentale Kapazitäten frei, die wir für andere Dinge brauchen – neue Dinge, die uns vielleicht beim Überleben helfen. Habituation lässt sich bei jedem Tier feststellen, das über ein Gehirn verfügt. In einer Studie steckten Forscher Ratten in ein Labyrinth, an dessen Ende sie Schokolade platzierten. Anschließend beobachteten sie die Gehirnaktivitäten der Tiere: »Als die Ratte das erste Mal das Labyrinth erkundete, in die Luft schnupperte und an den Wänden kratzte, explodierte ihr Gehirn vor Aktivität, als analysiere sie jeden neuen Geruch, jeden neuen Anblick, jedes neue Geräusch. Äußerlich wirkte die Ratte ruhig, aber ihr Gehirn arbeitete wie wild.«

Nachdem die Ratte die Schokolade gefunden hatte, wurde sie erneut in das Labyrinth gesetzt, wieder versteckte man ein Stück Schokolade an derselben Stelle. Diesmal hörte die vorherige Gehirnaktivität komplett auf. Die Ratte war nun regelrecht auf Autopilot geschaltet. Sie musste nicht länger neue Reize verarbeiten – sie hatte sich an das Labyrinth gewöhnt –, und so huschte sie zielstrebig durch die Gänge, direkt auf die Schokolade zu. Ganz ähnlich bewegen wir uns wie auf unsichtbaren Schienen durch unser alltägliches Leben, zur Arbeit, ins Fitnessstudio oder in einen vertrauten Teil unseres Hauses; wir denken dabei nicht nach, wir verarbeiten nichts, uns fallen die vertrauten Informationen unserer Umgebung noch nicht einmal auf.

Da das Gehirn der Ratte automatisch reagierte, verfügte es nun über die kognitive Kapazität, über andere Sachen nachzudenken. Die Ratte konnte also auf ihrem Weg zur Schokolade theoretisch über ein komplexes Problem nachgrübeln, das sie an diesem Tag bei der Arbeit lösen musste. In einer Welt ohne Habituation würden unsere Gehirne vielleicht einfach unter der Last der Sinnesreize, die sie verarbeiten müssten, zusammenbrechen.

✯ SEMANTISCHE SÄTTIGUNG

Vater. Vater.

Ist dir je aufgefallen, dass ein Wort, das man ständig wiederholt, irgendwann zu einem Geräusch wird? Selbst wenn man auf ein mehrfach geschriebenes Wort schaut, wie im Beispiel oben, blendet das Gehirn irgendwann dessen Bedeutung aus. Dieser Verlust von Vertrautheit lässt ein Wort dann so aussehen, als gehöre es zu einer anderen Sprache. Wenn du es noch etwas länger anstarrst, wird es dir nur noch wie eine Ansammlung von Buchstaben vorkommen, noch ein wenig länger, und du siehst lediglich bedeutungslose Markierungen auf einem Blatt Papier.

Bestimmt hat jeder schon einmal eine Situation erlebt, in der ein Wort, das mehrfach wiederholt wird, sich plötzlich komisch, fremd und verwirrend anhörte – wenn man ein Wort so oft verwendet hat, dass man kurz innehalten und überprüfen musste, ob es noch Sinn ergibt.

Das liegt an einer Form von Habituation, die sich **semantische Sättigung** nennt – ein Terminus, den Leon James prägte, Professor für Psychologie am Institut für Sozialwissenschaften der University of Hawaii. Dabei ist vorübergehend der Zugriff auf die Bedeutung eines Wortes oder einer Phrase nicht mehr möglich, nachdem es mehrfach wiederholt wurde, da das Gehirn dazu tendiert, Dinge auszublenden, für die es keine Ressourcen aufwenden muss.

Dieser Effekt lässt sich auch im Zusammenhang mit optischen Sinneswahrnehmungen beobachten. Verabreicht man Patienten ein Medikament, das die Augenmuskeln lähmt, beginnt die Welt schon nach wenigen Sekunden vor ihren Augen zu verschwimmen. Die Patienten sind nicht eingeschlafen, aber da sie ihre Augenmuskeln nicht bewegen können, bleibt der Lichteinfall auf die Rezeptoren im hinteren

Augenbereich unverändert, und das Ergebnis ist das gleiche wie bei allen unseren Sinnen, wenn ein konstant gleich bleibender Reiz auftritt: Habituation setzt ein, und wir blenden das Konstante nach und nach aus – im vorliegenden Fall unsere gesamte visuelle Umgebung. Sobald eine Hand vor dem Gesicht oder irgendetwas anderes sich im Blickfeld des Patienten bewegt, wird die Welt für ihn wieder sichtbar.

✩ WIE ES ZU HABITUATION KOMMT

Dem Neurowissenschaftler Eugene Sokolov zufolge entwirft das Nervensystem, wenn es einen Reiz wahrnimmt – Wörter, Geräusche oder sogar körperliche Empfindungen –, ein »Modell« davon. Es katalogisiert, was diesen Reiz verursacht hat, registriert, um was es sich dabei handelt, und gibt eine Anweisung, wie das Gehirn darauf reagieren sollte. Bei den meisten Sinnesreizen ist keinerlei Reaktion erforderlich. Tritt also ein unwichtiger Reiz auf, enthält das Modell des Gehirns die Anweisung, den Reiz in Zukunft zu ignorieren.

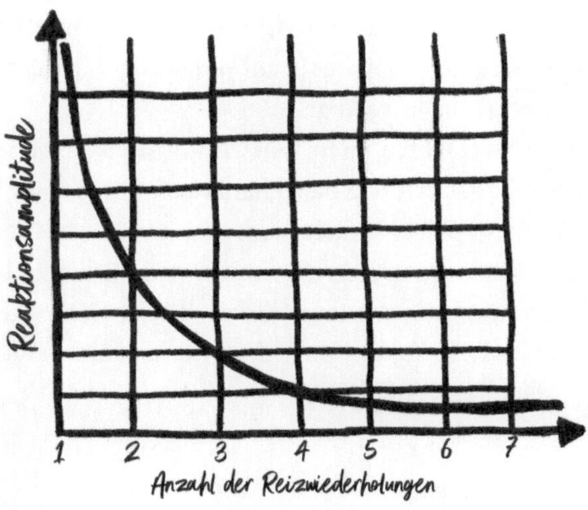

ANGST VERLANGSAMT DIE HABITUATION

ACHTUNG. ACHTUNG. ACHTUNG. ACHTUNG. ACHTUNG. ACHTUNG. ACHTUNG. ACHTUNG. ACHTUNG. ACHTUNG. ACHTUNG. ACHTUNG. ACHTUNG. ACHTUNG. ACHTUNG. ACHTUNG. ACHTUNG.

Interessanterweise verliert zwar jedes Wort irgendwann seine Bedeutung, allerdings variiert die Anzahl der dafür notwendigen Wiederholungen. Zum Beispiel zeigt sich der Sättigungseffekt bei emotionsgeladenen Wörtern beziehungsweise bei solchen mit dramatischer Konnotation – wie »ACHTUNG!« – weniger deutlich, da unser Gehirn andere starke Assoziationen damit verbindet und so die Wahrscheinlichkeit sinkt, dass wir ihre Bedeutung ausblenden.

Von allen Gesichtsausdrücken lösen jene, die mit Gefahr zusammenhängen, die stärkste Reaktion aus. Aus offensichtlichen, überlebenswichtigen Gründen ist für uns die Unterscheidung zwischen einem ängstlichen und einem ruhigen Gesichtsausdruck wichtig. Schon mit sieben Monaten achten Babys mehr auf verängstigte Gesichtsausdrücke als auf neutrale oder freudige.

Ich habe in zwei Jahren mehr als zweihundert meiner YouTube-Thumbnails A/B-getestet und dabei herausgefunden, dass ein Video immer dann mehr Klicks erhielt, wenn das Gesicht im Thumbnail eine starke Gefühlsregung zeigte, wenn es bedrohlich oder beängstigend wirkte. Neutrale Gesichtsausdrücke – die das Gehirn geflissentlich ignoriert und als »Tapete« einordnet – erhalten über alle Kanäle hinweg deutlich weniger Klicks.

☆ WIR GEWÖHNEN UNS AN MUSIK UND GERÄUSCHE

Mit der Zeit gelang Leon James der Beweis, dass semantische Sättigung sich nicht nur auf das auswirkt, was wir lesen. Sie kann ebenso bei allem auftreten, was wir sehen, riechen oder hören.

Falls du einen Hund oder eine Katze besitzt, ist dir vielleicht schon aufgefallen, wie leicht diese einschlafen, während du Netflix schaust, dich unterhältst oder Musik hörst – auch das liegt an der Habituation. In einer Studie spielte man in der Nähe einer schlafenden Katze einen lauten Ton ab, und die Katze wachte sofort auf. Doch je öfter man diesen Vorgang wiederholte, desto länger brauchte die Katze zum Aufwachen, bis sie schließlich trotz des Tons weiterschlief. Veränderte man den Ton allerdings leicht, wachte die Katze wieder sofort auf.

James untersuchte das Phänomen auch in Bezug auf Musik. Er stellte fest, dass Lieder, die es sofort in die Charts schafften – und die dementsprechend oft im Radio wiederholt wurden –, genauso schnell auch wieder aus den Charts verschwanden. Die Habituation hatte eingesetzt. Dagegen verschwanden Lieder, die sich langsam an die Spitze der Charts hochgearbeitet hatten, wieder genauso langsam, sie verblassten eher, als schlagartig zu verschwinden.

Bedenkt man das alles, könnte man sich fragen, weshalb wir uns ein Lied gerne mehr als einmal anhören. Diese Frage bringt mich zu einem weiteren psychologischen Phänomen namens »**Mere-Exposure-Effekt**« (auf Deutsch auch der **Effekt des bloßen Kontakts**). Demnach neigen wir dazu, eher eine Vorliebe für Dinge oder Menschen zu entwickeln, wenn wir ihnen mehrfach begegnen.

Der Sozialpsychologe Robert Zajonc führte im Jahr 1968 ein Experiment durch, bei dem er den Teilnehmenden mehrere sinnlose Wörter verschieden oft vorlegte (entweder ein, zwei, fünf, zehn oder fünfundzwanzig Mal). Die Teilnehmenden bewerteten die Wörter, die sie fünf, zehn oder fünfundzwanzig Mal gehört hatten, positiver als die, denen sie nur ein oder zwei Mal ausgesetzt worden waren. Der Effekt des bloßen Kontakts wurde seitdem in verschiedenen anderen Experimenten wiederholt bewiesen.

Wenn also Neues unsere Aufmerksamkeit erregt, wir aber vor allem das mögen, was uns vertraut ist, existiert dann ein optimaler Grad der Exposition, bei dem etwas für uns neu genug ist, dass unser Gehirn darauf anspringt, aber vertraut genug, dass wir es mögen? Die Antwort lautet ja, und Wissenschaftler sprechen hier vom **»optimalen Grad der Exposition«.**

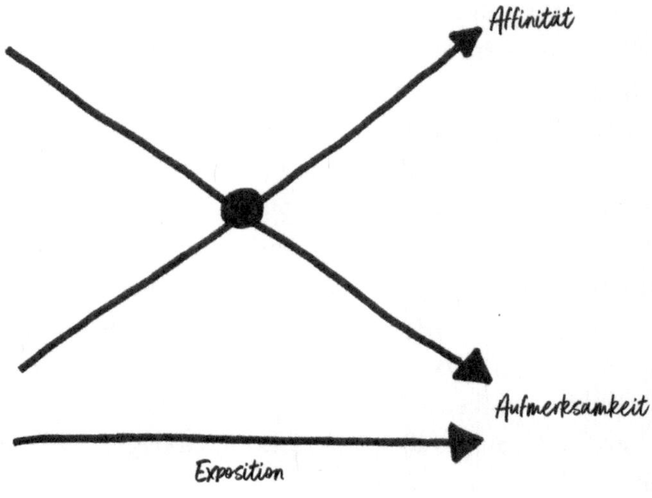

Plattenlabels und Produzenten stehen also bei jedem neuen Produkt vor der Herausforderung, die genau richtige Mischung aus neu (Aktivierung des Gehirns) und vertraut (vom Publikum geliebt) zu finden. Aus diesem Grund werden mehrere Remixes eines Hits herausgebracht, deswegen covern neue Künstler Klassiker, und darum arbeiten die meisten Songs mit vertrauten Riffs, Tönen und Melodien.

✯ WIR GEWÖHNEN UNS AN GERÜCHE

Das Gehirn gewöhnt sich auch an Gerüche. Wenn man einen dicht neben einem stehenden Freund fragt, ob man schlecht riecht, so liegt es daran, dass sich die Rezeptoren in den Nasenschleimhäuten daran gewöhnt haben – sie können den Eigengeruch nicht länger wahrnehmen –, also können die Nasenrezeptoren keine Signale mehr an das Gehirn senden.

Jeder, der schon mal in schneller Folge mehrere Parfüms getestet hat, kennt dieses Phänomen. Manche Parfümverkäufer lassen ihre Kunden zwischendurch an Kaffeebohnen riechen, um den Effekt der nasalen Habituation zu verringern.

In einer Studie über Habituation gaben Forscher ihren Probanden einen Lufterfrischer für ihr Schlafzimmer, der einen starken, aber angenehmen Piniengeruch verbreitete. Die Menge des täglich ausgeschütteten Duftmittels blieb über drei Wochen hinweg gleich. Die Wissenschaftler berichteten: »Mit jedem Tag nahmen die Teilnehmenden den Geruch weniger deutlich wahr, und sie fragten uns immer öfter: ›Sind Sie sicher, dass es immer noch funktioniert!?‹«

✯ HABITUATION UND SEMANTISCHE SÄTTIGUNG IM MARKETING

Ich bin mir der Ironie durchaus bewusst, so viel Zeit mit Nachforschungen über die »semantische Sättigung« verbracht zu haben – es waren wirklich Tausende Artikel, Studien und Videos –, dass der Terminus für mich langsam seine Bedeutung verlor und in meinem Kopf einfach zur Tapete wurde.

Bei der Arbeit an diesem Gesetz musste ich mehrmals innehalten und doppelt und dreifach überprüfen, dass ich die richtige Formulierung verwendete, da mein Gehirn dem Begriff gegenüber anscheinend taub geworden war. Es war so desensibilisiert, dass er ihm fremd erschien.

Ähnlich geht es auch Marketingfachleuten, die dank der gegenwärtigen Forschungen zu diesem Konzept ihre Verkaufsstrategien neu überdenken müssen. Ein aktuelles Beispiel dafür ist die sogenannte »Black Friday Numbness« (die »Black-Friday-Taubheit«). Wegen seiner übermäßigen Verwendung ist »Black Friday« nicht mehr der nützliche Hook, der er einst war. Wir haben den Begriff so oft wiederholt, dass viele genauso wenig auf ihn achten wie auf die Tapete im eigenen Schlafzimmer.

Im Marketing werden jedes wirksame Wort und jeder Satz irgendwann ausgelutscht, überbeansprucht und ihrer Wirkung beraubt. Der Autor und Journalist Zachary Petit meinte dazu:

> Ein weiteres interessantes Beispiel ist das Wort »Revolution«. Im Jahr 1995 startete ich zusammen mit einem Kollegen ein Projekt, nachdem uns beiden aufgefallen war, wie häufig Zeitungsanzeigen das Wort Revolution beziehungsweise revolutionär verwendeten. Wir gingen verschiedene Ausgaben einer Zeitung von 1950 bis 1995 durch. Unsere Ergebnisse zeigten, dass das Wort »Revolution« bis in die späten 1960er-Jahre hinein nur wenig genutzt wurde, und wenn, dann vor allem für tatsächliche politische Revolutionen. Dagegen verwendeten es in den späten 1960ern häufig rechte wie linke politische Parteien und sogar Jugendgruppen. Mitte der 1970er-Jahre stießen wir dann auf die Werbeanzeige einer Möbelfirma, die ihre Bürostühle mit »revolutionärer schwedischer Technologie« bewarb. Danach fanden wir immer wieder Anzeigen für Elektronisches, Medizin, Schokolade, Milch, Bratöle und Waschmittelmarken, die alle behaupteten, sie seien »revolutionär«.

Ein paar Jahrzehnte später war das Wort »Revolution« so oft verwendet worden, dass es seine Bedeutung sowohl aus der politischen als auch der marketingtechnischen Perspektive verloren hatte. Seine Wirkung war praktisch komplett verschwunden.

☆ WIE MAN DEN HABITUATIONSFILTER UMGEHT

Ich erzähle dir jetzt ein Geheimnis und wäre dir dankbar, wenn du es für dich behältst, damit die Wörter nicht ausgelutscht, überbeansprucht und ihrer Wirkung beraubt werden.

Als ich meinen Podcast *The Diary of a CEO* auf YouTube stellte, generierten wir Millionen monatlicher Views auf dem Kanal, allerdings hatten 70 Prozent derjenigen, die den Podcast regelmäßig anschauten, den Kanal nicht abonniert. In einem halbherzigen Versuch, diese Zuschauer zu einem Abonnement zu bewegen, fügte ich meiner Begrüßung die Phrase »please like and subscribe« hinzu, was so ziemlich jeder YouTuber sagt, den ich mir je angeschaut habe.

Es hatte absolut keinen Einfluss auf das Verhältnis von Views zu Abonnenten, und mein Kanal generierte weiterhin nur quälend langsam neue Subscriber. Als ich eingehender über die Sache nachdachte, kam ich zu dem Schluss, dass es sich bei der Phrase »please like and subscribe« um die typische Aufforderung eines jeden Content-Creators handelt und dass die Gehirne der Zuschauenden sich wahrscheinlich schon an die Worte gewöhnt hatten. Vielleicht wurde dieser Spruch so oft benutzt, dass sie schon gar nicht mehr hörten, wie ich ihn sagte.

Aufbauend auf den Gesetzen der Habituation entwarf ich also einen neuen Satz. In den ersten Sekunden meines Videos sagte ich Folgendes: »74 Prozent von euch, die diesen Kanal regelmäßig schauen, haben ihn nicht abonniert.«

(Das ist so eindeutig, so aufschlussreich und regt derart zum Nachdenken an, dass ein Gehirn es wahrnehmen muss und den Habituationsfilter umgeht.)

»Wenn euch unsere Videos irgendwie gefallen haben, könnt ihr mir dann bitte den Gefallen tun und den Kanal abonnieren?«

(Das ist ein Aufruf zur Reziprozität – ein psychologisches Phänomen, das nach dem Prinzip der Gegenseitigkeit funktioniert: Menschen werden etwas für dich tun, wenn sie das Gefühl haben, dass du etwas für sie getan hast.)

»Das hilft unserem Kanal mehr, als ihr denkt, und je größer der Kanal wird, desto krassere Gäste können wir einladen.«

(Das verspricht eine zukünftige Belohnung – wenn du abonnierst, wirst du mit beeindruckenderen Gästen belohnt.)

Schon nach meinem ersten Aufruf dieser Art stieg die Konversionsrate bei den Zuschauenden um atemberaubende 430 Prozent! Der Kanal ist der am schnellsten wachsende YouTube-Podcast der Welt geworden, er hat sogar den legendären Joe Rogan überholt. Die Zahl meiner Abonnenten stieg innerhalb weniger Monate von 100.000 auf Millionen an, und SocialBlade.com schätzt, dass er in den nächsten fünf Jahren mehr als 30 Millionen Abonnenten erreichen wird.

»Tapeten«, wie ich sie nenne – die übermäßige Verwendung von beliebten Begriffen, Sätzen und Aufrufen bis zu dem Punkt, an dem sich das Gehirn an sie gewöhnt hat und sie ausblendet –, sind der Feind von wirkmächtigem und erfolgreichem Storytelling und Marketing. Marketingteams greifen aus Faulheit, Risikovermeidung und fehlender Kreativität auf Allgemeinphrasen zurück. Dieses Gesetz macht jedoch deutlich: Wenn du eine wichtige Botschaft hast und die Schaltkreise des Gehirns infiltrieren willst, musst du seine Aufmerksamkeit wecken. Erst dann erzielt die Botschaft beim Empfänger ihre Wirkung.

Verwende eine Terminologie, die unerwartet, ungewöhnlich und ungesättigt ist.

☆ WIEDERHOLUNG IST NICHT DIE LÖSUNG

Im Marketing erzählt man uns, Wiederholung sei das A und O. Eine lieb gewonnene Annahme der Werbung in den Massenmedien scheint zu lauten: Je öfter der Kunde die Werbung sieht, desto eher wird er darauf reagieren. Prinzipiell trifft das zu, da alles Lernen auf das wiederholte Auftreten eines Reizes aufbaut. Man muss jedoch gleichzeitig verstehen, wie die Bedingungen aussehen müssen, damit eine wiederholte Stimulation konstruktiv ist (zu Lernen führt), und wann sie disruptiv wird (Übersättigung einsetzt).

Mehrere Studien haben gezeigt, dass das Verhältnis zwischen der Häufigkeit, mit der wir einer Werbebotschaft ausgesetzt sind, und ihrer Wirkung mit einer umgekehrten U-Kurve dargestellt werden kann.

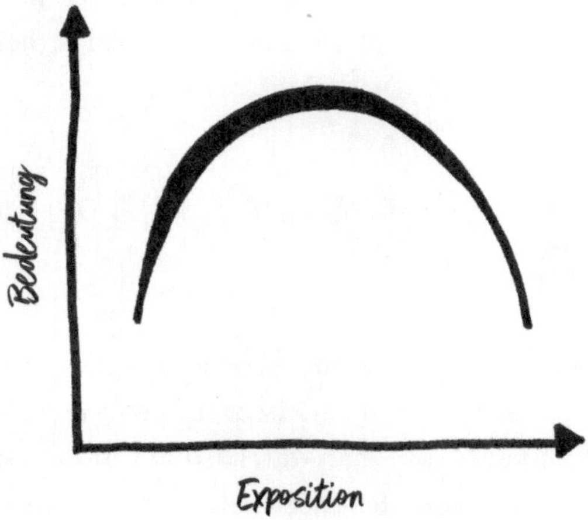

Der Kurvenanstieg (der einen Bedeutungs*zuwachs* darstellt) wird »semantische Erzeugung« genannt, und der abfallende Kurventeil (Bedeutungs*verlust*) entspricht der »semantischen Sättigung«. Der ideale Punkt für die Werbung befindet sich am *Gipfelpunkt* der Kurve. An diesem Punkt hat der Begriff, die Botschaft oder die Phrase ihren optimalen Sinngehalt und das Möglichste im Verstand des Kunden erreicht.

Sobald dieser kritische Punkt erreicht wurde, handelt es sich nicht länger um eine wirkmächtige Botschaft, die zum Handeln motiviert, Verkäufe nach oben treibt und eine emotionale Reaktion hervorruft – auch wenn sie nach wie vor im Gedächtnis hängen bleibt. An diesem Punkt ist es an der Zeit – falls die Phrasen, Worte und Geräusche ursprünglich aktivierend wirken sollten –, kreativ zu werden und neue Wege zu suchen, mit denen sich der Habituationsfilter überwinden lässt.

Großartiges Marketing ist unbequem. Es versetzt ein schlafendes Gehirn in einen neurologischen Rausch.

Starkes Marketing verlangt nach einer Meinung, einer Antwort und einer Emotion. Es will nicht gemocht werden – es will entweder geliebt oder gehasst werden. Und sobald es endlich den Punkt habituierter Vertrautheit erreicht hat, verändert es sich und erheischt so erneut die Aufmerksamkeit seines Publikums.

☆ DAS GESETZ: VERMEIDE UM JEDEN PREIS TAPETEN

Wörter sind wirklich wichtig und können über das Schicksal von Ideen, Politikern und Marken entscheiden. Das Wissen, wie man so kommunizieren kann, dass man durchdringt, Aufmerksamkeit erregt und die Habituationsfilter überwindet, wird in vielen Bereichen deines Lebens über deinen Erfolg entscheiden. Dein Gehirn verfügt über ein grundlegendes, prähistorisches Überlebenswerkzeug, den Habituationsfilter. Er ermöglicht dem Gehirn, sich anzupassen und selbst unvorstellbar schmerzhafte, nervtötende oder übel riechende Reize auszublenden. Wenn du gehört werden willst, dann erzähle Geschichten so, dass sie sich nicht wiederholen, ungefiltert bleiben und unkonventionell sind.

Löse etwas in den Leuten aus egal was.

The Diary of a CEO

Gesetz 12: Du musst den Leuten auf den Sack gehen

Dieses Gesetz erklärt, weshalb es unvermeidlich ist, dass man Leute verärgert, wenn man eine bedeutende Marke aufbaut, und weshalb »Hass« ein Zeichen dafür ist, dass man das Richtige sagt.

In Vorbereitung auf dieses Buch stöberte ich in einer Filiale der Buchhandlung Barnes & Noble in Los Angeles herum und führte dort eine kleine Feldstudie zu den Trends der Verlagsbranche durch. Besonders bemerkenswert erschienen mir dabei die vielen Schimpfwörter, die auf einem Großteil der Selbsthilfebücher prangten!

Dieser Trend des Fluchens startete 2016 mit Mark Mansons *The Subtle Art of Not Giving A F*ck* (*Die subtile Kunst des Daraufscheißens*) – von dem mir Manson, als ich ihn in Vorbereitung für dieses Buch interviewte, versicherte, es habe sich mehr als 15 Millionen Mal verkauft. Das ist ein deutliches Zeichen dafür, dass Autoren, die in einem gesättigten Genre konkurrieren, versuchen, unsere »Tapetenfilter« zu umgehen, indem sie unsere Aufmerksamkeit auf sich ziehen und semantische Sättigung vermeiden.

Im Jahr 2018 enthielt die Liste der fünfundzwanzig meistverkauften Bücher auf Amazon, neben *The Subtle Art of Not Giving A F*ck* Titel wie: *What the F*@# Should I Make for Dinner?*, *50 Ways to Eat Cock*, *Unf*ck Yourself* und *Calm the F**k Down*. Archivdaten zeigen, dass vor zehn Jahren kein Buch auf den Bestsellerlisten Obszönitäten im Titel führte.

Sarah Knights Verleger Michael Szczerban brachte mehrere ihrer mit Beschimpfungen gespickten Bücher heraus (darunter auch *Calm the F**k Down*), die sich millionenfach verkauft haben, und sagte:

> Verleger und Autoren suchen nach Wegen, wie sie durch all den Lärm zum Kunden durchdringen können. Anscheinend ist dies einer der möglichen Wege, da er für einige Bücher funktioniert hat, und sobald das passiert, gibt es Nachahmer. Manche mögen das nicht, einige Händler wollen keine Bücher anbieten, die Schimpfwörter im Titel haben. Allerdings überwiegen die Vorteile deutlich.

Damit spricht er ein grundlegendes Prinzip des Marketings an, bei dem man semantische Sättigung möglichst vermeidet und sich Gehör verschafft.

Alle meine Marketingteams haben dieses Prinzip genutzt, es gepredigt und mehr als zehn Jahre danach gearbeitet, es war für uns so zentral, dass wir es sogar an unsere Bürowände schrieben: »Löse etwas in den Leuten aus – egal was.«

Gleichgültigkeit – wenn dich die Leute weder lieben noch hassen – ist das im Marketing am wenigsten profitable Ergebnis.

Begegnet man deinen Worten, deiner Botschaft oder deinen Handlungsaufforderungen mit Desinteresse, ist das der sicherste Weg, dem gefürchteten Habituationsfilter zum Opfer zu fallen, den das vorige Gesetz behandelt hat.

Ich habe Jane Wurwand interviewt, illustre Gründerin und maßgebliche Visionärin von Dermalogica und The International Dermal Institute. Wurwand gehört zu den angesehensten und am meisten respektierten Köpfen der Schönheitsbranche. Unter ihrer Leitung entwickelte sich Dermalogica zu einer der führenden Skincare-Marken der Branche. Ihre Produkte werden von über 100.000 Kosmetikern in mehr als hundert Ländern verwendet, was Wurwand zu einer der reichsten Frauen in der Schönheitsindustrie gemacht hat.

Ihr größtes Marketinggeheimnis, mit dem sie den Habituationsfilter ihrer Kunden umgeht, ist, Dinge zu sagen und zu tun, die die Menschen verärgern. Sie erklärte das so:

> Wir müssen darauf vorbereitet sein, dass wir 80 Prozent der Leute auf den Sack gehen, sonst werden wir nie 20 Prozent antörnen. Wenn wir das nicht tun, bilden wir das Mittelfeld, wir sind unbedeutend, Durchschnitt, annehmbar, aber man kann uns nicht einordnen. In diesem Fall handelt es sich um ein Produkt. Das ist keine Marke. Eine Marke löst eine emotionale Reaktion aus. Dementsprechend kamen wir zu unserer Marketinglosung: »Wir müssen 80 Prozent auf den Sack gehen und 20 Prozent antörnen.« Nicht jeder muss uns mögen. Und wenn wir das Feld nicht ein wenig aufmischen, wird uns zwar jeder mögen, aber niemand wird uns lieben. Wenn uns manche Menschen hassen, werden uns auch einige lieben.

Sei aber vorsichtig; alle emotionalen Taktiken haben ein Verfallsdatum – emotionale Hooks funktionieren mit der Zeit immer schlechter, sobald sich das Gehirn an sie gewöhnt und ihre Bedeutung heruntergestuft hat.

Vergleicht man die Bestsellerlisten von 2018 bis heute, wird schnell klar, dass der Einfluss von schimpfwortbeladenen Buchtiteln abgenommen hat, die Wirkung der Schimpfwort-Taktik schwindet schon jetzt. Das, was eine emotionale Botschaft funktionieren lässt, wird zwangsläufig beliebt, und durch die Macht der Habituation verwandelt es sich dann wiederum schnell in Tapete.

✯ DAS GESETZ: DU MUSST DEN LEUTEN AUF DEN SACK GEHEN

Scheue nicht davor zurück, die Leute mit emotionalen, gewagten oder sogar kontroversen Marketingansätzen vor den Kopf zu stoßen. Es kann wertvoller sein, eine emotionale Reaktion auszulösen, die 20 Prozent deines Publikums mitnimmt und 80 Prozent wütend macht, als wenn 100 Prozent deinem Ansatz gleichgültig gegenüberstehen.

Einige Menschen werden dich lieben.

Einige Menschen werden dich hassen.

Einigen Menschen wirst du egal sein.

Du wirst nur zu den ersten beiden Gruppen eine Verbindung aufbauen.

Nicht zur dritten.

Gleichgültigkeit ist das am wenigsten rentable Ergebnis.

The Diary of a CEO

Gesetz 13:
Schieß zuerst deine psychologischen Moonshots ab

Dieses Gesetz erklärt dir, wie du bei deinen Kunden einen hohen angenommenen Wert für dein Produkt erschaffst und das mit schockierend kleinen, oft kostenlosen, oberflächlichen Änderungen an deinem Produkt. Außerdem verrät es dir, welche psychologischen Tricks deine Lieblingsmarken in diesem Moment bei dir anwenden.

Mein Friseur hat mich drei Jahre lang manipuliert.

Jede Woche kommt er am gleichen Tag und zur gleichen Uhrzeit zu mir nach Hause und verpasst mir den gleichen Haarschnitt. Ich bin ihm treu geblieben, weil ich immer den Eindruck hatte, dass er großen Wert auf Genauigkeit legt. Er ist ein Perfektionist, und deswegen vertraue ich ihm.

Eines Tages, während einem der üblichen Besuche, gab es zum ersten Mal ein Problem. Nachdem er fertig war, nahm er mir den Umhang ab und erklärte: »Alles klar, wir sind fertig.«

Für mich fühlte sich instinktiv etwas falsch an. Ich konnte nicht genau sagen warum, aber irgendwie hatte ich das Gefühl, er hätte bei meinem Haarschnitt gehetzt, als hätte er nicht mit der üblichen Genauigkeit gearbeitet.

Ich meinte: »Echt? Das ging aber schnell!« Zweifelnd lief ich zum Küchenspiegel und suchte meinen Kopf nach einer Stelle ab, die er übersehen hatte. Komischerweise sah mein Haarschnitt wie immer perfekt aus.

Ich war dennoch überzeugt, dass er schneller als sonst gewesen war, und ging deshalb zu meinem Handy, um auf die Uhr zu sehen. Er hatte genauso lange gebraucht wie sonst auch.

Verwirrt überlegte ich, weshalb ich mich immer noch so fühlte, als sei ich zu kurz gekommen, also sagte ich: »Irgendwie hat sich das ganz schön überstürzt angefühlt.« Kurz sah er mich total verwirrt an, und dann, als hätte er gerade den besten Witz überhaupt gehört, brach er in schallendes Gelächter aus. »Mein Fehler, ganz allein mein Fehler. Wir haben uns so gut unterhalten, da habe ich meine ›Abschluss-Routine‹ vergessen!«, erklärte er.

Abschluss-Routine? Er erzählte mir von einem psychologischen Trick, den er »den letzten Schnipp« nannte. In den letzten zehn Jahren hatte er ihn bei all seinen Kunden, mich eingeschlossen, angewendet.

Ihm sei aufgefallen, dass seine Kunden eher das Gefühl hatten, er habe seine Sache gut gemacht, wenn er am Ende des Haarschnitts vorgab, sein Werk noch einmal genau unter die Lupe zu nehmen und dann einen letzten – unechten – Schnipp mit seiner Schere machte.

Am Ende jedes Haarschnitts – wie auch bei meinen vorherigen Haarschnitten – folgte er also seiner Abschluss-Routine, bei der er den Rasierer ausschaltete, innehielt, um den Kunden herumging, so als inspiziere er dessen Haar ganz genau, und dann so tat, als ob er noch ein letztes Haar abschnitt, um anschließend zu erklären, alles sei fertig.

Heute hatte er seine kleine Routine vergessen, und ich hatte es instinktiv gespürt. Mir kam es so vor, als ob mein Haarschnitt schlechter war, als ob er zu schnell oder nachlässig vonstattengegangen war, und alles nur, weil er einen zehnsekündigen psychologischen Trick vergessen hatte, der mich unbewusst davon überzeugt hatte, er sei ein Perfektionist.

In Wirklichkeit trägt dieser »letzte Schnipp« nichts zur Verbesserung meiner Frisur bei. Mein Friseur gab zu, dass er während seiner Routine gar kein echtes Haar schneidet. Aber dieser Trick hat einen großen Einfluss darauf, ob ich denke, dass mein Friseur gründlich gearbeitet hat. Darin liegt die Macht eines »psychologischen Moonshots«, ein Begriff, den Rory Sutherland geprägt hat.

Ein psychologischer Moonshot ist eine relativ kleine Investition, die die Wahrnehmung von etwas drastisch verbessert.

Psychologische Moonshots beweisen, dass es beinahe immer preiswerter, einfacher und wirkungsvoller ist, in die Wahrnehmung von etwas zu investieren als in seine tatsächliche Beschaffenheit.

☆ UBER IST EIN PSYCHOLOGISCHER MOONSHOT

»Was wäre, wenn du einfach eins per Handy bestellen könntest?«

Diese Frage stellten sich Travis Kalanick und Garrett Camp in einer schrecklich kalten Nacht in Paris. Sie waren für eine Technikkonferenz aus den Vereinigten Staaten angereist und warteten nun endlos lange auf ein Taxi. Viele von uns kennen dieses Leid: Es nervt einfach, wenn man nicht weiß, ob und wann ein Taxi auftauchen wird. Die einfache Frage, die sich die beiden in dieser Nacht aus Unsicherheit und Frustration heraus stellten, führte schließlich zu Uber, der standardmäßigen Taxi-App, die mittlerweile mehr als 100 Millionen Menschen jeden Monat in sechshundert Städten und fünfundsechzig Ländern auf der ganzen Welt nutzen.

Wenn wir unter starkem Stress stehen, wenn wir spät dran sind für unseren Flug, ein Meeting oder eine Veranstaltung, fühlt sich jede Sekunde wie eine Minute an, jede Minute wie eine Stunde und jede

Stunde wie ein ganzer Tag. Wir alle können nachvollziehen, welche Angst solche Szenarien auslösen; es ist die schreckliche Angst der Ungewissheit, die Kunden spüren.

Für Uber wurde das Verringern der psychologischen Reibung seiner Kunden zur zentralen Herausforderung, und so gründete man ein ganzes internes Team aus Verhaltens-(Daten-)Wissenschaftlern, Psychologen und Neurowissenschaftlern, die in den sogenannten »Uber Labs« arbeiteten.

Im Zuge ihrer Forschungen entdeckten die Uber Labs mehrere zentrale psychologische Prinzipien, die die Zufriedenheit der Kunden mit Uber und ihren Gesamteindruck beeinflussten: die Höchststand-Ende-Regel (Peak-End-Regel), Untätigkeitsvermeidung, operative Transparenz, Angst vor Ungewissheit und der Zielgradienteneffekt (Goal-Gradient-Effekt). Durch das Begreifen dieser fünf starken psychologischen Kräfte konnte Uber eine ganze Industrie umstrukturieren und ein Unternehmen aufbauen, dessen Wert auf 120 Milliarden Dollar geschätzt wird.

1. DIE HÖCHSTSTAND-ENDE-REGEL: DIE BEIDEN ENTSCHEIDENDEN MOMENTE

Die Höchststand-Ende-Regel beschreibt, wie sich Menschen an eine Erfahrung oder ein Ereignis erinnern. Einfach ausgedrückt beurteilen wir ein Erlebnis danach, wie wir uns an seinem Höhepunkt und am Ende gefühlt haben, anstatt dass wir unser Urteil aus einem Querschnitt unserer gesammelten Empfindungen bilden. Wichtig ist, dass wir dies sowohl bei positiven als auch negativen Erfahrungen tun! Unternehmen und Marken aufgepasst: **Kunden bewerten ihr gesamtes Erlebnis allein auf Basis von zwei Momenten – anhand des besten (oder schlechtesten) Moments und des Endes.**

Dadurch lässt sich auch besser verstehen, weshalb ein schrecklicher Flug am Anfang eines Urlaubs weniger Einfluss auf unsere Zufriedenheit hat als ein schrecklicher Flug am Ende. Es erklärt uns, weshalb ein wunderbares Essen durch eine überraschende zusätzliche Gebühr auf der Rechnung verdorben werden kann und weshalb ein zweiminütiger Streit mit dem Partner am Ende eines schönen Dates den ganzen Abend überschatten wird.

Dieses Phänomen erklärt auch, warum Uber-Fahrer lernen, am Ende einer Fahrt besonders nett zu dir zu sein, kurz bevor du sie bewertest und ihnen ein Trinkgeld gibst.

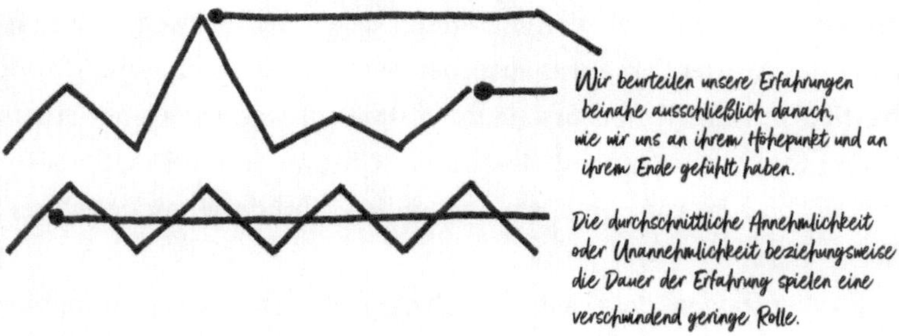

2. UNTÄTIGKEITSVERMEIDUNG: UNSER BEDÜRFNIS NACH SINNVOLLER BESCHÄFTIGUNG

Uber Labs zitierten Forschungen, wonach **Menschen, die etwas zu tun haben, glücklicher sind als solche, die untätig sind** – das ist auch dann noch der Fall, wenn die Beschäftigung nicht freiwillig geschieht (wenn man sie zum Beispiel zu einer Tätigkeit zwingt). In der Tat reicht bereits ein fadenscheiniger Grund aus, um Menschen zum Handeln zu motivieren, so groß ist unser Hunger nach Ablenkung und Aktivität. Diese Forschungen implizieren, dass viele der »Ziele«, die wir verfolgen, in Wirklichkeit nur Vorwände sind, um uns beschäftigt zu halten.

Für Uber hieß das: Wenn man die Kunden während des Wartens mit irgendetwas beschäftigen konnte, indem man ihnen etwas gab, das sie ansehen oder womit sie interagieren konnten, dann wären diese Kunden wesentlich zufriedener und würden weniger oft Fahrten absagen.

Anstatt dass Uber den Kunden lediglich sagte, zu welcher Zeit ihr Fahrer ankommen werde, installierte das Team von Uber Labs mehrere ansprechende Animationen – darunter ein sich bewegendes Auto auf einer Karte, das die Kunden beim Warten verfolgen konnten –, um »Unzufriedenheit aufgrund von Langeweile« zu vermeiden.

Besonders bemerkenswert ist Folgendes: Uber zitierte Forschungsergebnisse, wonach sich die meisten Menschen lieber für eine längere Wartezeit mit Beschäftigung entschieden als für eine kürzere, während der sie untätig bleiben mussten. Das erklärt, weswegen Restaurants den Wartenden etwas ausgeben, weshalb Streamingdienste wie Netflix und YouTube Vorschauen abspielen, wenn man bei einem Video innehält, und weshalb Google Chrome ein T-Rex-Spiel installiert hat, das erscheint, wenn man die Verbindung mit dem Internet verliert.

Studien zeigen, dass es die Kundenzufriedenheit, die Kundenbindung und den Umsatz um mehr als 25 Prozent steigern kann, wenn man seine Kunden beschäftigt hält!

3. OPERATIVE TRANSPARENZ: MARKEN SOLLTEN DURCHSICHTIG SEIN

Im Jahr 2008 war das Rufen eines Taxis noch mit viel Unsicherheit verbunden. Ein Kunde konnte nicht wissen, wann sein Taxi ankommen würde (oder *ob* es überhaupt käme), er wusste nichts über den Fahrer oder weshalb es so lange dauerte. Wenn man sich damals in ein Taxi setzte, das keinen Zähler hatte, schätzte der Fahrer den Preis auf Basis seiner Erfahrung. Selbst wenn man ein Taxi *mit* einem Zähler erwischte, konnte man nicht wissen, ob der Fahrer mit Absicht einen Umweg fuhr, um den Preis nach oben zu treiben.

Derartige Intransparenz ist pures Gift für die Kundenerfahrung; sie führt zu Misstrauen, und Misstrauen lässt uns skeptisch gegenüber einer Marke werden, wir nehmen es ihr übel und bleiben ihr nicht länger treu.

Diese Erkenntnisse brachten Uber Labs dazu, von einem Prinzip aus der Psychologie Gebrauch zu machen, das sich **operative Transparenz** nennt. Sie erklärten dem Kunden jeden Schritt, der sich hinter den Kulissen abspielte, und zeigten so den Fortschritt während des Wartens an. Sie stellten eine geschätzte Ankunftszeit zur Verfügung, erklärten ganz genau, wie die Gebühr für eine Fahrt berechnet wurde, gaben für alles begründete Schätzwerte an und passten diese zeitnah an die Umstände an. Änderte sich etwas, erhielt man dafür auch eine Begründung.

Diese Veränderungen führten zu einer 11 Prozent niedrigeren Abbruchrate nach Auftragserteilung, was bei Uber mit seinen mehr als 7 Milliarden Fahrten im Jahr eine Verbesserung im Wert von mehreren Milliarden Dollar darstellt.

4. ANGST VOR UNGEWISSHEIT

Domino's Pizza sah sich im Jahr 2008 einer interessanten Herausforderung in Sachen Ablauf und Kundenerfahrung gegenüber. Kunden, die länger als gedacht auf ihre Pizza warten mussten, griffen zum Telefon und fragten bei Domino's nach, wo denn ihre Pizza bleibe. Das brachte den gesamten Ablauf ins Stocken, da die Pizza backende Person nun von der Person, die ans Telefon gegangen war, gefragt wurde, weshalb es so lange dauerte, und am Ende bekam der Kunde dann eine vage Antwort. Ohne es zu wissen, trug ein Kunde mit seinem Anruf zur Verspätung der eigenen Pizza bei, da es an operativer Transparenz fehlte.

Einige Pizzaketten reagierten auf dieses Problem, indem sie in Warmhaltebehälter investierten, mehr Personal und Fahrer einstellten, Geld-zurück-Garantien einführten und dem Kunden kostenlose Pizzabrötchen mitbrachten, wenn es zu Verspätungen kam. Die Telefone standen dennoch nicht still.

Sie alle übersahen die psychologische Frustration, die mit dem Kern des Problems zusammenhing: Die Kunden wünschten sich keine schnellere Lieferung, **sie wollten weniger Ungewissheit** in Bezug auf ihre Bestellung.

Domino's verstand dies schließlich und nutzte die bereits existierende Software, mit der es intern die Bestellungen organisierte, um 2008 den mittlerweile berühmt gewordenen »Domino's Pizza Tracker« einzuführen. Dieser zeigt dem Kunden in fünf Schritten an, wo sich die Bestellung gerade befindet.

Diese kleine psychologische Einsicht und die Innovation, zu der sie führte, veränderten Domino's Geschäfte nachhaltig. Die verärgerten Anrufe nahmen rapide ab, Kundenzufriedenheit und Kundenbindung schossen in die Höhe, und nebenbei sparte und verdiente Domino's damit Millionen.

Das Magazin *Nature* veröffentlichte Forschungsergebnisse, denen zufolge Ungewissheit mehr Stress auslöst (wenn wir zum Beispiel nicht wissen, wo sich unsere Pizza befindet), als wenn wir wissen, dass etwas Negatives passieren wird (zum Beispiel dass sich unsere Pizza um dreißig Minuten verspätet). Das liegt daran, dass der Bereich unseres Gehirns, der versucht, Ereignisse vorherzusehen, besonders aktiv ist, wenn er mit Ungewissheit konfrontiert wird – unser Gehirn ist in ständiger Bereitschaft. Steht auf der Anzeigentafel hinter unserem Flug »VERSPÄTET«, löst das in uns wesentlich mehr Stress aus, als wenn dort steht »50 MINUTEN VERSPÄTUNG«, erklärt Rory Sutherland in seinem Buch *Alchemy*.

✯✯✯

Jeden Tag frequentieren mehr als dreihundert Shinkansen (Hochgeschwindigkeitszüge) in einem Abstand von ungefähr vier Minuten die vier Bahnsteige im Bahnhof von Tokio. Die Züge haben lediglich zehn Minuten Aufenthalt, es dauert zwei Minuten, bis die Passagiere ausgestiegen sind, und drei Minuten, bis die neuen Passagiere an Bord sind.

Das Tochterunternehmen TESSEI von Japan Railways ist für die Reinigung dieser Schnellzüge verantwortlich, es hält die Züge für die täglich mehr als 400.000 Passagiere hygienisch sauber. Oft beschwerten sich die Kunden mit Blick auf die kurzen Abfertigungszeiten über die Sauberkeit und die hygienischen Zustände in den Zügen – sie dachten, man könne die Züge in derart kurzer Zeit keinesfalls ordentlich reinigen.

Teruo Yabe, der CEO von TESSEI, wollte diesen Eindruck ändern. Er war überzeugt, dass die Züge eigentlich äußerst sauber waren – für die Kunden waren die Reinigungsmaßnahmen nur nicht ausreichend sichtbar. Anstatt also mehr Reinigungspersonal einzustellen, sorgte Yabe dafür, dass das vorhandene Personal stärker in den Vordergrund trat: er änderte die Arbeitskleidung von hellblauen Hemden in grellrote Jacken und setzte das Personal neu in Szene, indem er es die ein- und aussteigenden Passagiere begrüßen ließ – diese Zeremonie wurde weltweit als das »siebenminütige Shinkansen-Theater« bekannt.

Während der Zug am Gleis einfährt, stellen sich die Reinigungskräfte in der Nähe der Türen auf und verbeugen sich, wenn der Zug zum Stillstand kommt. Sie halten Mülltüten bereit, begrüßen die Passagiere und danken ihnen, wenn diese ihren Müll bei ihnen entsorgen. Anschließend wirbelt das Personal durch den Zug, liest Müll vom Boden auf, wischt, desinfiziert Oberflächen, und sobald es fertig ist, stellt es sich erneut vor dem Zug auf und verbeugt sich, womit es dem ausfahrenden Zug mit seinen neuen Passagieren Respekt zollt.

Nicht nur gingen die Beschwerden über die Sauberkeit in den Zügen stark zurück, auch das Personal machte einen Wandel durch. Es war wieder stolz auf seine Arbeit, da ihm die Passagiere nun mehr Respekt entgegengebrachten, und arbeitete dadurch gewissenhafter, mit mehr Freude und größerer Motivation. Was später als das »7-Minuten-Wunder« bekannt wurde, machte die Zuggesellschaft zu einer der saubersten auf der ganzen Welt.

Das zeigt uns, dass sogar die Unsicherheit in Bezug auf Hygiene mit einem psychologischen Moonshot gelöst werden kann, und ist ein weiterer Beweis dafür, **dass es beinahe immer preiswerter, einfacher und wirkungsvoller ist, in die Wahrnehmung von etwas zu investieren als in tatsächliche Veränderungen.**

5. DER ZIELGRADIENTENEFFEKT: KURZ VOR DEM ZIEL WIRD MAN SCHNELLER

Im Jahr 1932 untersuchte der Verhaltenswissenschaftler Clark Hull Ratten in einem Labyrinth. Mit Sensoren überwachte er die Geschwindigkeit der Ratten, während diese auf eine Belohnung zu rannten. Hull stellte fest, dass die Tiere schneller wurden, je näher sie dem Ende des Labyrinths – und damit dem Futter – kamen.

Er nannte dieses Prinzip den »Goal-Gradient-Effect« (Zielgradienteneffekt).

Es wurde wiederholt nachgewiesen, dass wir am meisten motiviert sind, wenn wir uns kurz vor dem Erreichen eines Ziels befinden: Wir arbeiten umso schneller, je näher wir dem Erfolg kommen.

Kunden, die in einem Café Stempel auf einer Treuekarte sammeln, kaufen öfter einen Kaffee, wenn sie fast genug Stempel für ein Gratisgetränk gesammelt haben. Internetnutzer, die Lieder im Gegenzug für Geschenkgutscheine bewerten, geben mehr Bewertungen ab, je näher sie einem neuen Gutschein kommen. Und die Nutzer von LinkedIn geben auf der Plattform mehr persönliche Informationen ein, wenn ihnen ein Balken eingeblendet wird, der ihre »Profilstärke« anzeigt und wie nah sie einem vollständigen Profil sind.

Uber Labs lösten dieses Problem mit dem Design ihrer Karte, die hauptsächlich betonen soll, wie nah das Auto sowohl dem Abholort als auch dem gewünschten Ziel ist.

All diese psychologischen Hacks haben Uber zum erfolgreichsten Taxiunternehmen der Welt gemacht, das international seinen gesamten Industriezweig dominiert. Dank der Arbeit der psychologischen Experten bei Uber Labs reichen mittlerweile 2,7 Fahrten aus, damit jemand zu einem dauerhaften Kunden wird.

☆ DIE MACHT PSYCHOLOGISCHER MOONSHOTS

Der Begriff »Moonshot« (oder Mondschuss) entstammt der Apollo-11-Raumfahrtmission, die mit Neil Armstrong 1969 den ersten Menschen zum Mond sandte, was Armstrong als »großen Sprung für die Menschheit« bezeichnete. Ein psychologischer Moonshot ist ein großer Sprung nach vorn, der sich der Macht der Psychologie bedient.

Als ich Rory Sutherland interviewte, erklärte er mir:

> Es ist schwer, die Kundenzufriedenheit zu steigern, indem man einen Zug zehnmal schneller fahren lässt; es ist wesentlich einfacher, psychologische Prinzipien einzusetzen, durch die sich eine Fahrt zehnmal angenehmer anfühlt, und die Kundenzufriedenheit auf diese Weise zu erhöhen. Ich glaube nicht, dass Regierungen 50 Milliarden Pfund in schnellere Züge investieren müssten, wie es die britische getan hat, wenn sie einfach dafür sorgen würden, dass das WLAN in den Zügen funktioniert. Wahrscheinlich wird in den nächsten fünfzig Jahren der größte Fortschritt nicht durch technologische Verbesserungen erreicht, sondern durch Innovationen in Psychologie und Design.

Interessanterweise funktioniert in Aufzügen der Knopf, mit dem sich die Türen schneller schließen lassen, in der Regel nicht. Aufzugtüren sind aus Gründen der (Rechts-)Sicherheit so gebaut, dass sie sich erst nach einer bestimmten Zeit schließen. Karen Penafiel, die ehemalige

Geschäftsführerin von National Elevator Industry Inc., bestätigte das: »Fahrgäste haben keinen Einfluss darauf, wie schnell sich die Aufzugtüren schließen.« Aber ein Placebo in Form eines funktionslosen Knopfs gibt einem das Gefühl von Kontrolle, verringert Ungewissheit, erhöht das Sicherheitsempfinden und führt so zu größerer Kundenzufriedenheit.

Einige Seifenhersteller fügen ihren Produkten nur deswegen Menthol, Pfefferminze oder Eukalyptus hinzu, weil das leichte Ziehen, das diese Stoffe erzeugen, einem das Gefühl gibt, die reinigende Wirkung der Seife zu *spüren*. Hierbei handelt es sich um einen starken psychologischen Effekt, der auch in der Medizin und bei Nahrungsergänzungsmitteln genutzt wird.

McDonald's landete vor Kurzem selbst einige psychologische Moonshots, indem es Selbstbedienungsstationen und große Bildschirme installierte, die anzeigen, wo sich die eigene Bestellung gerade befindet, und den Kunden einen Bon ausdrucken, sobald sie ihre Bestellung abgeschlossen haben. Damit bediente sich das Unternehmen des Zielgradienteneffekts und verringerte in diesem Zusammenhang Ungewissheit, Wartezeiten und Frustration. Diese Veränderung brachte der Kette phänomenale Ergebnisse ein.

Der ehemalige Präsident von McDonald's Don Thompson formulierte es einmal so: »Die Leute essen vor allem mit ihren Augen.« Sieht man jedes Produkt vor sich, anstatt seinen Namen in einer Liste zu lesen, möchte man es eher kaufen. Vor den Selbstbedienungsstationen ließ sich aufgrund des beschränkten Platzes nicht jedes Produkt auf den Werbetafeln über den Theken abbilden. Außerdem zeigten wissenschaftliche Untersuchungen, dass die Bedienung eines Touchscreens Freude und das Gefühl von etwas Neuem auslöst, was Kunden zu einem maßloseren Kaufverhalten verführt. Überdies fühlten sich Kunden psychologisch sicherer und neigten zu größeren Bestellungen, da sie ihre peinlich lange, ausschweifende und möglicherweise detaillierte Order nicht direkt an einen Mitarbeiter richten mussten.

Diese relativ kleine Änderung brachte dem globalen Franchise milliardenschwere Erfolge ein: die Verkäufe stiegen um beinahe 10 Prozent, die Kundenzufriedenheit verbesserte sich, und obwohl sich der Herstellungsprozess nicht änderte, hatten die Kunden den Eindruck, das »Fast Food« käme schneller bei ihnen an.

DAS GESETZ: SCHIESS ZUERST DEINE PSYCHOLOGISCHEN MOONSHOTS AB

Psychologische Moonshots erlauben es einer Marke, einen großen angenommenen Wert mit kleinen, oft kostenlosen, oberflächlichen Änderungen zu erreichen. Unternehmer, Marketingleute und Kreative sollten zuerst in diese Richtung denken, wenn sie Wert beziehungsweise den Eindruck von Wert erschaffen wollen.

Kämpfe nicht gegen
die Wirklichkeit
an, verändere ihre
Wahrnehmung.

Unsere Wahrheit ist
nicht das, was wir sehen.

Unsere Wahrheit ist
die Geschichte, an die
wir uns entschließen
zu glauben.

Gesetz 14: Reibung generiert Mehrwert

Dieses Gesetz wird dir zeigen, dass deine Kunden deine Produkte manchmal mehr wollen … wenn du es ihnen schwerer machst.

Während meiner Zeit als Marketing-CEO saß ich zusammen mit unserem Kunden Coca-Cola in zahlreichen Meetings zum Markenmarketing, bei denen die Verantwortlichen vom Erfolg von Red Bull und der gesamten Energy-Drink-Branche völlig verblüfft schienen.

Die Verkaufszahlen zuckriger Getränke sanken, während die genauso ungesunden, widerlich schmeckenden Energy-Drinks enormen Zuwachs verzeichneten. Weswegen hatte die eine Sparte so viel mehr Erfolg als die andere? Unsere Nachforschungen ergaben, dass die Kunden je nach Sparte andere Erwartungen an das Produkt stellten, und andere Erwartungen ermöglichen andere psychologische Moonshots.

Während meines Gesprächs mit Rory Sutherland wies er mich auf Folgendes hin: Wir erwarten von Red Bull, dass es unsere Leistungsfähigkeit erhöht und uns »Flügel verleiht«, und Red Bull erfüllt unsere Erwartungen, indem es absichtlich schlecht schmeckt. Weil Red Bull mehr wie Medizin schmeckt und nicht wie ein angenehmes spritziges Getränk, sind die Kunden eher überzeugt, dass es voller starker, wirkungsvoller Chemikalien ist. Schmeckt ein Produkt »gut«, kann das – je nach Erwartungshaltung der Kunden – dazu führen, dass es weniger beliebt ist.

Einer meiner engsten Freunde gründete und leitete eine der am schnellsten wachsenden Marken für Sportlernahrung in Europa. Wie er mir mehrfach gestand, war eine der größten Herausforderungen, denen sich seine Firma gegenübersah, dass seine Produkte so gut schmeckten. Die Kunden konnten schlichtweg nicht glauben, dass sie wirklich gesund waren. Man hatte sogar schon in Erwägung gezogen, die Produkte absichtlich schlechter schmecken zu lassen, um die Verkaufszahlen zu steigern.

> Der Weg zu einem psychologischen Moonshot funktioniert also nicht zwangsläufig darüber, dass man die Dinge einfacher macht. Wie diese Beispiele zeigen, muss man manchmal das genaue Gegenteil tun: erhöht man Reibung, Aufwand, Wartezeiten und Unannehmlichkeiten, nimmt auch der angenommene Wert einer Sache zu.

In den 1950er-Jahren brachte General Mills eine Reihe von Backmischungen der bekannten Betty-Crocker-Marke auf den Markt. Man musste der Mischung lediglich Wasser hinzugeben, alles gut verrühren und sie dann in den Ofen schieben. Die Backmischung war idiotensicher, sie enthielt Milch- und Eipulver, und man konnte im Grunde nichts falsch machen. Das Unternehmen versprach sich viel von dieser Produktreihe. Allerdings wurden die Backmischungen nicht so gut angenommen wie gedacht, die Reaktionen fielen eher mäßig aus.

General Mills verstand nicht, was an der Sache schiefgelaufen war. Ziel war es gewesen, viel beschäftigten Hausfrauen und Müttern Zeit zu sparen, aber aus irgendeinem Grund war der Erfolg ausgeblieben. Das Unternehmen engagierte mehrere Psychologen, die dem Problem auf den Grund gehen sollten. Sie kamen zu dem Ergebnis, dass das Produkt zwar weniger Zeit und Aufwand erforderte als ein hausgemachter Kuchen, allerdings fühlten sich einige amerikanische Hausfrauen schuldig, wenn Außenstehende annahmen, sie hätten Stunden in der Küche verbracht. Andere fühlten sich schlecht, wenn sie zugeben mussten, dass sie es sich leichter gemacht hatten, und so widmeten sie sich lieber wieder dem traditionellen Backen.

General Mills hätte das Problem vielleicht mit einer Werbekampagne lösen können, aber sie machten sich die Psychologie zunutze und gingen die Sache aus einer anderen Richtung an – sie wendeten sich gegen alle konventionellen Marketingweisheiten und versuchten sich in einem psychologischen Moonshot. Sie entfernten das Eipulver und druckten »ein Ei hinzufügen« auf die Vorderseite der Verpackung. Diese Maßnahme machte das Produkt aufwendiger, sie machte es weniger praktisch, und die Kunden mussten nun mehr Zeit investieren – objektiv gesehen hatte das Produkt an Wert verloren. Allerdings konnten sich nun die Backenden selbst wieder mehr wertschätzen, und so stiegen die Verkaufszahlen.

Ähnlich geht es mir, wenn ich im Restaurant sitze und man mir ein rohes Steak und einen heißen Stein bringt, auf dem ich es mir selbst zubereiten kann. Für mich ist klar, dass man sich hier – bewusst oder unbewusst – eines psychologischen Moonshots bedient.

Jeder hat seine ganz eigenen Steakvorlieben – selbst in Spitzenrestaurants gehören Steaks zu den am meisten beanstandeten Gerichten. Es erscheint zunächst wenig logisch, dass es die Zufriedenheit eines Kunden und die Wertschätzung für sein Essen vergrößern soll, wenn er es in einem Restaurant selbst zubereitet, aber genau das passiert, wenn man ihm einen heißen Stein präsentiert.

Indem man mir das Fleisch roh serviert, verringert sich meine Wartezeit, die Köche haben weniger Aufwand, und meine Chancen auf ein zufriedenstellendes Ergebnis erhöhen sich, da man mir erlaubt, mein Steak so zuzubereiten, wie ich es gerne mag (medium rare). Außerdem verschafft es mir das Gefühl, dass ich selbst etwas in mein Essen investiert habe, die Wahrscheinlichkeit, dass ich mich über mein Essen beschwere, ist geringer, und es vermeidet Langeweile, da es mich beschäftigt. In diesem psychologischen Moonshot sind operative Transparenz, Untätigkeitsvermeidung und der Zielgradienteneffekt alle gleichzeitig am Werk!

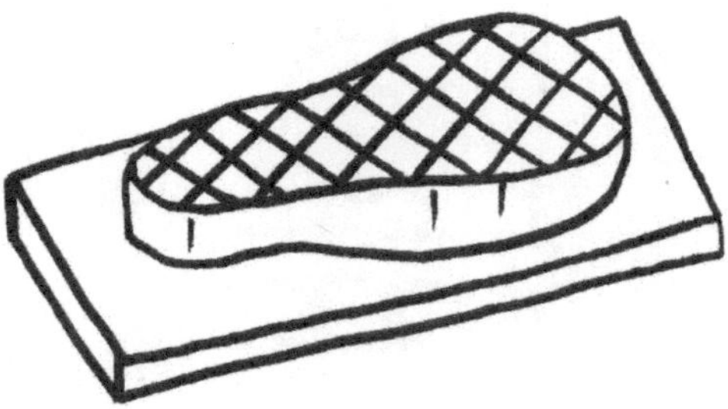

Webseiten, die Flüge, Hotelaufenthalte und Versicherungen anbieten, haben ebenfalls verstanden, dass Reibung einen Mehrwert generieren kann. Die Anbieter erkannten, dass schnellere Suchergebnisse oft zu geringeren Verkaufszahlen führten. Mittlerweile verlängern sie die Suchzeiten künstlich und zeigen währenddessen alle Seiten an, die sie durchsuchen. Damit geben sie ihren Kunden das Gefühl, ein so gründliches Suchergebnis zu erhalten, dass sie nicht mehr anderswo nachschauen müssen. Diese Strategie führte zu höheren Verkaufszahlen, stärkerer Kundenbindung und höheren Kundenrücklaufquoten.

✯ DAS GESETZ: REIBUNG GENERIERT MEHRWERT

Es scheint paradox, dass Reibung Wert erzeugen kann, aber Unternehmen, die mit psychologischen Moonshots arbeiten, haben verstanden, dass Menschen nicht immer logisch handeln – sie sind irrational, unvernünftig und in ihrer Entscheidungsfindung und ihrem Verhalten grundlegend unlogisch. Will man sie also erfolgreich beeinflussen, dann muss man manchmal Dinge erschaffen, hervorbringen und sagen, die keinen Sinn ergeben.

»Wert« existiert nicht.

Er ist eine Auffassung, zu der wir kommen, wenn sich Erwartungen erfüllen.

The Diary of a CEO

Gesetz 15: Der Rahmen ist wichtiger als das Bild

Dieses Gesetz erklärt, wie drastisch sich die Produktpräsentation auf den Wert auswirkt, den ein Kunde einem Produkt beimisst.

Ein einziger kleiner Fehler zerstörte meine Liebe zu meiner Lieblingsmarke.

Eigentlich trug ich immer eine bestimmte Marke, in der Regel war ich von Kopf bis Fuß in sie gekleidet. Ich war ihr ein paar Jahre zuvor verfallen, nachdem ich von ihrem Gründer erfahren hatte, von seiner Geschichte, von seiner Vision, seiner vollkommenen Hingabe zum Detail, seiner Kreativität, seinem künstlerischen Flair und der technischen Raffinesse, die er in jedes seiner Stücke steckte. Diese Marke entwarf einzigartige Designs für den alltäglichen Gebrauch und das zu einem recht hohen Preis.

Eines schicksalhaften Tages stieß ich beim Scrollen durch die sozialen Medien auf ein Video, das der Gründer gepostet hatte. Darin zeigte er die Produktionsstätte in China, wo seine Kreationen das Licht der Welt erblickten. Das Video betonte den gewaltigen Produktionsumfang, den das Unternehmen erreicht hatte, und stellte den kometenhaften Aufstieg der Marke zur Schau, indem es zeigte, wie viele Produkte hergestellt wurden, auf welche Weise man sie produzierte und wie der Herstellungsprozess im Allgemeinen aussah.

In diesem Moment war mein Bann gebrochen; der Zauber, den die Marke auf mich ausgeübt hatte, war verflogen.

Es ging weniger darum, dass die Marke ihre Produkte in China herstellen ließ, auch nicht um die Gesichter der Arbeiter, die die Kleidungsstücke herstellten, es waren noch nicht einmal die Produktionsbedingungen, die mich wachrüttelten. Vielmehr war es der Anblick, wie eine monströse Maschine genau die Schuhe ausspie, die ich beim Schauen des Videos gerade an den Füßen trug, und wie sie anschließend auf einem riesigen Haufen Tausender identischer Paare landeten. Es war der Anblick, wie sich das exakt gleiche T-Shirt, das ich anhatte, in einem gewaltigen Container wahllos auf Tausende andere stapelte, die bereits wie bei einem übervollen Mülleimer über den Containerrand hinausquollen.

Zwar hatte es die Marke nie direkt behauptet, aber ich war in meinem blinden Schwärmen immer davon ausgegangen, dass es sich bei diesen Produkten um einzigartige Kunstwerke handelte, jedes vom Gründer persönlich in liebevoller Handarbeit hergestellt. Natürlich hätte ich davon ausgehen müssen, dass Massenproduktion notwendigerweise eine Rolle spielte, aber solche Eindrücke folgen nun einmal keiner Logik – es sind Geschichten, an die wir auf Basis der uns präsentierten Beweise glauben. Bis dahin war das Narrativ der Marke von künstlerischem Schaffen, Exklusivität und Romantik geprägt gewesen.

Die Art und Weise, wie etwas verpackt wird, hat einen <u>großen Einfluss</u> auf seine Wahrnehmung. <u>Das Framing</u> hat Einfluss darauf, wie Kunden eine Marke <u>wahrnehmen</u> und <u>wertschätzen</u>. In diesem Moment änderte sich der Rahmen, in dem ich meine Lieblingsmarke wahrnahm, für immer.

Das ist keine neue Entdeckung. Die berühmte Pepsi-Challenge-Kampagne der 1970er-Jahre ließ Kunden Pepsi und Coca-Cola blind verkosten. Tranken die Teilnehmer beide Getränke aus weißen Bechern, bevorzugten die meisten von ihnen den Geschmack von Pepsi, wurden ihnen die Getränke dagegen in den jeweils gebrandeten Dosen oder Flaschen serviert, sprachen sich die meisten für Coca-Cola aus. Die Verpackung, der Rahmen, in dem das Getränk serviert wurde, hatte Einfluss auf das Geschmackserlebnis des Kunden.

Geht man in seinen lokalen Elektrowarenhandel, gerät man wahrscheinlich schnell in einen überwältigenden Dschungel voller Kabel, Gadgets und Batterien, die sich in Regalen bis an die Decke stapeln. Im Vertrieb ging man lange davon aus, dass möglichst viele angebotene Produkte die Verkaufschancen erhöhen. Das ist zwar ein sehr logischer Gedanke, allerdings sind Menschen alles andere als rational. Es gibt andere psychologische Kräfte, die unser Kaufverhalten deutlich stärker beeinflussen.

Apple ist sich dessen bewusst. Weltweit bedient sich jeder Apple-Store der beeindruckenden Macht des Framings, womit Apple seine Kunden unbewusst davon überzeugt, dass es sich lohnt, mehrere Tausend Dollar für ein kleines elektronisches Gerät – beispielsweise ein iPhone – auszugeben.

Die Apple-Stores sollen wie Kunstgalerien wirken – die für Hochwertiges und entsprechend außergewöhnliche Preise bekannt sind – und weniger wie ein überfüllter Einzelhandel. Denn die Verhaltenswissenschaftler bei Apple wissen, dass der Rahmen, in dem sie ihr Produkt anbieten, dessen Wert beeinflusst. Indem sie nur wenige Produkte ausstellen, schaffen sie eine künstliche Knappheit – eine Form des Framings. Dem Prinzip der Knappheit zufolge steigen Nachfrage und angenommener Wert einer Sache, wenn ihr Vorrat begrenzt erscheint. Wir alle wissen intuitiv, wie teuer Ladenfläche ist, und indem Apple jedem einzelnen Produkt viel freien Platz einräumt, macht das Unternehmen deutlich, dass jeder einzelne Gegenstand, der auf diese Weise präsentiert wird, so wertvoll ist, dass er solche Kosten rechtfertigt. Psychologisch gesehen schreiben wir den Wert des freien Platzes, der sich um ein Produkt herum befindet, automatisch dem Produkt selbst zu – ganz wie bei einem Kunstwerk. Apple setzt seine Produkte auf einer verführerischen psychologischen Bühne in Szene.

Wie stark Framing auf unsere Wahrnehmung wirken kann, zeigt sich in folgender Abbildung:

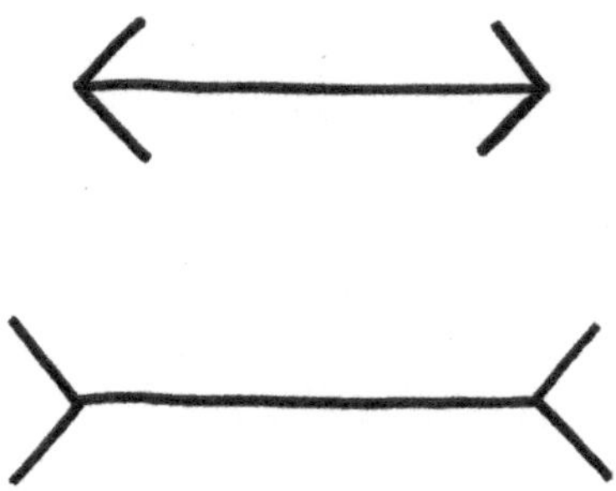

Die Linien zwischen den jeweiligen Pfeilspitzen sind gleich lang.

Ich bin Investor und Botschafter eines Unternehmens namens WHOOP, ein Wearable, das die wichtigsten biometrischen Daten erfasst. Das Unternehmen wurde kürzlich auf einen Wert von 3,6 Milliarden Dollar geschätzt, es ist auf seinem Gebiet führend und zählt unter anderem Cristiano Ronaldo, LeBron James und Michael Phelps zu seinen Kunden.

WHOOP konnte sich gegen andere Giganten der Branche – Apple, Fitbit, Garmin – mit ihren kolossalen Marketingbudgets durchsetzen, was das Unternehmen zu großen Teilen seiner genialen Framingstrategie verdankt.

Der CEO von WHOOP erzählte mir, das Unternehmen habe sich immer wieder gegen alle Aufforderungen gewehrt, dem Armband eine Zeitanzeige hinzuzufügen, obwohl das eigentlich eine einfache Ergänzung gewesen wäre. WHOOP lehnte eine solche Zeitanzeige jedoch aufgrund des Framings ab. Nun ist das Unternehmen das einzige führende Gesundheits-Wearable oder Fitnessarmband seiner Branche, das keinen Bildschirm enthält und seinen Trägern nicht die Uhrzeit anzeigt.

Warum? Weil man der Überzeugung war, dass ein Bildschirm die Wahrnehmung der Kunden verändern würde. Sie sähen darin nicht mehr ein erstklassiges Gesundheitsgerät, welches von Athleten benutzt wird, sondern eine Uhr. Etwas hinzuzufügen, das das Gerät objektiv aufwerten würde – die Möglichkeit, die Uhrzeit abzulesen –, hätte gleichzeitig zur Folge, dass der psychologische Wert des Produkts sinkt. In der Welt der psychologischen Moonshots ist weniger oft mehr, und ein Wort, ein kleiner Kniff oder eine Entscheidung können einen großen Unterschied im angenommenen Wert eines Produkts bewirken.

Im Jahr 2019 riet ich dem großen globalen Unternehmen B2B, die Jobbeschreibung »Verkäufer/in« abzuschaffen und nicht länger vom »Verkauf« zu sprechen. Stattdessen sollte es in Zukunft ein »Partnerships-Team« einsetzen. Daraufhin reagierten wesentlich mehr Menschen auf die E-Mails des Unternehmens, und die Verkäufe stiegen um 31 Prozent. Ganz wie ich angenommen hatte, führte eine Berufsbezeichnung, die das Wort »Verkauf« im Namen trägt, bei den Kontaktierten zu der Annahme, man wolle sie zum Kauf von etwas drängen, was sie eigentlich nicht wollten – dagegen impliziert das Framing des Worts »Partner«, dass die Person auf deiner Seite ist.

Vor ein paar Jahren gab Elon Musk Tierschützern ein Versprechen: in Teslas sollte kein Leder mehr verbaut werden. Der Unternehmer hielt sein Versprechen, und seit dem Modell 3 wurde in der Innenausstattung der Autos nur noch »veganes Leder« verbaut.

Die Werbelegende Rory Sutherland, der den Begriff der »psychologischen Moonshots« prägte, erklärte mir, Tesla habe instinktiv die Wirkung erkannt, die ein psychologischer Moonshot auf die Wahrnehmung von Wert haben kann: Statt die neuen Sitzbezüge als das zu bezeichnen, was sie waren, nämlich »Kunststoff«, hielt man an dem Wort »Leder« fest und damit an dessen luxuriösen Konnotationen, was den angenommenen Wert der Polster erhielt. Ein solches Framing ist einer der üblichen Wege, wie man psychologische Moonshots erreicht, ohne dabei ein Produkt oder eine Erfahrung wirklich zu verbessern.

> Beim Framing geht es nicht ums Lügen oder Täuschen; es geht darum, zu wissen, wie man sein Produkt oder seine Dienstleistung auf eine möglichst faktenorientierte und ansprechende Weise präsentieren kann.

Beispielsweise ist es wesentlich ansprechender zu sagen, dass ein Gericht zu 90 Prozent fettfrei ist, als zu erwähnen, dass es 10 Prozent Fett enthält. Beides ist korrekt, aber eine der beiden Aussagen ist psychologisch ansprechender.

Diese Beispiele verdeutlichen ein wichtiges, leider aber oft vergessenes Prinzip im Branding, im Marketing und in der Wirtschaft: **Wirklichkeit ist nichts anderes als Wahrnehmung,** und **Kontext ist alles.**

☆ DAS GESETZ: DER RAHMEN IST WICHTIGER ALS DAS BILD

Was du sagst, ist nicht nur das, was du aussprichst. Was du sagst, wird durch den Kontext beeinflusst, in dem deine Botschaft, dein Produkt oder deine Dienstleistung existiert. Wenn du den Rahmen änderst, änderst du auch deine Botschaft. Deine Kunden werden alles hören – auch das, was du nicht direkt aussprichst. Konzentriere dich nicht nur auf deine Aussagen, konzentriere dich darauf, inwiefern der Rahmen, in dem du etwas sagen möchtest, deine Botschaft positiv oder negativ beeinflusst.

Ein geschickt gewählter Rahmen wertet das Unscheinbare auf.

The Diary of a CEO

Gesetz 16: Nutze den Goldilocks-Effekt zu deinem eigenen Vorteil

Dieses Gesetz zeigt dir einen wirkungsvollen und einfachen Verkaufstrick, mit dem du das, was du verkaufst, preiswerter erscheinen lassen kannst, ohne den Preis zu verändern.

»Weshalb zeigt er mir Immobilien, die mich nicht interessieren?«, fragte ich meine persönliche Assistentin Sophie, als wir gerade die Hausbesichtigungen durchgingen, die mein Makler Clive für den nächsten Tag angesetzt hatte.

»Ich weiß nicht genau. Er besteht darauf, dir verschiedene Möglichkeiten zu zeigen«, erwiderte sie.

Ein paar Tage später machte ich ein Angebot für die zweite der drei Immobilien, die mir Clive präsentiert hatte. Danke, Clive.

An dieser Stelle ist die Geschichte allerdings noch nicht zu Ende; einige Monate später stieß ich bei meiner Suche nach psychologischen Tricks, mit denen Marken und Marketer unser Verhalten beeinflussen, auf den sogenannten Goldilocks-Effekt.

Dabei handelt es sich um eine Art der »**Verankerung**«.

Verankerung beschreibt eine kognitive Voreingenommenheit, bei der Individuen sich zu stark auf vermeintlich irrelevante Informationen (den »Anker«) verlassen, wenn sie eine Entscheidung treffen.

In Bezug auf den Goldilocks-Effekt heißt das, man präsentiert zusätzlich zu dem Objekt, das man verkaufen möchte, zwei weitere »extreme« Optionen, wodurch die mittlere attraktiver oder vernünftiger erscheint.

In den meisten Fällen ist der »wahre« Wert von etwas Meinungssache – wir suchen also innerhalb der gegebenen Situation und der herrschenden Preise nach Hinweisen, die uns bei unserer Entscheidungsfindung helfen können. Wenn der Goldilocks-Effekt ins Spiel kommt, erscheint uns die teuerste Option als übertriebener Luxus. Im Gegensatz dazu sehen wir die preiswerte Option als riskant, unzureichend und qualitativ minderwertig an. Das Angebot, welches sich zwischen diesen beiden Optionen befindet, erscheint uns dagegen als die beste Möglichkeit – wir nehmen an, dass sie die Vorteile der beiden anderen Optionen in sich vereint: eine sichere Sache, die sich lohnt und von guter Qualität ist.

Als ich noch einmal über meine Besichtigungen mit Clive nachdachte, erinnerte ich mich, dass ich ihn eigentlich darum gebeten hatte, mir nur die zweite Immobilie zu zeigen, allerdings bestand er darauf, mir zwei weitere anzubieten. Das erste Angebot war deutlich zu klein und offensichtlich zu teuer. Das zweite Objekt war wesentlich geräumiger und kostete nur wenig mehr als das erste, während das dritte extrem kostspielig war, in der gleichen Gegend lag und völlig überteuert schien. Ganz wie eine Marionette, deren Fäden Clive führte, machte ich natürlich umgehend ein Angebot für die zweite Immobilie.

Neugierig, wie ich war, wollte ich herausfinden, ob Clive mich absichtlich manipuliert hatte, also schrieb ich ihm und fragte, ob ihm der Goldilocks-Effekt bekannt sei. Zuerst kam ein lachender Smiley mit einem Zwinkern und dann: »Zeige den Leuten nie nur eine Option!«

Ein cleverer #@$%.

Clive ist nicht der Einzige, der unser Verhalten mit dem Goldilocks-Effekt beeinflusst. Panasonic setzte ihn schon 1992 ein, als es neben seinen bereits existierenden Mikrowellen für 179,99 Dollar und 109,99 Dollar noch eine Premium-Mikrowelle für 199,99 Dollar auf den Markt brachte. Anschließend zogen die Verkäufe der Mikrowelle für 179,99 Dollar, die nun zur mittleren Preiskategorie gehörte, stark an, was Panasonic einen Marktanteil von 60 Prozent einbrachte!

☆☆☆

Bei einem Experiment sollten sich die Teilnehmenden zwischen einem All-inclusive-Urlaub in Paris und einem All-inclusive-Urlaub in Rom entscheiden. Paris gewann.

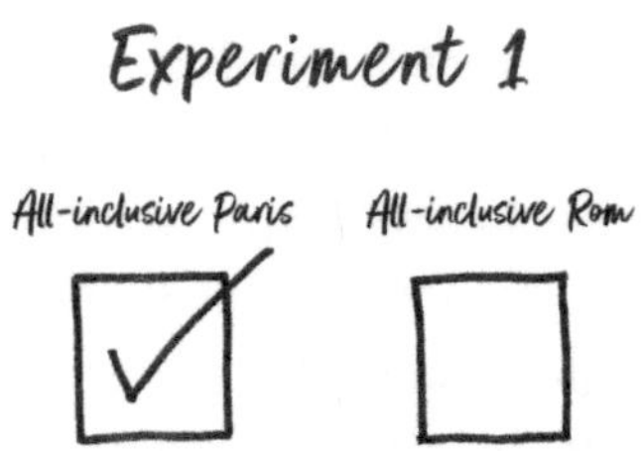

Anschließend führte man eine zweite Umfrage durch, bei der man den beiden Möglichkeiten eine dritte hinzufügte: ein Urlaub in Rom, bei dem, bis auf den Kaffee, ebenfalls alles inklusive war. Diesmal entschieden sich nicht nur mehr Teilnehmer für den All-inclusive-Urlaub in Rom, bei dem der Kaffee inbegriffen war, es wollten nun auch mehr nach Rom statt nach Paris.

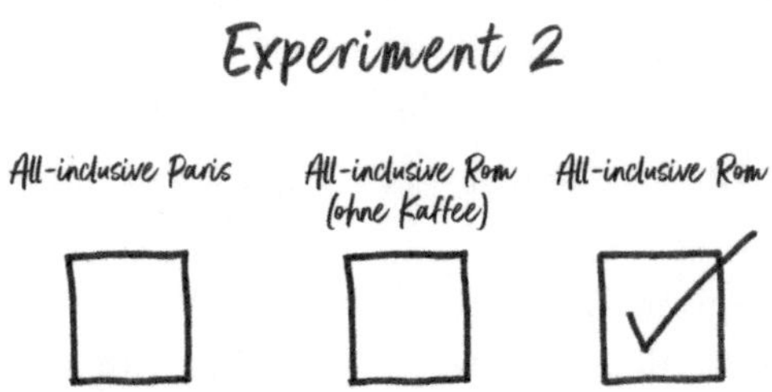

Stehen dem Gehirn nur wenige Informationen zur Verfügung, wird es nach kontextuellen Hinweisen zum Wert der drei Optionen suchen. Die Möglichkeit »Rom ohne Kaffee« bietet einen solchen Hinweis. Sie impliziert, der Rom-Urlaub sei so hochwertig, dass man, weil es sich um ein derart gutes Angebot handelt, etwas streichen musste.

Damit der Goldilocks-Effekt gut funktioniert, geben Marken der mittleren Option oft einen Preis, der über dem niedrigsten Preis eines vergleichbaren Produkts liegt, aber dennoch weit entfernt vom höchsten Preis der gleichen Kategorie ist. Nehmen wir zum Beispiel an, eine Fluggesellschaft verkauft Hin- und Rückflüge nach New York für 800 Euro in der Economyklasse, 2000 Euro in der Businessklasse und 8000 Euro in der ersten Klasse. Vielen Kunden scheint das Ticket für 2000 Euro das beste Preis-Leistungs-Verhältnis zu haben, obwohl es sich eindeutig nicht um den besten Preis handelt.

Alles, was bereits im Gesetz über psychologische Moonshots angesprochen wurde, hilft uns an dieser Stelle, einen fundamentalen Fehlschluss näher zu beleuchten, der die Art und Weise bestimmt, wie wir Geschichten erzählen und Erfahrungen vermitteln: Wir halten uns für vernünftige Wesen – die kognitive Dissonanz, die du jedes Mal spürst, wenn ich dir erzähle, dass deine Entscheidungen keinen Sinn ergeben, beweist das. Dementsprechend halten wir unsere potenziellen Kunden für ebenso vernünftig wie uns selbst. Im Marketing tendieren wir deshalb dazu, harte Arbeit in die Verbesserung der Wirklichkeit zu investieren, anstatt es uns einfacher zu machen und Psychologie einzusetzen.

Unsere Entscheidungen werden nicht von Sinn bestimmt, sie werden durch Unsinn entschieden, der sich aus zwischenmenschlichen Signalen, irrationalen Ängsten und Überlebensinstinkten speist.

Große Marketer, Geschichtenerzähler und Markengründer verstehen, dass es nicht böswillig, unmoralisch oder unaufrichtig ist, wenn man einem psychologischen Moonshot nachjagt. Wenn es in Ordnung ist, dass diese psychologischen Wahrnehmungen gegen dich arbeiten und bei deinem Kunden zu vorschnellen, ungünstigen Ansichten führen, dann ist es genauso fair, wenn du die Chance bekommst, dieselben Kräfte zu deinem Vorteil zu nutzen. Nutze diese Worte, Kontexte, Stigmata und Vorannahmen in deinem Sinne, und schaffe so eine Wahrnehmung, die es der Welt ermöglicht, die wahre Schönheit, den wahren Wert und die wahre Bedeutung der Dinge zu erkennen, die du erschaffen hast.

Bei psychologischen Moonshots ist alles erlaubt.

★ DAS GESETZ: NUTZE DEN GOLDILOCKS-EFFEKT ZU DEINEM EIGENEN VORTEIL

Menschen bemessen den Wert einer Sache anhand des jeweiligen Kontexts. Wenn du deinem Kunden mehrere Optionen anbietest, beispielsweise eine preiswerte, eine standardmäßige und eine Premiumversion deines Produkts, kann das eine Geschichte erzählen und beeinflussen, wie der Kunde dein Standard-Angebot wahrnimmt.

Der Kontext bestimmt den Wert.

The Diary of a CEO

Gesetz 17:
Wer ausprobieren darf, kauft auch

Dieses Gesetz zeigt den einfachsten Weg, wie jemand ein Produkt sofort lieben lernt.

»Nein, Onkel Steven! Der gehört mir!«, rief meine Nichte. Ihre Augen füllten sich bereits mit Tränen, als ich sie kleinlaut bat, mir das Weihnachtsgeschenk zurückzugeben, das ich ihr gerade erst überreicht hatte.

Mir war während der ganzen Vorbereitungshektik beim Einpacken ein Anfängerfehler unterlaufen: Ich hatte vergessen, meine Päckchen zu beschriften. Das galt auch für die beiden Geschenke, die meine Nichte und mein Neffe bekommen sollten. Dementsprechend hatte ich meiner Nichte soeben aus Versehen eine Actionfigur von Buzz Lightyear geschenkt – dem absoluten Lieblingshelden meines Neffen. Derweil machte sich mein Neffe gerade daran, eine Elsa-Puppe auszupacken – die meine Nichte innig verehrte.

Im Zimmer wurde es still, während ich nach den richtigen Worten suchte, um die Situation zu entschärfen. Meine Nichte presste Buzz Lightyear fest an ihre Brust, die Augen schmal und wild entschlossen. »Aber … also«, stammelte ich, »weißt du, es gab da eine kleine Verwechslung. Buzz war eigentlich für deinen Bruder gedacht!«

Man konnte die Anspannung im Raum förmlich greifen, während meine Nichte zwischen mir und ihrem geliebten Spielzeug hin und her schaute. Mein Neffe, der spürte, dass hier etwas im Gange war, hielt mitten im Auspacken inne und reckte den Hals, um das Spektakel besser mit ansehen zu können.

Ich gab auf.

»Ist in Ordnung, behalt ihn.« Die eiserne Entschlossenheit einer Dreijährigen, der die Tränen in den Augen standen, war schlichtweg zu viel für mich – es war das Drama einfach nicht wert.

Zu meiner Überraschung schien auch mein Neffe, der mittlerweile seine brandneue Elsa-Puppe ausgepackt hatte, völlig zufrieden. Er beschwerte sich nicht, versuchte nicht zu tauschen und hielt seine Puppe genauso liebevoll im Arm wie seine Schwester ihren Buzz Lightyear. Beide freuten sich riesig über ihr Geschenk, obwohl ich wusste, dass sie sich in einem Laden für das jeweils andere Spielzeug entschieden hätten.

Dieser weihnachtliche Verpackungsfehler lehrte mich eindrücklich, was Verhaltenspsychologen den **»Besitztumseffekt«** nennen. Der Besitztumseffekt beschreibt eine kognitive Verzerrung, die dazu führt, dass Menschen einen Gegenstand als wertvoller einschätzen, wenn sie ihn besitzen, unabhängig von seinem tatsächlichen Wert. Mit anderen Worten, Individuen hängen deutlich stärker an Gegenständen, wenn sie das Gefühl haben, dass sie ihnen gehören, als an vergleichbaren Objekten, die sie nicht besitzen. Hierbei handelt es sich um einen praktischen psychologischen Trick, den die großen Marken ständig bei uns allen anwenden.

Apple ist eine dieser Marken: Jeder Store ermöglicht den Kunden eine interaktive Erfahrung, bei der alle Produkte zugänglich sind und jederzeit angefasst werden können.

Außerdem ist es Vorschrift, dass jedes präsentierte Gerät immer an einem Ladekabel hängt, mit Apps ausgestattet ist und eine Verbindung zum Internet hat, überdies werden alle Bildschirme gleich ausgerichtet, um mehrere potenzielle Erfahrungen zu ermöglichen. Apple legt besonderen Wert darauf, dass sein Personal die Kunden niemals wegschickt oder zum Kauf drängt (was unter anderem dadurch sichergestellt wird, dass das Verkaufspersonal keine Kommissionen erhält). So können Kunden die Produkte unbegrenzt ausprobieren.

Apples »One to One«-Workshops wollen dem Kunden die Möglichkeit geben, selbst eine Lösung zu finden; das Personal fasst den Computer des Kunden nur mit dessen Erlaubnis an.

Das mag erst einmal freundlich wirken oder sich einfach nach guten Manieren anhören, ich versichere dir aber, dahinter steckt Kalkül. Apple bedient sich an dieser Stelle gleich bei zwei psychologischen Phänomenen – dem Mere-Exposure-Effekt, den wir aus Gesetz 11 kennen und bei dem unsere Vorliebe für ein Produkt wächst, je länger wir ihm ausgesetzt sind, und dem Besitztumseffekt, durch den sich der angenommene Wert eines Produkts erhöht, wenn es der Kunde besitzt. Einfach ausgedrückt magst du etwas durch den Mere-Exposure-Effekt mehr, und durch den Besitztumseffekt schätzt du es gleichzeitig als wertvoller ein.

Für Apple ist es erfolgversprechender, wenn es ein »**Besitzerlebnis**« schafft, als wenn es den Fokus strikt aufs Verkaufen legen würde. Die multisensorischen Erfahrungen, wie die Apple Stores sie anbieten, liefern genau das.

Eine solche Strategie ist in der Tat so wirkungsvoll, dass die Staatsanwaltschaft des Staates Illinois im Jahr 2023 eine Warnung herausgab. Menschen, die für die Feiertage einkauften, sollten darauf achten, während ihres Einkaufs die Produkte nicht so zu halten, als ob sie ihnen gehörten. Obwohl diese Warnung etwas skurril klingen mag, baut sie doch auf den Ergebnissen aus dreißig Jahren Forschung auf.

Im Jahr 2009 führte man an der Universität von Wisconsin eine Studie durch, bei der Studierende den Wert zweier Produkte schätzen sollten: eines Slinkys und einer Tasse. Eine Gruppe durfte die Gegenstände anfassen, die andere nicht. In einem zweiten Experiment sollte sich eine Gruppe vorstellen, der Gegenstand gehöre ihnen. Wie sich herausstellte, reichten das Berühren oder schon allein die Vorstellung, man besitze den Gegenstand, aus, um den geschätzten Wert nach oben zu treiben.

Auch Apples Strategie, die Kunden im Geschäft bleiben zu lassen, so lange sie wollen, hat ihren Grund. Sie basiert auf Forschungen, die zeigen konnten, dass die Kaufbereitschaft eines Kunden steigt, wenn er viel Zeit mit dem Produkt verbringt.

Das Unternehmen Build-A-Bear konzentriert sich in seinen vierhundert auf der ganzen Welt verteilten Standorten darauf, seinen Kunden eine interaktive Erfahrung anzubieten, die alle Sinne anspricht und sie in den Produktionsprozess mit einbezieht. In den Geschäften können sich Kinder vor Ort ein Kuscheltier anfertigen; sie wählen es aus, gestalten es mit und helfen bei der Herstellung. Wobei es sich bei Build-A-Bear genau genommen nicht um ein »Geschäft« handelt. Das Unternehmen spricht von »Workshops« im Sinne von Werkstätten. Über den Bären hängt ein Schild, das die Kinder dazu ermutigt, die Bären anzufassen, und damit den Mere-Exposure- und den Besitztumseffekt auslösen soll. Darauf steht: ZIEH MICH AN, UMARME MICH, HÖR MIR ZU, KUSCHEL MICH, ENTSCHEIDE DICH FÜR MICH!

Weitere Erkenntnisse über die Auswirkungen von Besitz lieferte eine Studie aus dem Jahr 1984, in der die Wissenschaftler den Teilnehmenden entweder 2 Dollar oder einen Lottoschein schenkten. Anschließend wurde jedem Teilnehmenden die Möglichkeit gegeben, sein Los gegen Geld oder sein Geld gegen ein Los einzutauschen. Nur wenige nutzten diese Chance.

Wie funktioniert das Ganze aber unter realen Bedingungen, in der echten Welt? Dan Ariely und Ziv Carmon von der Duke University untersuchten, wie sich der Besitztumseffekt im Alltag äußert. An der Duke ist Basketball äußerst beliebt – es wollen mehr Leute die Spiele sehen, als in der Halle Platz haben. Aus diesem Grund hat die Universität ein randomisiertes Lotteriesystem entwickelt, mit dem sie die Tickets für jedes Spiel verteilt.

Carmon und Ariely führten nun während der finalen Runde des College-Basketball-Turniers »March Madness« ein Experiment durch, also zu einer Zeit, in der Tickets noch stärker nachgefragt wurden als sonst. Die befragten Studenten warteten alle auf dem Gelände der Universität, um an dem Losverfahren teilzunehmen.

Nach der Auslosung wurden die Gewinner gefragt, für wie viel Geld sie ihre Tickets verkaufen würden. Diejenigen, die kein Ticket gewonnen hatten, fragte man, wie viel sie bereit wären, für ein Ticket zu zahlen.

Im Durchschnitt waren diejenigen ohne Tickets bereit, 175 Dollar auszugeben. Die Gewinner wollten ihre Tickets nicht unter 2400 Dollar abgeben! Wer also eine Eintrittskarte gewonnen hatte, dem war sie beinahe vierzehn Mal mehr wert als denen, die keine hatten.

DER GRUND FÜR UNSER BESITZDENKEN

Besitzdenken lässt sich in der Geschichte der Menschheit Tausende von Jahre zurückverfolgen, und wir können es heute noch bei einigen unserer entfernten Verwandten, den Primaten, nachweisen.

2004 führten Ökonomen ein Experiment mit Schimpansen, gefrorenen Fruchtsaftstäbchen und Nussbuttertuben durch. Das Essen wurde so ausgewählt, dass man es nicht zu schnell verspeisen konnte, damit ein Tausch möglich war. Durften sich die Schimpansen frei zwischen Nussbutter und Eisstäbchen entscheiden, präferierten 58 Prozent die Nussbutter. Es überrascht also wenig, dass 79 Prozent der Schimpansen, denen man die Nussbutter gab, diese nicht gegen ein Eisstäbchen eintauschten. Aber von den Schimpansen, denen man das Eis gab, wollten dennoch 58 Prozent nicht gegen die Nussbutter tauschen.

Die Ökonomen schlossen daraus, dass der Besitztumseffekt wohl schon früh in uns Menschen angelegt wurde. Aber weshalb verteidigten die frühen Menschen ihre Besitztümer und hielten sich mit Tauschhandeln für Dinge, die sie noch nicht besaßen, zurück? Es sieht ganz so aus, als ob das Risiko, das ein Tausch mit sich brachte – besonders dann, wenn sich das Gegenüber nicht fair verhielt –, abschreckend wirkte. Unsere Vorfahren verfügten über keinerlei verlässliche

Möglichkeiten, die Konditionen eines Handels durchzusetzen. Also reduzierten sie den Preis, den sie gewillt waren, für Dinge zu zahlen (den Wert des Handels), um so das Risiko zu kompensieren, dass sie am Ende mit nichts oder mit weniger als gedacht dastehen könnten.

☆ DAS GESETZ: WER AUSPROBIEREN DARF, KAUFT AUCH

Dem Kunden ein Produkt in die Hand zu drücken, ist und bleibt für Verkäufer, Marketingleute und Marken ein unglaublich starkes Mittel. Wenn du das nächste Mal jemanden dazu bringen willst, etwas zu lieben und dafür einen ordentlichen Preis zu bezahlen, nutze die Macht des Besitztumseffekts, und schneide dir eine Scheibe von Apple ab: Lass deine Kunden dein Produkt anfassen, ausprobieren, austesten und damit spielen. Wenn du das machst, dann passiert ihnen vielleicht dasselbe wie meiner Nichte, und sie wollen es nicht mehr hergeben.

Durch das Gefühl von Besitz wird das Gewöhnliche zum Außergewöhnlichen.

The Diary of a CEO

Gesetz 18: Kämpfe um die ersten fünf Sekunden

Dieses Gesetz beweist, dass dein Erfolg im Marketing, in der Wirtschaft und im Verkauf oft von den ersten fünf Sekunden abhängt. Wenn du in diesen fünf Sekunden alles richtig machst, wirst du erfolgreich sein. Wenn nicht, wirst du scheitern.

Unangenehme zehnsekündige Pause, gepaart mit einem Unheil verkündenden Blick ins Publikum.

»›Das ist genau der Grund, weswegen du von der Schule geflogen bist. Du kannst UNMÖGLICH etwas durchziehen, an das du nicht glaubst. Und du denkst einfach immer, dass du es besser weißt. RUF MICH JA NICHT AN oder irgendjemand anderen aus der Familie, bevor du nicht wieder zurück an der Universität bist!‹ Und damit legte meine Mutter auf.«

Diese vier Sätze waren das Erste, was ich zwischen 2015 und 2020 überall auf der Welt auf mehr als dreihundert Bühnen sagte. Es sind die sehr emotionalen Worte meiner Mutter, als ich sie anrief und ihr eröffnete, dass ich die Universität verlassen und ein Unternehmen gründen wollte.

Ich habe mich nicht vorgestellt. Ich habe nicht meinen Namen genannt oder den der Firma, für die ich den Vortrag hielt. Ich wusste, dass die Habituationsfilter meines Publikums in den ersten fünf Sekunden darüber entscheiden würden, ob es mir seine Aufmerksamkeit schenken sollte oder ob ich schlichtweg Tapete sei und es sich getrost etwas anderem widmen könnte.

Aus genau diesem Grund **entscheidet sich alles in den ersten fünf Sekunden einer Geschichte.**

Wie ich bereits erwähnte, hatten meine Marketingunternehmen nie ein Vertriebsteam, dennoch konnten wir die weltweit größten Marken für uns gewinnen (Amazon, Apple, Samsung, Coca-Cola) und neunstellige Umsätze generieren.

Wenn ich unseren Erfolg an nur einer Sache festmachen sollte, wäre das zweifelsohne die Tatsache, dass wir spannende, überraschende und emotional aufwühlende Geschichten erzählen konnten – obwohl die blaue Rutsche aus Gesetz 10 ebenfalls eine große Rolle gespielt hat. Ich habe niemals »gepitcht«. Ich habe mein Publikum nie mit Grafiken, Statistiken oder Zahlen bombardiert. Jeder Vortrag, den ich hielt, klang eher nach etwas aus *Harry Potter* als nach einer Verkaufspräsentation.

Wie die meisten anderen Menschen habe ich bei allem, was mich langweilt, eine schrecklich kurze Aufmerksamkeitsspanne – bei mir nahm das solche Ausmaße an, dass ich von der Schule flog, weil ich während des Unterrichts schlief oder blaumachte und am Ende eine Anwesenheitsrate von 31 Prozent hatte. Ich ging dann weiter an die Universität, schlief während meiner ersten Vorlesung ein, meldete mich am nächsten Tag wieder ab und ging nie wieder hin. Das ist, denke ich, der Grund, weshalb ich schon immer wusste, wie wichtig es ist, fesselnde Geschichten zu erzählen – wenn jemand mit monotoner Stimme über einen längeren Zeitraum hinweg auf mich einredet, drückt das in meinem Gehirn den Snooze-Button.

Aus irgendeinem Grund sind dennoch die meisten Geschichten, die auf einer Bühne erzählt werden, nach wie vor schrecklich langweilig. Nachdem Erfinder über Jahre hinweg Blut und Schweiß in ihre Kreationen gesteckt haben, verfallen sie fast immer in eine realitätsferne, egozentrische Blase. Sie beginnen zu glauben, dass ihre

Kreation so revolutionär, faszinierend und wichtig ist, dass sie automatisch die Aufmerksamkeit der ganzen Welt verdient.

Eine derart verzerrte, selbstverliebte Perspektive lässt einen Erfinder beim Erzählen seiner Geschichte schnell in eine häufige und tückische Falle tappen: Er geht davon aus, dass sein Publikum sich genauso für ihn, sein Produkt, seine harte Arbeit und seine »Innovation« interessiert wie er selbst. In diesem Fall wird seine Geschichte logischerweise lang und farblos.

Versteht ein Erzähler dagegen, dass niemand – absolut niemand – sich so sehr für ihn interessiert wie er selbst (keinen interessiert es, dass die Zahnpasta ein bisschen minziger schmeckt, die Marketingagentur ein wenig mutiger ist oder die Schnitte dieses Modelabels ein bisschen besser passen), dann wird er spannende, emotionale und knackige Geschichten erzählen, bei denen man gar nicht anders kann, als jedes Wort in sich aufzusaugen.

Für alle, die ihn noch nicht kennen: MrBeast ist wahrscheinlich der berühmteste YouTuber der Welt. Während ich an diesem Buch schreibe, hat er bereits mehr als 150 Millionen Abonnenten, sein Channel verzeichnet 30 Milliarden Views, und es wird berichtet, dass er mit seinen Videos jedes Jahr Hunderte Millionen Dollar einnimmt. Kürzlich gab er bekannt, er werde bald der erste YouTube-Milliardär sein – und ich bin geneigt, ihm das zu glauben.

Wie hat er das geschafft? Ihm zufolge sind die ersten Sekunden jedes Videos die wichtigsten. In jedem seiner Videos präsentiert er innerhalb der ersten fünf Sekunden einen »Hook« – ein eindeutiges, verlockendes Versprechen, das erklärt, weshalb man sich dieses Video anschauen sollte. Er umgeht den Habituationsfilter und lässt einen denken: *WTF?* Und das hält die Aufmerksamkeit der Zuschauenden aufrecht, weswegen sie nicht wegklicken.

Laut ihm gibt es keinen besseren Anfang für ein Video; man sollte sich nicht vorstellen, »nicht zu breit erklären« und auch nicht, wie viele Content-Creators es tun, eine B-Roll mit Musik laufen lassen.

Im Grunde schreit MrBeast seinem Publikum das Versprechen von spannendem Inhalt mitten ins Gesicht, was dieses lange genug bei der Stange hält, dass er sein Versprechen einlösen kann. Es folgen einige Beispiele der ersten Sekunden seiner Videos:

Video 1, die ersten fünf Sekunden:
ICH HABE JEDES EINZELNE SET VON *SQUID GAME* NACHGEBAUT, UND WER VON DIESEN VIERHUNDERTSECHSUNDFÜNFZIG PERSONEN AM LÄNGSTEN ÜBERLEBT, GEWINNT 456.000 DOLLAR! (350 Millionen Views)

Video 2, die ersten fünf Sekunden:
ICH HABE HUNDERT LEUTE IN EINEN RIESIGEN KREIS GEPACKT, UND WER IHN ALS LETZTES VERLÄSST, GEWINNT 500.000 DOLLAR! (250 Millionen Views)

Video 3, die ersten fünf Sekunden:
ICH HABE DIESEN PRIVATJET FÜR 2,5 MILLIONEN DOLLAR GEKAUFT UND IHN VON ELF LEUTEN ANFASSEN LASSEN. WER ALS LETZTES LOSLÄSST, GEWINNT DEN JET! (100 Millionen Views)

In den vergangenen zehn Jahren bin ich dafür bekannt geworden, dass ich ein bestimmtes Szenario immer und immer wiederhole. Jedes Mal, wenn ich einem Marketingteam gegenüberstehe, das unglücklicherweise in die realitätsferne, selbstverliebte Bubble geraten ist – das überschätzt, wie sehr sich die Welt um es schert –, erzähle ich ihm Folgendes:

Stellt euch vor, die Kundin, die ihr erreichen wollt, heißt Jenny. Jenny hat gerade nach einer langen schlaflosen Nacht und nach einem Streit mit ihrem Mann das Haus verlassen, um zur Arbeit zu fahren. FUCK, sie hat einen Platten und ist mitten auf der Autobahn im strömenden Regen liegen geblieben; jetzt kommt sie zu spät zur Arbeit, sie ist sauer, sie ist müde, und sie hat nur wenig Zeit. Sie zückt ihr Handy, um die Pannenhilfe anzurufen, und das Erste, was sie auf ihrem Bildschirm sieht, ist eure Marketingbotschaft, eure Anzeige, euer Content. Was könnt ihr Jenny in diesem Moment sagen, damit sie euch ihre Aufmerksamkeit schenkt? Damit sie klickt, damit sie kauft? Wie auch immer diese Botschaft lautet, es ist das, was ihr all euren Kunden sagen müsst. Denn wenn ihr Jenny in dieser Situation am Straßenrand erreicht, dann erreicht ihr auch jeden anderen.

Wenn du eine Geschichte erzählen willst, denke zuerst an deinen am wenigsten interessierten Kunden. Vielleicht ist dir aufgefallen, dass jedes Gesetz in diesem Buch mit einem spannenden fünfsekündigen Statement beginnt, das dir sagt, weshalb du dieses Kapitel lesen solltest. Genau das ist der Grund dafür. Mir ist bewusst, dass die meisten von euch Abschnitte in diesem Buch überspringen werden, ich gehe aber davon aus, dass durch ein überzeugendes Versprechen in den ersten fünf Sekunden jedes Gesetzes mindesten 25 Prozent der Leser eher an einem Kapitel dranbleiben werden – und in der Wirtschaft können 25 Prozent, besonders in Bereichen mit Zinseszins, deine Entwicklungskurve total verändern. Wenn ich dreihundert Vorträge halte, bedeutet ein 25-prozentiger Anstieg an Nachfragen über zehn Jahre hinweg potenziell Hunderte Millionen Dollar an Mehreinnahmen – einfach nur, indem man sich auf die ersten fünf Sekunden konzentriert.

☆ HÖR AUF, GOLDFISCHE ZU BELEIDIGEN

»Du hast die Aufmerksamkeitsspanne eines Goldfischs.«

Mit diesem Satz wurde sich schon immer über Menschen lustig gemacht, die nur eine kurze Aufmerksamkeitsspanne haben. Wenn man aktuellen Forschungsergebnissen traut, könnte es sich dabei aber eigentlich um ein Kompliment handeln.

Microsoft gab 2015 eine Studie in Auftrag, bei der kanadische Wissenschaftler die elektronische Hirnaktivität von 2000 Studienteilnehmenden untersuchten. Die Forschungen ergaben, dass innerhalb der letzten fünfzehn Jahre die durchschnittliche Aufmerksamkeitsspanne eines Menschen von zwölf auf acht Sekunden gesunken ist.

Um das in ein Verhältnis zu setzen, gab der Artikel an, dass ein Goldfisch über eine Aufmerksamkeitsspanne von neun Sekunden verfügt: eine ganze Sekunde länger als die eines Menschen! Sollte jemand also in Zukunft deine Aufmerksamkeitsspanne mit der eines Goldfischs vergleichen, wäre die angemessene Antwort mittlerweile: »Danke schön.«

Wir sind zunehmend abgelenkt. Im Durchschnitt greift eine Person, die in einem Büro arbeitet, in einer Woche mehr als eintausendfünfhundert Mal zum Telefon, was insgesamt jeden Tag drei Stunden und sechzehn Minuten ausmacht, außerdem kontrolliert sie ihr E-Mail-Postfach dreißig Mal pro Stunde.

Der durchschnittliche Besuch einer Webseite dauert ungefähr zehn Sekunden, und die britische Medienaufsichtsbehörde Ofcom berichtete im August 2018, dass wache Menschen beinahe alle zehn Minuten auf ihr Smartphone schauen.

Ich habe Johann Hari interviewt, den Bestsellerautor von *Abgelenkt*, einem Buch über das Nachlassen der menschlichen Konzentrationsfähigkeit, und er erklärte mir:

> Ich bin um die ganze Welt gereist. Ich habe zweihundertfünfzig der führenden Experten in Bezug auf Aufmerksamkeit und Konzentration interviewt, von Moskau bis Miami; von einer Favela, einem Slum in Rio de Janeiro, wo die Aufmerksamkeit auf besonders desaströse Weise zusammenbrach, bis hin zu einem Büro in Neuseeland. Wir haben es hier mit einer echten Krise zu tun.

> Unsere Aufmerksamkeitsspanne schrumpft. Es gibt Entwicklungen in unserem Alltagsleben, die Gift für unsere Konzentrationsfähigkeit sind. Wir leben in einer pathogenen Aufmerksamkeitskultur, einer Kultur, in der es uns wirklich schwerfällt, den Zustand einer tiefen Konzentration zu erreichen und aufrechtzuerhalten. Aus diesem Grund sind Aktivitäten, die uns einen hohen Grad an Konzentration abverlangen, wie das Lesen eines Buchs, in den letzten zwanzig Jahren so stark zurückgegangen.

In den letzten zehn Jahren habe ich Tausende Videos online gestellt, und die Statistiken zur Wiedergabezeit erzählen eine vorhersehbare und oft entmutigende Geschichte: in jedem meiner Videos, das länger als fünf Minuten ist, verliere ich 40 bis 60 Prozent meiner Zuschauer innerhalb der ersten Sekunden. Das gilt für jeden meiner Social-Media-Kanäle.

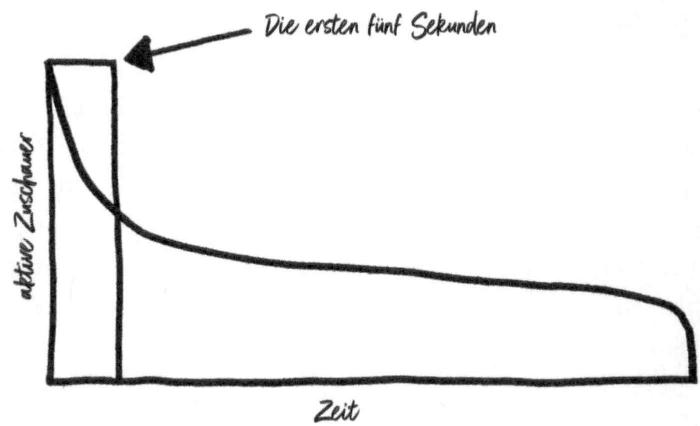

Dies beweist, welchen unverhältnismäßigen Einfluss die ersten fünf Sekunden auf den gesamten Rest des Videos haben, sei es in sozialen Netzwerken, Reden, Videos oder jedem anderen Medium, das um deine Aufmerksamkeit kämpft.

Vor fünf Jahren beauftragte man meine Marketingfirma mit einer Kampagne. Dabei ging es um ein urkomisches zweieinhalbminütiges Video, dessen Dreh Hunderttausende Dollar gekostet hatte. Wir sollten dafür sorgen, dass es auch angeschaut wurde.

Als uns das Unternehmen das Video zuschickte, das wir verbreiten sollten, war unser erster Vorschlag, es neu zu schneiden und so die ersten fünf Sekunden spannender zu gestalten. Die ersten fünf Sekunden zeigten eine Überblicksaufnahme des Standorts, über die das Markenlogo gelegt worden war.

Die Antwort lautete, wir sollten das Video unverändert posten. Also folgten wir unseren Anweisungen und teilten es auf mehreren sehr aktiven Social-Media-Kanälen. Die Ergebnisse waren, gelinde gesagt, wenig überzeugend.

Als der Klient mich fragte, weshalb das Video so schlecht gelaufen war, erklärte ich ihm, dass die ersten fünf Sekunden das ganze Video zerstörten.

Wir boten an, die ersten fünf Sekunden neu zusammenzuschneiden, und versicherten, dass es diese fünf Sekunden waren, die über das Schicksal der ganzen restlichen zweieinhalb Minuten entschieden.

Zum Glück ließ der Klient sich darauf ein. Das neu geschnittene Video ging viral und kam auf unseren Social-Media-Kanälen innerhalb einer Woche auf mehr als 3 Millionen Views. Eine winzige Änderung in den ersten fünf Sekunden führte dazu, dass 150 Prozent mehr Menschen über die Zehn-Sekunden-Marke hinaus weiterschauten.

So blieben sie lange genug dran, damit ihnen das Video gefallen konnte, wodurch sie eher damit interagierten und es direkt in ihren eigenen Feeds teilten (was dazu führte, dass der Algorithmus es mehr Menschen vorschlug).

✭ DAS GESETZ: KÄMPFE UM DIE ERSTEN FÜNF SEKUNDEN

Ich könnte an dieser Stelle noch Hunderte weitere Kundenbeispiele nennen, die beweisen, wie ausschlaggebend die ersten fünf Sekunden für eine großartige Geschichte sind. Wenn du willst, dass man sich deine Geschichte anhört, musst du die ersten fünf Sekunden aggressiv, leidenschaftlich und provokant gestalten, damit der scrollende Daumen innehält, damit man sich auf unwiderstehliche Weise angezogen fühlt oder emotional angesprochen wird. Lass die netten Vorstellungsrunden, die Höflichkeiten und das musikalische B-Roll-Material links liegen, und liefere stattdessen sofort eine vielversprechende Aussicht, einen wichtigen Punkt oder eine Provokation. Unabhängig vom Medium musst du dir die Aufmerksamkeit, auf die du es abgesehen hast, in diesen ersten fünf Sekunden verdienen.

Aufmerksamkeit ist das vielleicht wertvollste Geschenk, das man jemandem machen kann.

The Diary of a CEO

PFEILER III:
DIE PHILOSOPHIE

Gesetz 19: Kümmere dich um die kleinen Dinge

Dieses Gesetz verdeutlicht, was jeder große Unternehmer, Sportler und Trainer instinktiv weiß: Erfolg wird dadurch definiert, wie viel Aufmerksamkeit man den kleinen Dingen widmet – den Dingen, die die meisten Menschen übersehen, ignorieren oder die ihnen ganz einfach egal sind. Großes lässt sich am einfachsten erreichen, indem man sich auf die kleinen Dinge konzentriert.

Im Jahr 2023 war mein Podcast, *The Diary of a CEO,* laut dem Apple-Ranking am Jahresende zum ersten Mal der am häufigsten heruntergeladene Podcast im Vereinigten Königreich. Er schaffte es an die Spitze der US-amerikanischen Business-Podcast-Charts bei Spotify und hatte im Januar erstmals bei YouTube mehr Abonnenten – nämlich 320.000 – als der legendäre Podcaster Joe Rogan.

Unser Podcast ist im Vergleich zu vielen ähnlichen Anbietern noch relativ neu. Erst seit zwei Jahren produzieren wir den Podcast wöchentlich und als Video. Ich glaube nicht, dass der Podcast so erfolgreich wurde, weil ich ihn moderiere; ich glaube nicht, dass meine Fragen bedeutend besser sind oder dass unsere Postproduktion die beste ist; ich finde noch nicht einmal, dass wir die weltbesten berühmten Gäste haben. Ich behaupte gar nicht, dass wir in irgendeinem dieser Punkte schlechte Arbeit machen, aber es gibt andere, die in diesen Dingen besser sind.

Meiner Meinung nach liegt das Geheimnis darin, dass wir uns mehr um die kleinen Dinge kümmern als jedes andere Team, das ich je getroffen habe. Wir beschäftigen uns intensiv mit Tausenden kleiner Details, die viele andere Menschen wohl als trivial, verrückt oder Zeitverschwendung abtun würden.

Ein paar Beispiele: Bevor unsere Gäste kommen, recherchieren wir, welche Musik sie mögen, und spielen sie dann bei ihrer Ankunft leise im Hintergrund. Kein Gast hat das je erwähnt, aber wir glauben, dass sie das in eine bessere, offenere Stimmung versetzt. Wir haben uns informiert, welche Raumtemperatur ideal für eine Unterhaltung ist – nicht zu heiß und nicht zu kalt. Wir A/B-testen Titel, Thumbnail und Werbung für jede Podcast-Folge mithilfe von KI und Social Media wochenlang, bevor der Podcast veröffentlicht wird. Wir haben sogar einen Informatiker in Vollzeit ein KI-Tool für uns entwickeln lassen, das den Podcast in verschiedene Sprachen übersetzt. Wenn man also in Frankreich auf die YouTube-Version des Podcasts klickt, wird alles, was ich oder der Gast sagen, automatisch ins Französische übersetzt. Wir haben ein datenbasiertes Modell entwickelt, das uns sagt, welche Gäste wir einladen sollten, über welche Themen der Gast bei früheren Gelegenheiten besonders erfolgreich gesprochen hat, wie lang ein Gespräch im Optimalfall sein sollte und sogar, aus wie vielen Buchstaben der Titel eines Podcasts bestehen sollte.

Wir sind nicht erfolgreich, weil wir in einer Sache die besten sind, sondern weil wir uns unablässig um die kleinen Dinge kümmern. Wir suchen schon fast religiös immer weiter nach scheinbar trivialen Möglichkeiten, uns zu verbessern. Dieselbe Akribie wird von all meinen Unternehmen verkörpert und ist auch etwas, das die innovativsten, am schnellsten wachsenden und disruptivsten Marken der Welt gemein haben.

☆ KAIZEN

Siebenundsiebzig Jahre lang war General Motors (GM) mit den meisten im Jahr verkauften Autos führend unter allen anderen Unternehmen weltweit, über Höhen und Tiefen hinweg. Vor wenigen Jahren wurde GM allerdings von Toyota entthront. Das japanische Unternehmen hatte eine einzigartige Herangehensweise an Autobau, Unternehmensführung und -kultur.

Toyota wurde im Jahr 2022 für ein weiteres Jahr zum erfolgreichsten Autobauer der Welt nach Verkaufszahlen erklärt. Mit einem Wachstum um 9,2 Prozent im Vergleich zum Vorjahr vergrößerte das Unternehmen den Abstand zum nächsten Wettbewerber, Volkswagen, um fast 2 Millionen verkaufte Autos. Im Jahr zuvor hatte der Unterschied noch bei 250.000 gelegen.

Entscheidend für den Erfolg des Unternehmens ist das sogenannte »Toyota-Produktionssystem«. Es wurde nach dem Zweiten Weltkrieg in Japan entwickelt, als das Land wieder aufgebaut wurde und es an Kapital und Maschinen fehlte. Als Reaktion auf diese Herausforderungen formulierte der Toyota-Ingenieur Taiichi Ohno eine Philosophie, die es dem Unternehmen erlaubte, das maximale Potenzial aus jeder Komponente, jeder Maschine und jedem Mitarbeiter herauszuholen.

Das Geheimnis der Toyota-Philosophie ist ein Prinzip, das unter seinem japanischen Namen **»Kaizen«** bekannt wurde, was »ständige Verbesserung« bedeutet. In der Kaizen-Philosophie wird Innovation als ein schrittweiser Prozess gesehen. **Es geht nicht darum, große Sprünge nach vorn zu machen, sondern kleine Dinge wo immer möglich in kleinen Schritten zu verbessern,** und das jeden Tag.

Die Kaizen-Philosophie lehnt die Vorstellung strikt ab, dass nur ein paar wenige Auserwählte in der Hierarchie eines Unternehmens für Innovationen verantwortlich sind. Sie lehrt, Innovation müsse eine alltägliche Aufgabe und ein Anliegen aller Mitarbeiter auf allen Ebenen sein.

Dank der Kaizen-Philosophie setzt Toyota Berichten zufolge jedes Jahr die erstaunliche Menge von 1 Million neuen Ideen um – die Mehrheit davon sind Vorschläge von normalen Fabrikarbeitern.

Bemerkenswerterweise werden in Toyota-Fabriken in den Vereinigten Staaten hundert Mal weniger Vorschläge von den Arbeitern eingereicht als in den japanischen Niederlassungen.

Bei den Vorschlägen geht es oft um Kleinigkeiten, etwa größere Wasserflaschen anzubieten, damit die Mitarbeiter besser hydriert bleiben, ein Regal etwas niedriger anzubringen, damit Werkzeuge leichter erreichbar sind, oder die Schriftart bei einem Sicherheitshinweis um einen Punkt zu vergrößern, um die Anzahl der Unfälle zu verringern.

Diese Vorschläge klingen vielleicht grundsätzlich unbedeutend, aber nach der Kaizen-Philosophie bringen die kleinsten Verbesserungen in der Summe ein Unternehmen voran und verschaffen ihm einen Vorteil gegenüber Wettbewerbern, die sich nicht um die kleinen Dinge kümmern.

Die Kaizen-Philosophie besagt, man müsse einen Standard festlegen, sicherstellen, dass alle diesem Standard entsprechen, alle auffordern, nach Möglichkeiten zu suchen, wie sich der Standard erhöhen lässt, und diesen Vorgang ewig wiederholen.

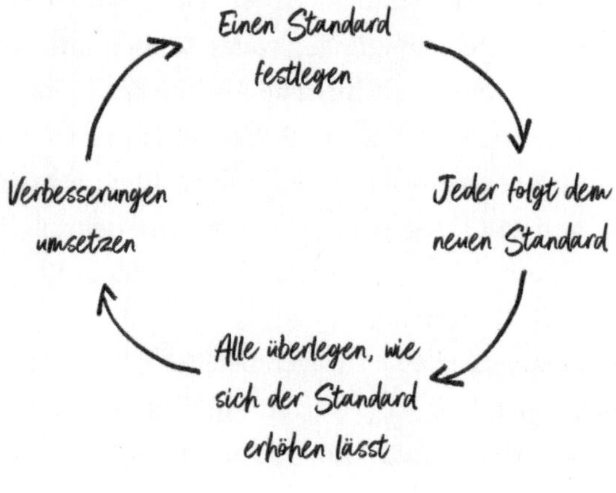

✯ KAIZEN VS. KONVENTION

Toyota ist eines der erfolgreichsten Unternehmen in Japan, daher haben viele seinen Erfolg auf die »japanische« Kultur zurückgeführt, auf Lohndynamik oder das Arbeitsethos der Mitarbeiter. Aber die Geschichte weiß anderes zu berichten.

In den frühen 1980er-Jahren, während der US-Präsidentschaft von Ronald Reagan, gab es einige Spannungen zwischen den Vereinigten Staaten und Japan, weil so viele Importautos die US-amerikanischen Straßen überschwemmten. Die US-amerikanische Autobranche hatte zu kämpfen. Die General-Motors-Fabrik im kalifornischen Fremont war ein Musterbeispiel für diesen Niedergang. In puncto Qualität und Produktivität war sie mit Abstand die schlechteste GM-Fabrik: Im Vergleich mit allen anderen Fabriken dauerte die Montage eines Fahrzeugs dort im Durchschnitt wesentlich länger, und bei den fertiggestellten Autos gab es zweistellige Defektzahlen.

Die Mitarbeiter waren nicht stolz auf ihre Autos und vertrauten ihnen auch nicht, was sich daran zeigte, dass auf dem Mitarbeiterparkplatz der Fremont-Fabrik nur wenige vor Ort gefertigte Fahrzeuge standen. In der Fabrik waren schon gut fünftausend Gewerkschaftsbeschwerden eingegangen, und United Auto Workers hatte zu einigen Streiks aufgerufen und die Arbeiter aufgefordert, sich krankzumelden. Die Arbeitsbedingungen waren toxisch und untragbar.

In jeder Schicht mussten zahlreiche Aushilfskräfte eingesetzt werden, weil die Fehlzeiten bei über 20 Prozent lagen. Und nach jeder Schicht sammelten eigens dafür bezahlte Reinigungsmannschaften Alkoholflaschen und Drogenbestecke vom Mitarbeiterparkplatz ein.

GM stufte diese Fabrik als unrettbar ein, schloss sie im Februar 1982 und entließ alle Arbeiter.

Toyota erkannte darin eine Gelegenheit, die größeren Handelskonflikte zu entspannen und seine Kaizen-Philosophie auf dem Heimatterrain des Konkurrenten zu testen. Im Jahr 1983 schlug Toyota GM ein

Joint Venture vor. Die Fremont-Fabrik sollte unter dem neuen Namen New United Motor Manufacturing Inc. (NUMMI) wieder eröffnen und in erster Linie Toyota Corolla und Chevrolet Prizm produzieren.

Toyota bot an, in das Projekt zu investieren, für reibungslose Abläufe in der Produktion zu sorgen und seine Philosophie umzusetzen. Das Unternehmen erklärte sich sogar bereit, alle Arbeiter wieder einzustellen, mit derselben Gewerkschaft zusammenzuarbeiten und dieselben Einrichtungen und Maschinen zu verwenden wie vorher, obwohl die Fabrik nur ein Jahr zuvor damit so kläglich gescheitert war.

Der ehemalige Vorstandsvorsitzende von Toyota, Eiji Toyoda, hielt dies für einen notwendigen ersten Schritt auf dem Weg zu einer eigenen Toyota-Produktion in Nordamerika. Aber er sah darin auch die perfekte Möglichkeit, die Durchführbarkeit und Übertragbarkeit des Toyota-Produktionssystems zu testen.

Toyota stellte fast 90 Prozent der gewerkschaftlich organisierten Arbeiter, die auf Stundenbasis entlohnt wurden, wieder ein und setzte eine Regel in Kraft, nach der niemand entlassen werden durfte. Vierhundertfünfzig Gruppen- und Teamleiter wurden in die japanische Stadt Toyota entsandt und dort für mehr als 3 Millionen US-Dollar im einzigartigen, Kaizen-inspirierten »Toyota-Produktionssystem« ausgebildet. Nach der Toyota-Philosophie hatten Arbeiter ein erhebliches Mitspracherecht bei den Arbeitsprozessen in der Fabrik. Die alte, hundert Zeilen lange Jobbeschreibung der Arbeiter wurde durch ein Wort ersetzt: »Teammitglied«. Die Leitungshierarchie wurde vereinfacht, aus vierzehn Ebenen wurden nur noch drei: Fabrikleitung, Gruppenleitung, Teamleitung.

Wie durch Zauberhand beteiligten sich nun Mitarbeiter, die vorher so desillusioniert gewesen waren, dass sie sich gegen ihre Arbeitgeber gewandt hatten, an Entscheidungen, die ihre Arbeit betrafen. Sie wurden in Problemlösungsstrategien und Kaizen-Praktiken weitergebildet und damit zu echten Experten auf ihrem jeweiligen Gebiet. Auch die Parameter ihrer Arbeit veränderten sich radikal: Man erwartete nun nicht mehr von ihnen, einfach ihre begrenzte Aufgabe zu erledigen, sondern jetzt sollten sie proaktiv denken und nach Verbesserungsmöglichkeiten suchen.

Teammitglieder wurden ermächtigt, Verbesserungsvorschläge zügig umzusetzen, und alles, was gut funktionierte, wurde als Best Practice angenommen. Jedes Teammitglied konnte jederzeit die komplette Fertigungsstrecke anhalten, um ein Problem zu beheben, indem er oder sie an einem Seil zog, das von überall in der Fabrik zugänglich war.

Innerhalb eines Jahres nach dem Produktionsstart im Jahr 1985 wies die NUMMI-Fabrik die höchste Qualität und Produktivität von allen GM-Fabriken weltweit auf.

Statt der zwölf Defekte pro Fahrzeug gab es jetzt nur noch einen, obwohl die Autos in der halben Zeit montiert wurden. Zu keinem Zeitpunkt waren mehr als 3 Prozent der Arbeiter krankgemeldet, was zeigt, wie stark die Zufriedenheit der Arbeiter gestiegen war. Auch die Innovation bei den Arbeitsabläufen erreichte neue Höhen: Mehr als 90 Prozent der Mitarbeiter reichten neue Ideen ein, und die Fabrikleitung verzeichnete die Umsetzung von fast zehntausend dieser Anregungen.

Im Jahr 1988 erhielt NUMMI Auszeichnungen, und im Jahr 1990 wurden das Toyota-Produktionssystem und die Kaizen-Philosophie zum globalen Branchenstandard in der industriellen Produktion. All das in weniger als zwei Jahren. Das Gebäude, die Arbeitskräfte und die Maschinen waren alle gleich geblieben. Nur die Philosophie war eine neue – und das Ergebnis ein völlig anderes.

1 PROZENT KANN DIE ZUKUNFT VERÄNDERN

Die große Illusion im Leben und in der Wirtschaft, die dafür verantwortlich ist, dass die Kaizen-Philosophie der schrittweisen Verbesserungen so schlecht angenommen, missachtet und übersehen wird, ist die, dass Kleinigkeiten eben nur Kleinigkeiten sind.

Objektiv ist das richtig, aber eine große Anzahl Kleinigkeiten ergibt etwas Großes, und es ist einfacher, bindet alle Teammitglieder mit ein und ist daher auch leichter umsetzbar, wenn man viele Kleinigkeiten verbessert, als Menschen dazu zu bringen, gemeinsam große Veränderungen zu bewirken.

Leider ist es im Leben nun einmal so, dass man etwas, das leicht zu tun ist, genauso leicht auch *nicht* tun kann. Einen Euro zu sparen, ist einfach, und entsprechend einfach ist es, ihn nicht zu sparen. Sich die Zähne zu putzen, ist einfach, also ist es auch einfach, sie sich nicht zu putzen. Diese Dinge, die man einfach tun oder nicht tun kann, haben auf kurze Sicht keine merklichen Auswirkungen, daher entscheiden wir uns oft dafür, sie nicht zu tun. Doch Mathematik und Wirtschaftslehre zeigen deutlich, dass die kleinsten Entscheidungen große Folgen für unsere zukünftige Position haben können.

Mit der Zeit bekommt es enorme Bedeutung, ob man zulässt, dass sich etwas jeden Tag um 1 Prozent verschlechtert, oder ob man etwas jeden Tag um 1 Prozent verbessert. Ein Beispiel:

Jahr	Jahresanfang	Jahresende: 1 % besser pro Tag	Jahresende: 1 % schlechter pro Tag
1	100 €	3778 €	2,5517964452291100000 €
2	3778 €	142.759 €	0,0651166509788394000 €
3	142.759 €	5.393.917 €	0,0016616443849302700 €
4	5.393.917 €	203.800.724 €	0,0000424017823469998 €
5	203.800.724 €	7.700.291.275 €	0,0000010820071746445 €
6	7.700.291.275 €	200.943.449.738 €	0,0000000276106206197 €
7	200.943.449.738 €	10.992.842.727.652 €	0,0000000007045668355 €
8	10.992.842.727.652 €	415.347.351.332.000 €	0,0000000000179791115 €
9	415.347.351.332.000 €	15.693.249.374.391.300 €	0,0000000000004587903 €
10	15.693.249.374.391.300 €	592.944.857.206.937.000 €	0,0000000000000117074 €

Wenn man am Jahresanfang mit 100 Euro startet und den Wert dreihundertfünfundsechzig Tage lang um 1 Prozent am Tag erhöht, hat man am Jahresende das Siebenunddreißigfache des Ausgangswertes. Nach zehn Jahren hat sich dieser Wert, vorausgesetzt, man hat ihn um 1 Prozent pro Tag erhöht, auf 15 Billiarden Euro aufgebläht!

Im Gegensatz dazu hat man nach einem Jahr, in dem sich der Wert um 1 Prozent pro Tag verringert, von 100 Euro nur noch 2,44 Euro übrig, nach zwei Jahren 6 Cent und danach 0 Cent.

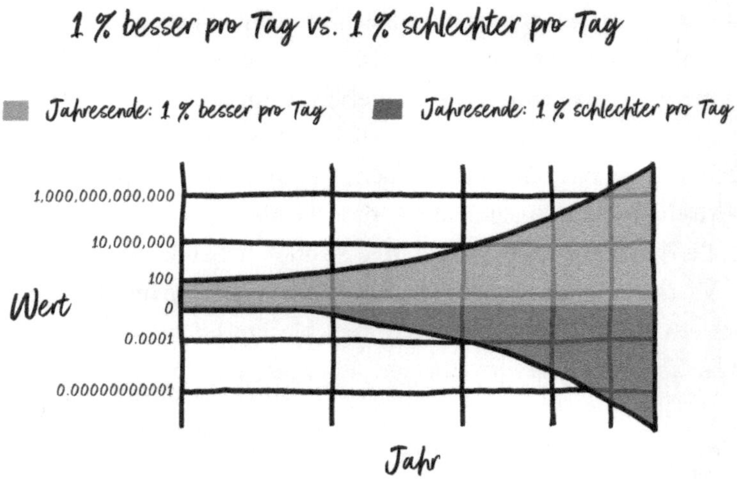

Wenn du dir heute nicht die Zähne putzt, hat das keine sichtbaren Auswirkungen. Wenn du dir diese Woche an keinem Tag die Zähne putzt, könntest du etwas Mundgeruch bekommen, aber es wird keine signifikanten Folgen haben. Wenn du dir fünf Jahre lang an keinem Tag die Zähne putzt, wirst du schreiend in einem Zahnarztstuhl liegen, während der Arzt dir die Backenzähne aus dem Mund reißt. Wann haben die Zahnprobleme angefangen? Heute, weil du etwas übersehen hast, das leicht zu tun und leicht nicht zu tun war.

Auch bei Toyota kam die Kaizen-Kultur nicht über Nacht auf. Es dauerte zwanzig Jahre, bis zwei Vorschläge pro Person im Jahr der Standard in der Branche wurde.

Die Kaizen-Philosophie braucht Zeit, Aufwand und enorme Zuversicht.

DIE KUNST, MEHR VORSCHLÄGE ZU GENERIEREN

Man sieht sie überall: Die Vorschlagskästen in Firmen – ein zusätzlicher kleiner Übermittlungsweg für Vorschläge der Mitarbeiter, ein Vorhängeschloss, ein allgemeines Bild der Vernachlässigung. Die Grundidee ist gut und zeigt gute Absichten, aber sie erbringt keine bedeutsamen Resultate und zwar aus zwei Gründen: Erstens sind viele dieser »Vorschläge« keine »kreativen Ideen« nach der Toyota-Definition, sondern anonyme Beschwerden, unkonstruktive Kritik oder passiv-aggressive Angriffe gegen die Firmenleitung. Zweitens werden die wenigen proaktiven Vorschläge nie umgesetzt oder können gar nicht umgesetzt werden, weil sie nicht praktikabel sind. Diese tödliche Mischung aus Beschwerden der Mitarbeiter und Mangel an Konsequenzen durch die Firmenleitung zerstört das Vertrauen und verurteilt den Vorschlagskasten zu einem staubigen Tod.

Was ist also der Unterschied zum *teian* japanischer Unternehmen, ihren Vorschlagssystemen? Warum funktionieren sie, wo andere Systeme versagen? Sind japanische Angestellte schlauer oder vernünftiger? Sind die Manager offener dafür, unter vielen Vorschlägen nach nützlichen zu suchen? Hängt es mit der japanischen Kultur zusammen? Die Antwort ist sehr einfach und hat nichts mit irgendeiner Landeskultur zu tun.

Die Antwort liegt in einer Person, die ich als »Ideencoach« bezeichne, und jedes Unternehmen kann sie sich zunutze machen. Auf die Frage, wie es möglich sei, 99 Prozent der eingehenden Vorschläge anzunehmen, hatte Ron Haigh, der PR-Manager für Japan bei Toyota, eine vielsagende Antwort.

Ron erklärte, Vorgesetzte würden die Vorschläge der Mitarbeiter im persönlichen Gespräch mit ihnen besprechen, sie bezüglich der praktischen Anwendbarkeit coachen, ihnen Hinweise und Unterstützung anbieten, um die Idee abzurunden, effektiv und erfolgreich zu machen. Beim westlichen Vorschlagsystem mit den Kästen läuft das völlig anders. Dort sagt der Manager entweder »ja« oder – in den meisten Fällen – »nein« und erklärt dann, warum die Idee »niemals funktionieren wird«.

Im Kaizen-System fungiert der Vorgesetzte als Ideencoach. Es bleibt die Idee des Mitarbeiters, aber er geht sie mit jemandem durch, der mehr Erfahrung und ein tieferes Verständnis dessen hat, was möglich ist. Dadurch werden 99 Prozent der Ideen angenommen und gemeinsam zu etwas weiterentwickelt, das funktionieren könnte.

Alle Mitarbeiter bei Toyota haben den Auftrag, mindestens eine Idee pro Monat vorzulegen – das gehört zentral zur Rolle jedes Einzelnen. Vorgesetzte haben außerdem den Auftrag, sicherzustellen, dass jedes Teammitglied diese Vorgabe auch tatsächlich erreicht. So ist dafür gesorgt, dass alle in dieselbe Richtung rudern – dass Ideen Erfolg haben, ist im Interesse aller.

Die Coaches haben wiederum selbst Coaches. Jeder Vorgesetzte hat einen Coach über sich, der dazu angehalten ist, jene auf der Hierarchiestufe unter sich bei der Entwicklung ausreichend vieler Ideen jeden Monat zu unterstützen. So wird jeder im Unternehmen, von der Spitze bis zur untersten Ebene, dazu ermutigt, sich alle neuen Vorschläge anzuhören, sie zu optimieren und zu unterstützen.

Entscheidend dabei ist, dass die Person, die die Idee ursprünglich hatte, sie auch umsetzen kann. Allein dieses Prinzip verändert, welche Vorschläge die Leute einreichen. Eine Kritik zählt dann nicht mehr als Idee. »Ich finde die Musik im Büro furchtbar« wird nicht als Vorschlag gewertet, weil nach diesem Prinzip jede Idee praktikabel, produktiv und lösungsorientiert sein muss.

Alle Toyota-Mitarbeiter werden in Kaizen weitergebildet, dem Toyota-Produktionssystem, und lernen auch, wie der Vorschlagsprozess funktioniert. Im Westen kommt es nur äußerst selten vor, dass Teams über die Philosophie der schrittweisen Verbesserung weitergebildet werden, lernen, wie man Vorschläge richtig formuliert, oder etwas über die rationalen Gründe für ihre Firmenphilosophie erfahren.

☆ KEIN GELD FÜR VORSCHLÄGE

Firmen behandeln ihre Mitarbeiter oft wie Ratten, die in einem Labyrinth einem Stück Käse hinterherjagen, indem sie sie für das Verhalten bezahlen, das sie bestärken wollen. Das ist eine einfache, wenig effektive, kurzfristige und teure Methode. Schwieriger, effektiver und billiger ist es, eine Firmenkultur zu erschaffen, in der es Menschen wichtig ist, in der sie motiviert sind und dafür Anerkennung bekommen, wenn sie hervortreten, einen Beitrag leisten und ihre Energie in die Verbesserung des Unternehmens investieren.

Nach der Kaizen-Philosophie braucht es viele Ideen für einen bedeutsamen Fortschritt im Lauf der Zeit. Dafür müssen die Mitarbeiter neugierig, motiviert und interessiert sein. Eine berühmte Geschichte illustriert das gut:

> Es war einmal eine alte Frau, die allein lebte. Jeden Nachmittag wurden ihr Frieden und ihre Ruhe durch Kinder gestört, die auf der anderen Straßenseite lärmend vor ihrem Haus spielten. Mit der Zeit wurden die Kinder immer lauter und die Frau immer wütender. Eines Tages kam ihr eine Idee: Sie rief die Kinder herüber und erklärte ihnen freundlich, dass ihr fröhliches Spiel draußen der Höhepunkt ihres Tages sei, dass es aber ein Problem gebe: Sie war alt und einsam und wurde langsam taub. Sie fragte daher, ob die Kinder bereit waren, noch mehr Lärm als vorher zu machen, nur für sie? Sie ging noch einen Schritt weiter und bot jedem Kind 25 Cent für seine Mühen an.

> Am nächsten Tag kamen die Kinder zurück und veranstalteten vor ihrem Haus einen Riesenaufruhr, wie sie gewünscht hatte; jedes Kind bekam seine 25 Cent und die Bitte, am nächsten Tag wiederzukommen. Doch dieses Mal bezahlte die Frau ihnen nur 20 Cent. Am folgenden Tag waren es sogar nur noch 15 Cent! Die arme alte Frau erklärte, ihr gehe das Geld aus, und von nun an würden die Kinder nur noch 5 Cent bekommen. Die Kinder waren entsetzt, dass sie nur noch ein Fünftel dessen verdienen sollten, was sie noch vor wenigen Tagen bekommen hatten. Sie rannten wütend davon und schworen, nie wiederzukehren. Es war die Mühe einfach nicht wert, sagten sie, für nur 5 Cent am Tag.

Die Frau hatte die schlaue Idee gehabt, den Kindern den Spaß an dem zu nehmen, was sie geliebt hatten, solange sie es umsonst getan hatten. Die Lehre daraus ist offensichtlich: Man kann eine echte Motivation durch eine künstliche ersetzen. Dieses Phänomen ist auch als »Motivation Crowding« oder »Korrumpierungseffekt« bekannt: Wenn man Ideen finanziell belohnt, kann das die echte kreative Energie und den Ehrgeiz der Menschen beeinträchtigen oder sogar eliminieren.

Das ist kein Märchen, sondern Wissenschaft. Ich habe mit dem Motivationsexperten und Autor Daniel Pink über den Einfluss von finanziellen Belohnungen auf unsere Motivation gesprochen, und er verwies auf eine Fülle an Forschungsarbeiten, die zeigen, dass Menschen den natürlichen Spaß an einer Sache verlieren können, wenn sie dafür bezahlt werden. Wenn ein Hobby zum Job wird, lässt die Motivation stark nach.

Forscher an der London School of Economics and Political Science überprüften einundfünfzig Studien zu leistungsabhängigen Vergütungen und stellten fest: »Finanzielle Anreize können in der Tat die intrinsische Motivation reduzieren und ethische und andere Gründe schwächen, sich an soziale Normen am Arbeitsplatz wie Fairness zu halten. Entsprechend können finanzielle Anreize einen negativen Einfluss auf die Gesamtleistung entwickeln.«

✯ INNOVATIONSVERZERRUNG

Innovation wird oft als wunderbare Erscheinung dargestellt, als etwas, das nur durch das Genie weniger Auserwählter oder einen glücklichen Zufall entsteht. Die Glühbirne, der Klettverschluss, das Penicillin und die Post-it-Notizzettel sind nur ein paar Beispiele, die diesen Fehlglauben aufrechterhalten.

Der mühevolle, schrittweise Prozess hinter dem Durchbruch wird bei den Nacherzählungen der Geschichten von Innovationen fast immer vernachlässigt, die nur das Endergebnis in den Mittelpunkt stellen.

> *Lass dich nicht von diesen Mythen täuschen – echte Innovation entsteht fast immer aus dem Schweiß und der Entschlossenheit hartnäckiger Einzelner und großartiger Teams, die durch die richtige Kultur und Philosophie miteinander verbunden sind, nicht in Heureka-Momenten, glücklichen Zufällen oder gezielten Geniestreichen.*

In keinem Unternehmen, das ich gegründet habe und das es an die Spitze seiner Branche geschafft hat, gab es die eine Entscheidung, Erfindung oder Innovation, die uns dorthin gebracht hat. Mein Fokus lag immer darauf, unsere Teams dazu zu bringen, die Konkurrenz durch höhere Sorgfalt zu übertreffen. Mir ging es um das Schaffen einer Kultur der Anerkennung, des Feierns und der Beweisbarkeit, die uns allen immer wieder vor Augen führte, dass die kleinste Kleinigkeit – die einfachsten und zugänglichsten Dinge – größte Auswirkungen haben kann.

»Ein Prozent« ist die am meisten wiederholte Phrase in meinen Unternehmen, und zu meinen Hauptaufgaben als CEO gehört es, diese Ein-Prozent-Gewinne zu identifizieren und zu fördern, wo auch immer im Unternehmen sie auftreten.

★ DAS GESETZ: KÜMMERE DICH UM DIE KLEINEN DINGE

Ich hatte immer den Eindruck, ich würde eine geheime Abkürzung kennen. Während unsere Mitbewerber glauben, dass Beständigkeit und große Siege den Weg an die Spitze weisen, weiß ich ohne jeden Zweifel, dass der beste Weg dorthin über ständige kleine Verbesserungen führt, wenn man sich um die kleinen Dinge kümmert und um kleine Gewinne kämpft.

Wer sich nicht um die winzigen Details kümmert, leistet schlechte Arbeit, weil gute Arbeit die Anhäufung Hunderter winziger Details ist. Die erfolgreichen Menschen dieser Welt kümmern sich alle um die kleinen Dinge.

Gesetz 20:
Ein kleines Versäumnis kann später zu einem großen Fehlschlag führen

Dieses Gesetz verdeutlicht, warum viele Menschen in ihren Beziehungen und bei der Arbeit scheitern, weil sie in ihrem Leben eine einfache, ständige Disziplin nicht wahrnehmen.

Auf die Frage, warum Tiger Woods einer der besten Golfer aller Zeiten wurde, würden die meisten von uns dieselben wohlbekannten Fakten herunterleiern: Er war ein Wunderkind, sein Talent zeigte sich bereits im Alter von zwei Jahren, er widmete sein Leben dem Training, analysierte stundenlang Aufnahmen seiner eigenen Spiele, sein Vater beschrieb ihn als »den Auserwählten« und glaubte unerschütterlich an sein Potenzial.

Wer Woods wirklich kennt, wird aber bestätigen, dass seine Kaizen-Philosophie der zwanghaften, ständigen kleinen Verbesserungen für seine Leistungen verantwortlich ist.

Im Jahr 1997 sagte Woods nach dem Masters-Turnier und nur sieben Monate nachdem er Profi geworden war zu seinem Trainer Butch Harmon, er wolle seinen Schwung von Grund auf überarbeiten. Harmon warnte Woods, dabei gebe es keine Abkürzungen, dass es eine lange Reise werden würde und dass sich seine Leistungen bei den Turnieren deutlich verschlechtern würden, bevor irgendwelche Verbesserungen feststellbar waren.

Freunde, Spielerkollegen und Experten sahen es alle genauso, aber Woods wusste, dass sein Schwung noch etwas besser werden konnte, und ignorierte alle. Er betrachtete die Neuerfindung seines Schwungs nicht als Bedrohung für sein Spiel, sondern als Gelegenheit, es schrittweise zu verbessern. Daher wagte er es, sich auf diese Kaizen-Reise einzulassen.

Woods ließ sich unmittelbar von Toyotas Streben nach Perfektion inspirieren und sprach zunehmend über die Kaizen-Philosophie, als wäre sie seine Religion. Er und sein Trainer entwickelten daraufhin eine eigene Übungssequenz im Kaizen-Stil: wiederholt Übungsbälle schlagen; die Aufnahmen des Schwungs anschauen und nach Verbesserungsmöglichkeiten suchen; die Verbesserungen in der Sporthalle und auf dem Golfplatz umsetzen. Wiederholen.

Es war eine lange Reise, wie sein Trainer vorhergesagt hatte. Woods' Siegesserie endete – er gewann achtzehn Monate lang gar nicht –, und Experten sagten bereits das Ende seiner Karriere voraus. Aber Woods und seine Trainer glaubten daran, dass die kleinen Verbesserungen sich im Lauf der Zeit bemerkbar machen würden. Zu seinen Kritikern sagte er: »Siege sind nicht immer ein geeigneter Maßstab für Verbesserungen.«

Woods' Kaizen-Einstellung zahlte sich aus. Sein neuer Schwung entwickelte sich zur tödlichen Waffe: präziser, genauer und vielseitiger als jemals zuvor. Ab Herbst 1999 gewann er rekordverdächtige sechs Mal hintereinander, und seither gilt Tiger Woods als der beste Golfer aller Zeiten mit zweiundachtzig PGA-Tour-Siegen – mehr, als je ein Mensch zuvor erzielt hat.

Woods beweist, dass das Streben nach Perfektion eine Frage der Disziplin ist, keine Heldentat.

Charles Darwins Theorie von der Evolution und dem »Überleben der am besten angepassten Individuen« postuliert, dass es zum Aussterben führen kann, wenn keine kleinen Anpassungen stattfinden, dass kleine Anpassungen jedoch einen Überlebensvorteil verschaffen können. Das ist eine passende Analogie für die Kaizen-Philosophie.

Wie Darwin schrieb, wird das Schicksal eines Individuums nicht durch einen einzelnen Geniestreich bestimmt. Stattdessen ist es das Nebenprodukt einer Philosophie, die graduelle Evolution, Mutation und Anpassung in allen Aspekten eines Organismus über einen längeren Zeitraum hinweg fördert.

In der Fliegerei gibt es die sogenannte »1:60-Regel«, die besagt, dass ein Flugzeug, das um 1 Grad von der Flugrichtung abweicht, das Flugziel pro 60 geflogenen Meilen um eine Meile verfehlen wird. Dieses Prinzip lässt sich auch auf Leben, Karriere, Beziehungen und persönliches Wachstum von Menschen übertragen. Schon kleinste Abweichungen von der optimalen Route verstärken sich mit zunehmender Zeit und Entfernung – sodass ein kleines Versäumnis später zu einem großen Fehlschlag führen kann.

Das zeigt, wie notwendig die Echtzeit-Kurskorrekturen und -Anpassungen sind, die in der Kaizen-Philosophie vorgenommen werden. Wer erfolgreich sein will, braucht einfache Rituale in allen Lebensbereichen, um so oft wie möglich den Kurs zu überprüfen und die notwendigen kleinen Anpassungen vorzunehmen.

Der angesehene Beziehungspsychologe John Gottman zog aus Jahrzehnten der Forschung den Schluss, dass »Verachtung« in einer Beziehung der stärkste Indikator für eine Scheidung ist. Verachtung ist unterschwellige Respektlosigkeit und Geringschätzung gegenüber dem Partner oder der Partnerin. Wie bei einem Flugzeug, das um 1 Grad vom Kurs abweicht, entsteht der Schaden langsam, im Lauf der Zeit, in Beziehungen, in denen die Paare Konflikte aufgrund von schlechter oder unzureichender Kommunikation nicht lösen können.

Aufgrund dieser Erkenntnis entwickelte ich eines der wichtigsten Rituale im Kaizen-Stil für meine romantischen Beziehungen: einen festen wöchentlichen Gesprächstermin mit meiner Partnerin. Wir setzen uns zusammen, sprechen offen und suchen nach kleinen Möglichkeiten, um unsere Beziehung zu verbessern, uns besser abzustimmen und unbearbeitete Probleme zu lösen – große wie kleine.

Bei einem unserer letzten Gespräche erwähnte sie, dass mein »Sorry, ich bin gerade beschäftigt«, mit dem ich auf Störungen bei der Arbeit reagiere, schroff und gereizt wirken kann. Sie bat mich, dieser Antwort ein liebevolles Wort hinzuzufügen, um sie etwas abzuschwächen – meine unabsichtliche Schroffheit kam bei ihr unterschwellig als Zurückweisung an.

Heute klinge ich nicht mehr wie ein mürrischer Workaholic, sondern sage: »Sorry, Liebes, ich bin gerade beschäftigt.« Das mag nicht wichtig wirken, aber indem wir dieses Problem besprochen und korrigiert haben, konnte es sich mit der Zeit nicht verfestigen und zu einem größeren Problem anwachsen. Wie ein Flugzeug, das leicht vom Kurs abweicht, haben wir unsere Beziehung wieder um 1 Grad auf Kurs geschubst, damit wir weiterhin in die richtige Richtung fliegen.

Dieselben Grundsätze wende ich auch auf Geschäft, Freundschaften und meine Beziehung zu mir selbst an. Ich treffe mich wöchentlich mit meinen Geschäftsführern und Freunden und führe eine Selbsteinschätzung in meinem Tagebuch durch, um sicherzustellen, dass ich auf Kurs bin, auf Linie, und dass alle notwendigen Kursänderungen identifiziert und umgesetzt werden.

Woche für Woche quillt mein Posteingang über mit Nachrichten von Leuten, die bei Karriere, Geschäft, Beziehung oder Freundschaften nicht mehr weiterwissen. Fast jedes Mal sind sie in die gegenwärtige Lage geraten, weil sie offensichtlich die kleinen Dinge über längere Zeit vernachlässigt haben. Sie haben nicht genug klärende

Gespräche mit sich selbst und anderen geführt, ihre Meinung gesagt, schwierige Themen angesprochen oder sich mit dem scheinbar Trivialen in ihrem Leben beschäftigt. Als Folge sind sie in ihrem Leben ein winziges bisschen vom Kurs abgewichen – nur 1 Grad –, und das hat sie letztendlich an einen Ort geführt, an den sie nie gelangen wollten.

★ DAS GESETZ: EIN KLEINES VERSÄUMNIS KANN SPÄTER ZU EINEM GROSSEN FEHLSCHLAG FÜHREN

Bei der Kaizen-Philosophie geht es nicht nur um Geschäft, Effizienz oder Verbesserungen. Es geht darum, ständig sicherzustellen, dass man auf dem richtigen Weg ist und sich auf das Ziel zubewegt, das man erreichen möchte.

Die kleinste Nachlässigkeit heute kann morgen zum größten Bedauern führen.

The Diary of a CEO

Gesetz 21:
Du musst erfolgreicher scheitern als die Konkurrenz

Dieses Gesetz beweist, dass man öfter Fehler machen muss, wenn man seine Erfolgschance erhöhen will. Es wird dich dazu inspirieren, ab sofort viel schneller zu scheitern als bisher!

Thomas J. Watson war unglaubliche achtunddreißig Jahre lang Vorstandsvorsitzender von IBM, in der ersten Hälfte des zwanzigsten Jahrhunderts einer der bekanntesten Unternehmer in den USA – neben Henry Ford – und wegen seines enormen Erfolges mit IBM einer der reichsten Männer seiner Zeit. Sein oberstes Innovationsprinzip lässt sich in einem Satz zusammenfassen: »Wenn du deine Erfolgsquote erhöhen willst, dann verdopple deine Fehlschlagquote.« Außerdem sagte er: »Jeder Fortschritt bei IBM wurde erreicht, weil jemand bereit war, ein Risiko einzugehen, seinen Kopf auf den Richtblock zu legen und etwas Neues auszuprobieren.«

Auf die Frage, ob er einen Angestellten feuern werde, nachdem dieser einen Fehler begangen hatte, der das Unternehmen 600.000 Dollar kostete, antwortete er umgehend: »Nein. Ich habe gerade 600.000 Dollar in seine Ausbildung investiert. Wieso sollte ich zulassen, dass jemand anderes seine Erfahrung anheuert?«

Er erkannte instinktiv, dass ein Fehlschlag die Chance auf Fortschritt bot und dass das Gegenteil – ein Mangel an Fehlschlägen – den Tod von IBM bedeuten würde. Er warnte noch vor Selbstgefälligkeit, als IBM bereits die Spitze der Branche erreicht hatte, und entsprechend seinem Kaizen-Ansatz sagte er: »Sobald ein Mensch oder ein Unternehmen beschließt, dass es Erfolg erzielt hat, hört der Fortschritt auf.«

Als ich von Thomas J. Watson und seiner unkonventionellen Ansicht über Fehlschläge hörte, ermutigte ich mein Team bereits seit zehn Jahren, mehr Fehler zu machen. Fehler sind Feedback, Feedback ist Wissen, und wie das Sprichwort besagt, ist Wissen Macht. Fehler sind also Macht, und **wenn man seine Erfolgschancen erhöhen will, muss man mehr Fehler machen.** Wer es nicht schafft, ständig zu scheitern, wird immer nur anderen nachfolgen. Wer besser scheitert als die Konkurrenz, dem wird man ewig folgen.

☆ WIE MAN DIE FEHLERQUOTE ERHÖHT

Booking.com ist die größte und erfolgreichste Hotelbuchungs-Website der Welt. Aber wie jeder Branchenführer begann auch sie einmal als kleines, kaputtes und rückständiges Unternehmen.

Die ehemalige CEO von Booking.com Gillian Tans sagte: »Viele Unternehmen starten mit einem netten Produkt und werfen es weltweit auf den Markt. Booking tat das Gegenteil. Wir hatten ein Basisprodukt und haben dann in mühsamer Arbeit herausgefunden, was die Kunden wollten. Wir haben dabei viele Fehler gemacht.«

Im Jahr 2004, wenige Jahre nach dem Unternehmensstart, hörte ein Entwickler von Booking.com bei einer Konferenz Ronny Kohavi von Microsoft über die Bedeutung von Experimenten und Fehlschlägen sprechen. Der Entwickler erzählte seinem Team bei Booking.com davon, wo man ständig Zeit damit verschwendete, sich über den nächsten Schritt zu streiten, darüber, welche nächsten Funktionen man anbieten und welche Richtung man einschlagen sollte.

Danach fanden sie durch einfach Experimente heraus, was die Kunden wollten, und entwickelten dann auf Basis dieser Erkenntnisse ein Produkt – das wir heute als Booking.com kennen. Tans sagt: »So sind wir gewachsen, ohne Marketing oder PR, indem wir durch ständige Tests und Experimente herausfanden, was unseren Kunden gefiel.«

Nachdem man bei Booking.com gesehen hatte, welchen Erfolg die vermehrten Experimente und Fehlschläge für die Firma brachten, entwickelte das Unternehmen im Jahr 2005 seine eigene »Versuchsplattform«, auf der erheblich mehr Tests durchgeführt werden konnten.

Die Leiterin der Produktentwicklung bei Booking.com Adrienne Enggist erinnerte sich:

> Ich kam aus einem kleinen Unternehmen, wo die CEOs alle sechs Monate eine vollständige Umgestaltung ihres Produkts auf den Markt brachten, und bei der Veröffentlichung konnte man nicht sagen, was funktionieren würde und was nicht. Hier war das Team klein, passte auf ein Stockwerk, und es war aufregend zu beobachten, wie jeder Mitarbeiter Risiken einging, scheiterte, rasch kleine Veränderungen durchsetzte und die Wirkung anhand von Experimenten auswertete.

Booking.com ernannte sogar einen »Experimentleiter«, der öffentlich predigt, wie wichtig es für Unternehmen sei, mehr zu scheitern, öfter zu scheitern und diese Experimente auszuwerten. Er sagt: »Wir glauben, dass kontrollierte Experimente der erfolgreichste Weg sind, um Produkte zu entwickeln, die Kunden wollen.«

Heute hat Booking.com 20.300 Mitarbeiter und einen Jahresumsatz von 10 Milliarden Dollar. Die Website ist in dreiundvierzig Sprachen verfügbar und hat mehr als 28 Millionen Einträge aus allen Teilen der Welt. In diesem Moment werden bei Booking.com eintausend Experimente durchgeführt – unter der Führung und entwickelt von jedem einzelnen Produkt- und Technologieteam im Unternehmen. Sie geben an, die Firmenkultur, besser zu scheitern als die Konkurrenz, sei der Hauptgrund dafür, dass sie diese Konkurrenz überflügelt haben.

Amazon folgt ebenfalls dieser Religion des schnellen Scheiterns. Jeff Bezos, Gründer der Billionen Dollar schweren E-Commerce-Plattform, verschickte das folgende Memo an die Anteilseigner, als das Unternehmen schneller als jede Firma zuvor einen Jahresumsatz von 100 Milliarden Dollar erreicht hatte:

> Was Fehlschläge angeht, haben wir ein besonders markantes Profil. Wir sind wahrscheinlich der beste Ort für Fehlschläge (wir haben jede Menge Übung!), und **Fehlschläge und Innovationen sind untrennbar miteinander verbunden. Um etwas zu erfinden, muss man experimentieren,** und wenn man im Voraus weiß, dass etwas funktioniert, ist es kein Experiment. In den meisten großen Organisationen wird Innovation großgeschrieben, aber sie sind nicht bereit, die Fehlversuche zu akzeptieren, die auf dem Weg dorthin unvermeidbar sind.
>
> Übergroße Renditen entstehen meist, indem man gegen die gängige Meinung setzt, und die gängige Meinung hat meistens recht. Eine 10-prozentige Chance auf 100 Prozent Rendite sollte man immer unbedingt ergreifen. Trotzdem wird man dabei in neun von zehn Fällen falschliegen. Wenn man den Ball beim Baseball mit voller Kraft zurückschlägt, wird er oft im Aus landen, aber manchmal schafft man so doch einen Homerun.
>
> Doch im Gegensatz zur Wirtschaft gibt es beim Baseball nur eine begrenzte Menge möglicher Resultate. Beim Baseball kann man höchstens vier Runs erzielen, ganz egal, wie gut man den Ball trifft. In der Wirtschaft kann man, wenn man auf dem Wurfhügel steht, tausend Runs erzielen. Wegen des Long Tail der Renditenverteilung ist es so wichtig, wagemutig zu sein. **Wer viel verdient, kann viele Experimente bezahlen.**

In einem Interview führt Bezos diese Vorstellung weiter aus:

> Um innovativ zu sein, muss man experimentieren. Man muss jede Woche, jeden Monat, jedes Jahr, jedes Jahrzehnt mehr Experimente durchführen. So einfach ist das. Ohne Experimente kann man nichts erfinden. Man braucht Fehlschläge, wenn man etwas Neues, Ungetestetes, Unbewiesenes machen will. Das ist ein echtes Experiment. Und die gibt es in allen möglichen Größen.

Amazon hat einen der größten Unternehmensfriedhöfe mit Fehlschlägen – auf den Bezos sicher stolz ist. A9.com (die Amazon-Suchmaschine), das Fire Phone und die Schuh-Website Endless.com sind nur einige der bemerkenswerten Projekte, die so erfolglos waren, dass du wahrscheinlich nie von ihnen gehört hast.

Wenn eines der Experimente allerdings erfolgreich ist, verändert es die geschäftliche Ausrichtung von Grund auf und finanziert alle anderen Fehlschläge: Amazon Prime, Amazon Echo, der Kindle und, vor allem, die Amazon Web Services (AWS).

AWS wurde als Experiment ohne jede Verbindung zum E-Commerce-Geschäft von Amazon gestartet, aber nach zwanzig Jahren ist es heute das am schnellsten wachsende B2B-Unternehmen aller Zeiten.

Es ist die größte Cloudcomputing-Plattform der Welt. Es hat Niederlassungen in vierundzwanzig geografischen Regionen und mehr als 1 Million aktive User in hundertneunzig Ländern, 62 Milliarden Dollar Jahresumsatz und 18,5 Milliarden Dollar Jahresgewinn. Im Jahr 2022 hatte dieses kleine Experiment von vor zwanzig Jahren den größten Anteil am Gesamtgewinn von Amazon. Im Jahr 2011 entwickelte Amazon seine eigene Versuchsplattform Weblab, auf der heute mehr als 20.000 Experimente im Jahr durchgeführt werden, um das Kundenerlebnis ständig weiterzuentwickeln und zu verbessern.

Im Brief an die Aktionäre aus dem Jahr 2015 erklärte Jeff Bezos, wie Amazon entscheidet, welche Experimente ein Unternehmen durchführen sollte:

> Einige Entscheidungen sind folgenreich und unumkehrbar oder fast unumkehrbar – Einbahnstraßen –, und sie müssen methodisch, sorgfältig, langsam, mit viel Bedacht und Beratung getroffen werden. Wenn man diese Straße entlangfährt und einem das, was an ihrem Ende ist, nicht gefällt, kann man nicht einfach zurückgehen. Solche Entscheidungen kann man als Typ-1-Entscheidungen bezeichnen.
>
> Aber **die meisten Entscheidungen gehören nicht dazu. Sie sind veränderbar, umkehrbar – es sind Drehtüren.** Bei einer suboptimalen Typ-2-Entscheidung muss man nicht lange mit den Folgen leben. Man kann einfach wieder zum Ausgangspunkt zurückgehen. Entscheidungen vom Typ 2 können und sollten rasch von Einzelpersonen oder kleinen Gruppen mit gutem Urteilsvermögen getroffen werden.
>
> Wenn Organisationen größer werden, haben sie offensichtlich die Tendenz, die meisten Entscheidungen, einschließlich vieler Entscheidungen vom Typ 2, dem schwerfälligen Typ-1-Entscheidungsprozess zu unterziehen. Die Folgen sind Trägheit, unbeabsichtigte Risikoscheu, mangelnde Experimentierbereitschaft und daraus resultierend weniger Innovation.

☆ EIN KAMPF ZWISCHEN VATER UND SOHN

Sechs Jahre lang beriet ich ein branchenführendes, viele Millionen Dollar schweres E-Commerce-Unternehmen im Lebensmittelbereich, das zwei Marken umfasste. Eine Marke wurde vom Vater geleitet, der die gesamte Firmengruppe gegründet hatte, die andere, wesentlich neuere Marke hatte der Sohn ins Leben gerufen. Als mein Unternehmen hinzugezogen wurde, um Marketing, Kundenakquise, Auftritt in den sozialen Medien und Innovationsabläufe zu verbessern, saß ich zunächst bis zu vier Tage die Woche mit Vater und Sohn in der Vorstandsetage und ließ mich über die Marken informieren, ihre Zielsetzungen und -vorgaben.

Ich besuchte beide Marken jede Woche, ohne Ausnahme; ich reiste mit ihnen um die Welt. Ich beriet sie bei Pressemitteilungen im Krisenfall, bei ihrer Social-Media-Strategie und bei der Auswahl der Marketingaktionen. Als in Paris ein neues Produkt vorgestellt werden sollte, saß ich mit im Flugzeug, bei Events in den Vereinigten Staaten war ich vor Ort, wenn in Singapur ein wichtiges Meeting anstand, reiste ich mit dorthin, und bei der Markteinführung im Nahen Osten war ich dabei.

In den sechs Jahren meiner Tätigkeit für dieses Unternehmen beriet ich Vater und Sohn, gehörte schließlich fast zur weiteren Familie. Ich erlebte, wie der Unternehmensteil des Sohnes sich von einer unbekannten, kleinen, unprofitablen Marke zur beliebtesten, kulturell bedeutsamsten Marke mit dem höchsten Umsatz der Branche entwickelte. Gleichzeitig sah ich, wie die Marke des Vaters strauchelte, stagnierte und ins Stocken geriet. Schließlich überholte die Marke des Sohnes die des Vaters und generierte mehr als 1 Milliarde Dollar Jahreseinnahmen.

Ich saß bei beiden Firmen in der ersten Reihe, hatte bei allen Entscheidungen und der Firmenphilosophie ein Wörtchen mitzureden, und ich kann voller Überzeugung sagen, dass der Sohn den Vater in erster Linie deshalb überholte, weil er die zehnfache Fehlschlagquote des Vaters hatte.

Meine Teams legten jede technologische Neuerung im Bereich Marketing, Wachstum oder Social Media beiden Marken gleichzeitig vor, am selben Tag, stießen aber auf sehr unterschiedliche Reaktionen. Ich erinnere mich an eine Innovation, bei der wir bei einer bestimmten Social-Media-Plattform eine Möglichkeit fanden, die Followerzahlen zwanzig Mal schneller zu steigern, als es normalerweise möglich war. Ich persönlich erzählte Vater und Sohn im Jahr 2016 von dieser Entdeckung, bei zwei verschiedenen Treffen.

Das Team des Vaters hörte sich die Idee an, bat um eine größere Präsentation, spottete über unser Honorar und sagte, sie bräuchten verschiedene Zustimmungen, um damit weiterzumachen. Neun Monate später wurde immer noch »intern darüber diskutiert«.

Der Sohn stellte mich nicht gleich vor ein ganzes Team, sondern wollte die Idee zunächst allein hören. Bevor ich meine Erklärung beendet hatte, wies er seinen Assistenten an: »Holen Sie das ganze Marketingteam hierher.« Als alle versammelt waren, bat er mich, noch einmal zu wiederholen, was ich ihm gerade gesagt hatte. Nachdem ich alles erklärt hatte, sah er sein Team an und meinte: »Wir setzen das heute noch um.« Dann wandte er sich wieder an mich: »Steven, Sie bekommen alles, was Sie brauchen – mit Volldampf voraus, ab sofort!«

Keine Verträge, keine Anwälte, keine Genehmigungsverfahren, keine Verzögerungen – einfach Vertrauen, Geschwindigkeit und Ermächtigung.

Diese eine Idee verschaffte der Marke des Sohnes in einem Social-Media-Kanal in den folgenden Monaten 10 Millionen zusätzliche Follower. Am Ende kostete der Ausbau der Social-Media-Seite mit unserer Entdeckung 95 Prozent weniger als mit allen anderen Strategien, die die Marke in der Vergangenheit ausprobiert hatte.

Der Sohn erkannte instinktiv, dass dies eine Typ-2-Entscheidung war – die Art, die keine irreversiblen Schäden zur Folge hatte, wenn der Versuch scheiterte, die rückgängig gemacht werden, aber auch die Ausrichtung der Marke verändern konnte, wenn der Versuch Erfolg hatte. In diesem Fall sollte man dem Rat von Jeff Bezos folgen: »Entscheidungen vom Typ 2 können und sollten rasch von Einzelpersonen oder kleinen Gruppen mit gutem Urteilsvermögen getroffen werden.«

Der Sohn verstand, dass die größte Gefahr nicht in einem Fehlschlag bestand, sondern darin, dass man eine Gelegenheit zum Wachstum verpasste und zu viel Zeit brauchte, um eine neue Lektion zu lernen, unabhängig vom Endresultat. Wäre das Experiment fehlgeschlagen, hätte es die Firma einen Tag und ein wenig Geld gekostet, und wir hätten innerhalb von vierundzwanzig Stunden mit dem nächsten Experiment weitergemacht, einen Fehlschlag näher an der richtigen Antwort.

Zehn Monate später entschied sich die Marke des Vaters, die Idee vorsichtig auszuprobieren, doch jetzt funktionierte sie nicht mehr – das Hintertürchen bei der Plattform, das wir ausgenutzt hatten, war geschlossen worden, und es war wieder teuer, kompliziert und schwierig, einen Social-Media-Kanal aufzubauen.

Die meisten Vorschläge, die wir dem Sohn unterbreiteten, brachten allerdings nicht so erstaunliche Resultate. Die meisten Experimente schlagen fehl, ganz egal, wie gut man sie plant. Wahrscheinlich waren drei von zehn Experimenten tragische Fehlschläge, drei von zehn endeten in durchschnittlichen Fehlschlägen, drei von zehn Experimenten verliefen gut, und eines von zehn lieferte großartige Ergebnisse – so großartig, dass es die Geschicke des Unternehmens beeinflusste und alle Verluste der anderen neun Experimente ausglich.

Verschaffe dir 51 Prozent Gewissheit, und dann triff die Entscheidung.

Viele Jahre später hatte ich die Ehre, in Brasilien gemeinsam mit Barack Obama auf der Bühne zu stehen, und Obama sagte, wenn er eine schwierige Entscheidung treffen müsse – etwa, ob man unangekündigt nachts nach Pakistan fliegen sollte in der Hoffnung, Osama bin Laden zu töten –, lieber auf Wahrscheinlichkeiten setze als auf Gewissheiten.

Er sagte, jede Entscheidung sei arbeitsaufwendig und schwierig gewesen: »Ein leicht lösbares Problem oder auch ein mittelschweres Problem hätte mich gar nicht erreicht, weil jemand anderes es per definitionem bereits gelöst hätte.«

Er sagte nicht: »Wird X oder Y passieren, wenn ich diese Entscheidung treffe?«, sondern: »Wie hoch ist die Wahrscheinlichkeit, dass

X oder Y eintritt?« Er versicherte: »Man sollte unbedingt das Selbstvertrauen haben, sich mit Menschen zu umgeben, die klüger sind als man selbst oder anderer Meinung sind.« Und er wägte jede Entscheidung nicht nur danach ab, ob sie richtig war, sondern auch nach den Auswirkungen, die sie haben würde, wenn sie falsch war: »Man muss bei den großen Entscheidungen nicht 100 Prozent Gewissheit haben. Verschaffe dir 51 Prozent Gewissheit, triff dann schnell die Entscheidung und finde Frieden in dem Wissen, dass du sie basierend auf den dir vorliegenden Informationen getroffen hast.«

Aus der Zusammenarbeit mit den Firmen von Vater und Sohn, aus mehr als zehn Jahren Beratungstätigkeit für die führenden Marken der Welt und von Barack Obama habe ich gelernt, dass **perfekte Entscheidungen nur im Rückblick existieren.** Zu lange über die potenziellen Folgen zu grübeln und den Vorgang aufzuschieben, ist zwecklos. Der wahre Preis von Unentschiedenheit im Geschäftsleben ist verschwendete Zeit. Diese Zeit hätte man nutzen können, um auf dem Weg zum Wissen, der zum Erfolg führen kann, voranzuscheitern. Stattdessen erstarren manche Marken vor Furcht, und bei dem Versuch, *jeden* Verlust zu vermeiden, verlieren sie am Ende das Teuerste und Wichtigste: Chancen, Wissen und Zeit.

Der Autor und Wissenschaftler Nassim Taleb fasst das in der folgenden Grafik zusammen:

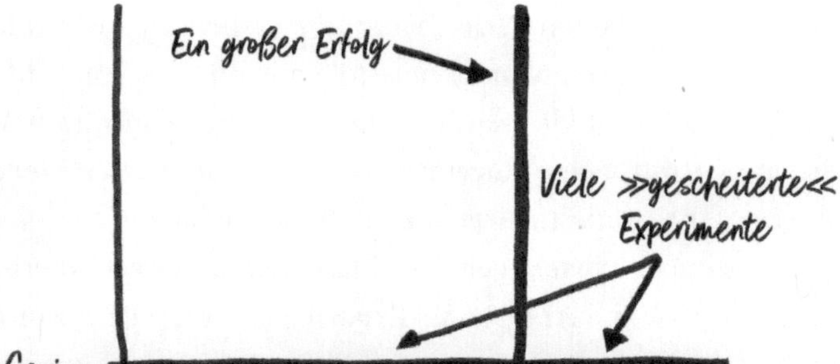

✯ EINE NEUE MISSERFOLGSFREUNDLICHE PHILOSOPHIE SCHAFFEN

Einige Unternehmen, mit denen ich gearbeitet habe, hatten das verstanden: Sie hatten blitzschnelle Experimentzyklen eingerichtet, betrachteten Veränderungen als Chance, sie scheiterten besser als ihre Konkurrenz und waren ihrer Branche fast immer einen Schritt voraus. Einige Unternehmen glaubten an diese Philosophie, probierten sie aus und scheiterten; sie forderten ihre Teams auf, innovativer zu sein, schrieben es gar an die Bürowände, aber es geschah einfach nichts. Und manche Unternehmen glaubten gar nicht daran. Diese Firmen waren fast nie gründergeführt, sie stagnierten oder waren im Niedergang begriffen, und sie betrachteten die sich verändernde Welt nur als Bedrohung.

Ich habe fünf beständige Prinzipien entdeckt, die von den innovativsten Firmen ganz natürlich verkörpert wurden und die es, wie ich glaube, Teams ermöglichen, besser zu scheitern als die Konkurrenz:

1. BÜROKRATIE ABBAUEN

»Sie ist eine Schurkin«, sagt der Walmart-CEO Doug McMillon. »Ihre Tentakel sollten so behandelt werden wie der Krebs, dem sie so sehr ähneln«, sagt Charlie Munger, Vize-Vorstandschef des Finanzdienstleisters Berkshire Hathaway. »Sie ist eine Krankheit«, sagt Jamie Dimon, CEO von JPMorgan Chase.

All diese angesehenen Wirtschaftsführer reden über »Bürokratie« – ein Wort, das offenbar keine erfolgreichen Fans hat. Einfach ausgedrückt herrscht die schlimmste betriebliche Bürokratie in Unternehmen mit vielen Regeln, langen und mühsamen Genehmigungsverfahren und mehreren Hierarchieebenen.

Diese Systeme entmächtigen die Mitarbeiter, bremsen Unternehmen aus, bieten keine Anreize für Experimente, verzögern Innovationen und ersticken die Goldmine an Ideen, die in den Köpfen der Belegschaft existiert.

Derartige Systeme sind eine Belastung für den menschlichen Einfallsreichtum, für Energie und Unternehmergeist.

Laurence Peter schreibt in seinem Buch *Das Peter-Prinzip:* »Die Bürokratie verteidigt den Status quo noch lange nachdem das Quo seinen Status verloren hat.«

Unternehmenschefs betrachten Bürokratie häufig als notwendiges Übel des Geschäftsbetriebs in einer komplex regulativen und internationalen Umgebung. Die US-Erwerbstätigen zeigen das beispielhaft: Seit 1983 hat sich die Anzahl der Manager, Abteilungsleiter und Verwaltungsangestellten um mehr als 100 Prozent erhöht, während in allen anderen Berufen nur rund 40 Prozent mehr Menschen arbeiten.

In den letzten Jahren gaben fast zwei Drittel der Arbeitnehmer an, ihre Organisationen seien bürokratischer geworden, so eine Umfrage der *Harvard Business Review.* Unterdessen stagnierte das Produktivitätswachstum. In den größeren Unternehmen, die inzwischen die westliche Wirtschaft dominieren, ist Bürokratie besonders abträglich. Zwei Drittel der Erwerbstätigen in den Vereinigten Staaten sind in Firmen mit mindestens 5000 Mitarbeitern beschäftigt – und über den einfachen Arbeitern türmen sich meist acht Managementebenen auf.

Wenn man bedenkt, wie schnell sich die Welt derzeit verändert – wie in Gesetz 5 gezeigt –, zeigt an diesem Punkt der Geschichte alles, was die Experimentierquote eines Unternehmens verlangsamt, einen Todeswunsch.

Die Haier Group, ein chinesischer Hersteller von Haushalts- und Küchengeräten mit mehr als 35 Milliarden Dollar Jahresumsatz, weiß das besser als jeder andere. Um die toxischen Folgen der Bürokratie zu vermeiden, hat der Konzern seine 75.000 Angestellten auf 4000 Mikroorganisationen aufgeteilt, von denen die meisten nur zehn bis fünfzehn Mitarbeiter verzeichnen. Entscheidungen werden blitzschnell von kleinen, autonomen Teams getroffen, und so scheiterte das Unternehmen besser als die Konkurrenz, Innovationen folgten der Geschwindigkeit des Markts, und die Firma dominiert die Branche.

Der Mitgründer und CEO von Apple Steve Jobs sagte über Bürokratie in seinem Unternehmen:

> Wir sind wie ein Start-up organisiert. Wir sind das größte Start-up auf dem Planeten, und wir treffen uns einmal die Woche für drei Stunden und sprechen über alles, was wir machen. Beim Teamwork muss man sich darauf verlassen können, dass die anderen ihren Teil erfüllen, ohne dass sie die ganze Zeit überwacht werden. Und darin sind wir richtig gut.

Entscheidend ist, wie ich in all meinen eigenen Unternehmen, bei Kunden und Fallstudien beobachten konnte, dass Projektteams so klein wie möglich sind, damit sie mehr Autorität, Vertrauen und Ressourcen haben, wenn sie Entscheidungen treffen, und alle Genehmigungsverfahren abkürzen, vor allem, wenn ein Team eine Entscheidung vom Typ 2 treffen will – mit wenigen Konsequenzen und reversibel.

2. RICHTIGE ANREIZE SETZEN

Im Jahr 2020 bekam mein Unternehmen den Auftrag, eine strauchelnde E-Commerce-Firma wiederzubeleben, die vor dem finanziellen Kollaps stand. Wegen der Covid-19-Pandemie hatten alle physischen Läden schließen müssen, was zu einer Reduzierung bei Mitarbeitern und Lohnkosten geführt hatte. Die Mitarbeitermoral war auf dem Tiefpunkt, und erst kürzlich war ein neuer CEO eingestellt worden, der das Unternehmen in eine neue Richtung lenken sollte.

Während meiner ersten Präsentation vor dem neuen CEO erklärte ich, das Unternehmen müsse seine Fehlschlagquote in allen Bereichen enorm steigern, auch beim Marketing. Es hinkte der Konkurrenz hinterher, ließ Chancen ungenutzt verstreichen und verschwendete Ressourcen auf ineffektive herkömmliche Methoden.

Auf meinen Vorschlag hin meinte der CEO, das Unternehmen ermutige die Teams bereits dazu, mehr zu experimentieren, habe »schneller scheitern« bereits als einen von vier Kernwerten in das Mitarbeiterhandbuch aufgenommen, und die Worte stünden deutlich sichtbar an der Wand der Büroküche.

Nach der Präsentation führte ich Kleinrundengespräche mit den Mitarbeitern – von den Managern bis zu den Praktikanten. Bei einem Treffen mit dem Marketingteam fragte ich: »Welchen Grund habt ihr, öfter zu scheitern?« Ein langes, vielsagendes Schweigen folgte, bis ich die Frage umformulierte: »Welchen Grund habt ihr, nicht öfter zu scheitern?« Der vorher gelähmte Mund der Marketingmanagerin erwachte zum Leben, und sie überschüttete mich mit Antworten, darunter: »Ich will mich nicht blamieren«, »Ich bekomme dafür keine Gehaltserhöhung«, »Die anderen werden dann schlecht über mich denken«, »Ich könnte gefeuert werden«, »Ich bin zu beschäftigt, um Neues auszuprobieren«.

Während sie immer mehr Gründe herunterrasselte, wurde es zunehmend offensichtlich, dass die Organisation unter »Fehlanreizen« litt – die Anreize, die das Unternehmen seinen Mitarbeitern bot, passten nicht zu dem, was die Mitarbeiter tun sollten. Das Unternehmen wollte Innovatoren, Risikobereitschaft, Unternehmer, aber bei näherem Hinsehen bot es nur Anreize dafür … dass die Mitarbeiter ihren Job machten, nicht mehr und nicht weniger. Ein häufiges Problem in den meisten langsamen, sterbenden Unternehmen.

Ich finde es immer noch verwirrend, wie irgendein CEO annehmen kann, ein paar nette Worte, klischeehafte Slogans und vage angepeilte Werte, die sie in Mitarbeiterhandbücher drucken, könnten irgendeinen Unterschied bewirken.

Worte brauchen Beweise, Anreize und Beispiele, um zum Leben zu erwachen. Das menschliche Verhalten wird nicht durch Plattitüden, Slogans und Wunschdenken beeinflusst.

Wenn man voraussehen will, was eine Gruppe von Menschen langfristig tun wird, muss man die Anreize betrachten, die ihnen geboten werden, nicht die Anweisungen, die sie erhalten.

Eine der vielen Maßnahmen, die ich implementierte, um die Anreize in der Marketingabteilung neu zu gestalten, war ein Anerkennungsverfahren, das ein Team oder ein Teammitglied feierte, das ein Experiment erfolgreich durchgeführt hatte, unabhängig vom Ergebnis des Experiments. Schließlich ist die Durchführung des Experiments der einzige kontrollierbare Faktor. Ob es auf dem Markt Erfolg hat oder nicht, kann man unmöglich kontrollieren. Daher sollten Anreize sich nicht auf das Ergebnis konzentrieren.

3. BEFÖRDERN UND FEUERN

Ich bat den CEO der Modefirma, diejenigen Mitarbeiter zu finden, die am schnellsten scheiterten, und sie in der Organisation so hoch wie möglich zu befördern. In Unternehmen gibt es nicht die eine Unternehmenskultur; jeder Manager in einer Organisation erschafft eine eigene Subkultur.

In meiner ersten Marketingfirma hatten wir fast dreißig Vorgesetzte, und ich beobachtete immer wieder, dass sich Zufriedenheit, Einstellung und Philosophie eines Teams deutlich von denen des Teams nebenan unterscheiden konnten, nur wegen des Vorgesetzten. Bei dreißig Vorgesetzten gab es bei uns also dreißig Unternehmenskulturen.

> <u>Einfluss sickert nach unten durch</u>: Die Menschen an der Spitze des Unternehmens müssen die größten Verfechter der kulturellen Werte sein.

Wenn man diese Mitarbeiter befördert – oder ihnen eine Gehaltserhöhung gewährt –, sollten alle Teammitglieder erfahren, warum sie befördert wurden, und auf die außergewöhnlich hohe Fehlschlagquote hingewiesen werden.

Auf der anderen Seite sollten Mitarbeiter, die dem Strom neuer Ideen, dem schnellen Scheitern und den Experimenten im Weg stehen, schnellstmöglich aus dem Team entfernt werden. Vor allem dann, wenn diese Mitarbeiter Vorgesetzte sind – ein schlechter Vorgesetzter kann Moral, Motivation und Optimismus eines großartigen Teams aus fähigen, hoffnungsvollen und unternehmerisch denkenden Mitarbeitern zerstören.

4. GENAU MESSEN

Als ich das Mode-E-Commerce-Unternehmen beriet, bat ich den CEO, einen »Experimentierprozess« einzuführen, dem alle folgen sollten. Alle Mitarbeiter sollten kontinuierlich über diesen Prozess weitergebildet werden, mit dem eine neue Idee oder ein Experiment, das sie durchführen wollten, gemessen und kommuniziert werden sollte.

Oft legen Mitarbeiter eine neue Idee nicht vor, weil sie nicht wissen, welchem Prozess sie dabei folgen sollen. Information ist die einfachste Möglichkeit, um psychologische Reibung bei Betriebsabläufen zu beseitigen.

Und schließlich bat ich den CEO, teamweise die Fehlschlagrate der Organisation festzustellen, mit dem klaren Ziel, die Quote bei jedem Team bis Jahresende auf das Zehnfache zu erhöhen.

In der Wirtschaft kann man nur verbessern, was man misst, und das, worauf man sich konzentriert, wächst. Durch sichtbare KPIs (Key Performance Indicators oder Schlüsselkennzahlen) und klare Zielsetzungen, für die man allen Mitarbeitern die Verantwortung überträgt, konnte niemand in der Modefirma noch behaupten, er oder sie sei »zu beschäftigt« für Experimente, weil sie dann – wie die Kaizen-Philosophie vorsieht – wichtiger Teil des Jobs für alle sind.

Die Organisation richtete sich langsam neu aus, schrieb zum ersten Mal nach sieben Jahren im ersten Jahr wieder schwarze Zahlen und fuhr im zweiten Jahr bereits ordentliche Gewinne ein.

Durch die neu entdeckte Kreativität, die Innovation und die ermächtigte Mitarbeiterschaft schien ein völlig neues Unternehmen entstanden zu sein. Die Verbleibquote bei den Mitarbeitern stieg, die Zufriedenheit der Mitarbeiter ebenfalls, und das Unternehmen führte so viele Neuerungen ein wie nie zuvor.

5. FEHLSCHLÄGE TEILEN

Wenn man den optimalen Nutzen aus jedem Fehlschlag ziehen will, sollte man unbedingt die Details jeder widerlegten Hypothese, jedes fehlgeschlagenen Experiments und alle Ergebnisse in der gesamten Organisation verbreiten. Diese Information stellt eine Form von intellektuellem Kapital dar, das als Fundament für zukünftige Experimente verwendet werden kann. Wenn man Fehlschläge offen teilt, kann man verhindern, dass erfolglose Versuche wiederholt werden, die Entwicklung neuer Ideen anregen und eine Kultur kontinuierlicher Experimente fördern. Thomas Edison sagte einst: »Ich habe nicht versagt. Ich habe nur zehntausend Wege gefunden, die nicht funktionieren.«

✯ DAS GESETZ: DU MUSST ERFOLGREICHER SCHEITERN ALS DIE KONKURRENZ

Fehlschläge sind nichts Schlechtes, und um die Erfolgschance zu erhöhen, muss man die Fehlschlagquote steigern. Jedes Mal, wenn man etwas ausprobiert und feststellt, dass es nicht funktioniert, gewinnt man dadurch wertvolle Informationen, die man mit dem Team teilen kann. Unternehmen, die schneller experimentieren, schneller scheitern und dann weiter experimentieren, lassen die Konkurrenz fast immer hinter sich.

Fehlschläge = Feedback.

Feedback = Wissen.

Wissen = Macht.

Durch Fehlschläge gewinnt man Macht.

Gesetz 22:
Halte dich an Plan A

Dieses Gesetz verdeutlicht, dass ein Plan B im Leben die größte Hürde für den Erfolg von Plan A sein könnte.

Die nachfolgende Geschichte hat mein Leben verändert.

Am Freitag, dem 13. Oktober 1972, wachte Nando Parrado nach achtundvierzig Stunden Bewusstlosigkeit wieder auf. Er hatte nicht etwa eine Operation oder ein zweitägiges Besäufnis hinter sich. Nein, er befand sich mehrere Tausend Meter über dem Meeresspiegel in einem Gletschertal in den Anden. Um ihn herum lagen Leichen, verletzte Freunde und Wrackteile ihres abgestürzten Flugzeugs. Sie hatten keine Möglichkeit, um Hilfe zu rufen oder auch nur herauszufinden, wo genau sie waren.

Von den fünfundvierzig Mitgliedern einer uruguayischen Rugbymannschaft, die mit dem Flugzeug zu einem Spiel nach Chile fliegen wollte, hatten nur neunundzwanzig den Absturz überlebt. Zunächst behalfen sie sich, so gut sie konnten, tranken geschmolzenen Schnee und aßen, was sie im Gepäck fanden. Parrado erinnerte sich: »Am ersten Tag lutschte ich langsam die Schokolade [von einer Erdnuss] ab … Am zweiten Tag … lutschte ich [stundenlang] behutsam an der Erdnuss, und hin und wieder gestattete ich mir, einen winzigen Brocken abzubeißen.

Genauso machte ich es auch am dritten Tag, und als von der Erdnuss schließlich nichts mehr übrig war, besaßen wir keinerlei Lebensmittel mehr.«

Eine Woche später drohten sie zu verhungern. Sie hatten ein Transistorradio gefunden und wussten, dass die chilenischen Behörden die Suche nach ihnen eingestellt hatten. Da taten Nando und die anderen Überlebenden das Undenkbare: Sie beschlossen, die Toten zu essen. Sie hatten keine andere Wahl.

Nur wenige Frauen waren im Flugzeug gewesen, unter ihnen Parrados Mutter und seine kleine Schwester, die er zu der Reise eingeladen hatte, damit sie ihn spielen sehen konnten. Seine neunundvierzigjährige Mutter Xenia war bei dem Absturz ums Leben kommen. Sein kleine Schwester Susy hatte zunächst überlebt, starb dann aber eine Woche später in den Armen ihres Bruders.

Als Erstes aßen sie die Leiche des Piloten, weil sie ihn für den Absturz verantwortlich machten. Andere Tote waren tabu, da waren sich die Überlebenden einig, unter ihnen auch Xenia und Susy. Doch Parrado quälte der Gedanke, dass jemand gegen die Übereinkunft verstoßen könnte, und damit hätte er nicht leben können.

Zwei Monate nach dem Absturz verkündete Parrado, er wolle losziehen und Hilfe holen. Er war halb verhungert, hatte keinerlei Erfahrung im Bergsteigen und keine Ahnung, wohin er gehen sollte, aber irgendwie war diese Option besser, als die Leichen seiner Mutter und seiner Schwester zu essen: »Ich wollte nicht ihr Fleisch essen müssen, diesem Moment wollte ich mich nicht stellen«, sagte er.

Nando und sein Freund Robert nähten einen Schlafsack zusammen, improvisierten einen Schlitten und brachen dann auf. Sie beschlossen, höher in die Berge hinaufzusteigen, statt abwärtszugehen, weil sie hofften, von einem höher gelegenen Aussichtspunkt aus besser eine Fluchtroute planen zu können. Nach drei quälenden Tagen hatten sie es irgendwie auf einen 5000 Meter hohen Gipfel geschafft, fanden dort aber ihre Hoffnung enttäuscht:

> Ich erreichte den Gipfel des ersten Berges und erstarrte. Ich konnte weder atmen noch sprechen oder denken. Was ich sah, war grau-

> enhaft: Statt grüner Täler sahen wir Berge und schneebedeckte Gipfel in allen Richtungen, die sich bis zum Horizont erstreckten. Und in dem Moment wusste ich, dass ich tot war. … Aber wir können nicht zurück und die Leichen meiner Mutter und Schwester essen. Wir können nur weitergehen. Wir werden sterben, aber wir werden nicht aufhören, es zu versuchen … Ich werde weitergehen, bis ich aufhöre zu atmen.

Sie stolperten auf der anderen Seite den Berg wieder hinunter und zwangen sich, den Gletscher darunter entlangzugehen. Mit jedem Tag wurden sie schwächer. Die beiden humpelten zehn Tage lang durch das eiskalte Gebirge, durch Tiefschnee und über tödliche Gletscherspalten.

»Wir quälten uns immer weiter voran, unter Schmerzen, alles verschwamm. Die Berge waren so riesig, dass wir nicht voranzukommen schienen. Man setzte sich ein Ziel in der Ferne, von dem man glaubte, man könne es in zwei oder drei Stunden erreichen, aber es war so weit, dass man nie näher zu kommen schien«, sagte er.

Die Körper der Männer begannen zu versagen, sie wurden krank, und dann, am 18. Dezember, kamen sie an einen Fluss. Sie folgten seinem Lauf und fanden Anzeichen dafür, dass vor kurzer Zeit noch jemand dort gewesen war: eine Suppendose, ein Hufeisen, sogar eine Kuhherde. Am 20. Dezember sahen sie am anderen Ufer eines großen Flusses schließlich einen Mann auf einem Pferd.

Die Männer konnten sich über das laute Rauschen des Flusses hinweg nicht verständlich machen, daher ahmte Parrado mit Gesten ein abstürzendes Flugzeug nach, um zu erklären, wer sie waren. Sie befürchteten jedoch, der Mann könne sie für verrückt halten und davonreiten. Stattdessen wickelte der Mann eine Nachricht um einen Stein und warf ihn über den Fluss: »Sagt mir, was ihr wollt.«

Parrado schrieb zurück: »Ich komme von einem Flugzeug, das im Gebirge abgestürzt ist. Wir sind seit zehn Tagen unterwegs. … Wir haben nichts zu essen. … Wir können nicht einmal mehr gehen.« Er erklärte, vierzehn seiner Freunde seien immer noch in den Bergen, dass sie noch lebten und dringend Hilfe brauchten.

Der Mann las die Nachricht und war schockiert, aber er glaubte ihnen. Zehn Stunden lang ritt er zur nächsten Siedlung und kehrte am folgenden Tag mit einer Rettungsmannschaft zurück. Zweiundsiebzig Tage nach dem Flugzeugabsturz wurden Parrado und sein Freund gerettet, und am nächsten Tag führte er die Rettungsmannschaft in einem Hubschrauber zur Absturzstelle, wo die anderen vierzehn Überlebenden gefunden und gerettet wurden.

»Du gehst einfach weiter, weil du nicht zurück kannst«, erklärte er.

Parrados Geschichte erzählt von menschlicher Beharrlichkeit, von Stärke und Mut angesichts tiefster Verzweiflung. Ich war neunzehn Jahre alt, als ich von dieser Geschichte erfuhr, und befand mich gerade in ernsten finanziellen Schwierigkeiten. Ich versuchte, meine erste Geschäftsidee umzusetzen, meine Eltern hatten mich verstoßen, weil ich mein Studium abgebrochen hatte, und an den schlimmsten Tagen stahl ich etwas zu essen oder suchte im Müll nach Essbarem. Ich wohnte in einem sozial schwachen Teil des Landes, ich war allein und pleite.

Parrados Geschichte veränderte mein Leben. Sie gab mir Hoffnung in den dunkelsten Stunden, gab mir neuen Antrieb, als ich ihn am meisten brauchte, und neue Motivation, trotz der verzweifelten Umstände weiterzumachen. Mehrere Jahre harte Arbeit später hatte sich meine Lage völlig geändert: Ich hatte ein erfolgreiches Unternehmen aufgebaut, war finanziell unabhängig und führte ein Leben wie in meinen wildesten Träumen.

»Du gehst einfach weiter, weil du nicht zurück kannst.« Ich konnte nicht zurück. Es gab nichts, wohin ich hätte zurückgehen können. Ich hatte keinen Plan B, und das wurde zur größten Motivation meines Lebens. Wenn der menschliche Verstand alle anderen Möglichkeiten ausschließt und sich auf einen einzigen Weg fixiert, dann bekommt dieser Weg jedes verfügbare Stückchen Leidenschaft, Beharrlichkeit und Kraft. Zögern oder Ablenkung haben dann keinen Platz mehr.

> Du musst es erst selbst glauben, bevor irgendjemand anderes auf der Welt es glaubt – es gibt keinen Grund für einen Plan B, weil der nur von Plan A ablenkt.
>
> **Will Smith**

Hätte mir ein Alternativplan zur Verfügung gestanden, dann ist es gut möglich, dass diese dunkelsten Stunden mich dazu verleitet hätten, ihm zu folgen. Das mag nach einem netten, aber bedeutungslosen Motivationsspruch klingen oder einer unrealistischen Plattitüde. Aber erstaunlicherweise haben Wissenschaftler kürzlich nachgewiesen, dass ein Plan B – bei jedem Ziel – die Erfolgschancen von Plan A unter dem Strich negativ beeinflusst.

☆ VIELLEICHT SOLLTEN WIR ALLES AUF EINE KARTE SETZEN

Jeder hat wohl schon den Ratschlag gehört: »Setz nicht alles auf eine Karte.« Allgemein gilt es als gute Idee, wenn man einen Alternativplan hat, ob es um die Berufswahl geht, um die Bewerbung an einer Universität oder um die Stellensuche. Studien haben gezeigt, dass diese Vorgehensweise den psychologischen Stress lindert, der mit Unsicherheit verbunden ist, aber neue Forschungen haben überraschenderweise auch gezeigt, dass man dafür einen hohen Preis zahlt.

Ein Alternativplan oder auch nur das Nachdenken darüber kann potenziell die Leistung behindern, weil man weniger getrieben ist, sein primäres Ziel zu erreichen.

In drei Studien wurden fast fünfhundert Studenten aufgefordert, ein wichtiges Worträtsel zu lösen, bei dem sie durcheinandergeratene Sätze entwirren sollten. Wenn sie es schafften, bekamen sie einen leckeren Snack. Bevor sie mit der Aufgabe begannen, sollte ein Teil der Studenten sich einen Alternativplan ausdenken, wie sie umsonst auf dem Campus einen Snack bekamen, falls sie das Rätsel nicht lösen konnten.

Die Forscher stellten fest, dass die Studenten, die keinen Plan B hatten, erheblich bessere Leistungen erbrachten als jene mit einem Alternativplan: Sie waren motivierter, schätzten den Erfolg mehr und lösten mehr Rätsel. Nachfolgende Experimente bestätigten die Ergebnisse in anderen Kontexten mit unterschiedlichen Belohnungen (zum Beispiel Geld, andere Vergütungen und Zeitersparnis), und die Ergebnisse waren dieselben.

Die Verhaltensforscherin Katy Milkman schloss aus diesen Versuchen: »Das lässt vermuten, dass der Wille, ein Ziel zu erreichen, nachlässt, wenn man sich einen Alternativplan ausdenkt. Darunter leiden wiederum Einsatz, Leistung und letztendlich auch die Chancen, dieses Ziel tatsächlich zu erreichen. Diese Feststellung gilt für Zielsetzungen, deren Erfolg stark vom Einsatz abhängt.«

Zusätzlich haben Forschungen gezeigt, dass manche Menschen zwar aus Angst zu versagen wie erstarrt sind, dass Versagensangst aber auch den notwendigen Antrieb liefern kann, um ein Ziel zu erreichen. Andere Forschungen haben gezeigt, dass man umso motivierter ist, erfolgreich zu sein, je mehr negative Emotionen man mit einem möglichen Versagen verbindet. Wenn man jedoch einen Alternativplan hat, wird der Erfolgsanreiz verringert, weil man die Angst vor dem Versagen ausgeschaltet hat.

✰ RISIKOBEREITSCHAFT IST NICHT DASSELBE WIE LEICHTSINN

Wenn du das hier gelesen hast und jetzt erwägst, eine tödliche zehntägige Wanderung durch die Anden zu unternehmen, muss ich jede Haftung dafür ablehnen. Ein Risiko einzugehen – wenn man sich völlig darauf fokussiert, ein Ziel zu erreichen –, ist etwas anderes, als sich ganz und gar leichtsinnig zu verhalten.

In meiner Geschichte schwebte ich natürlich nicht in Lebensgefahr. Ich lebe zum Glück in einer Gesellschaft, die mich aufgefangen, mir Nahrung und Obdach gewährt hätte, wenn es notwendig gewesen wäre. Und viele von euch werden Angehörige haben, Hypotheken und andere Verbindlichkeiten, die ihr berücksichtigen müsst. Praktisches Denken muss Priorität haben.

✰ DAS GESETZ: HALTE DICH AN PLAN A

Dieses Gesetz ist eine der unbequemen, unvermeidbaren Realitäten des menschlichen Daseins. Wie viel von uns wir in ein Ziel investieren können – wie viel Denken, Energie und Konzentration –, wirkt sich unmittelbar auf die Wahrscheinlichkeit aus, dass wir es erreichen. Manche nennen es Offenbarung, ich nenne es Plan-A-Denken. Auf dem Weg zu den wichtigsten Zielen ist ein Alternativplan nur Ballast, eine Motivationsbremse und eine Ablenkung.

Wer sich nicht von einem Plan B ablenken lässt, hat mehr Kreativität, Entschlossenheit und Engagement als jeder andere Mensch.

The Diary of a CEO

Gesetz 23: Den Kopf nicht in den Sand stecken

Dieses Gesetz wird dir zeigen, warum ich meinen größten geschäftlichen Fehler beging, als ich mich wie ein Vogel Strauß verhielt, obwohl ich wie ein Löwe hätte kämpfen sollen. Im Berufsleben bedeutet es dein Ende, wenn du den Kopf in den Sand steckst. Dieses Gesetz wird dir beibringen, wie du das vermeidest.

»Gott selbst könnte dieses Schiff nicht versenken«, beteuerte Edward Smith, Kapitän der *Titanic,* als man ihn vor den Gefahren von Eisbergen in der Region warnte.

Stunden später stieß das Schiff mit einem Eisberg zusammen, lief voll mit Wasser und sank. Der Erste Offizier Murdoch, der zum Zeitpunkt der Kollision Wachdienst hatte, soll zum Chefsteward John Hardy gesagt haben: »Ich glaube, sie [die *Titanic*] ist verloren, Hardy.«

Trotz des drohenden Verhängnisses erinnerten sich Passagiere später an eine seltsam ruhige, ungläubige, normale Stimmung auf den Decks. »Einige Leute spielten Karten, ein Mann spielte Violine. Sie waren so gelassen, als wären sie zu Hause im Salon«, sagte die Passagierin Edith Russell.

Ellen Bird, ebenfalls Passagierin, erzählte, einige Leute hätten ihr drohendes Schicksal vollständig ignoriert: »Ich sah, wie ein oder zwei Männer und Frauen aufstanden, aus dem Fenster blickten und sich dann wieder setzten. Offensichtlich hatten sie vor, wieder ins Bett zu gehen.«

William Carter überlebte in einem Faltboot, einem der letzten Rettungsboote, die entkamen. Er sagte, er habe noch versucht, George Widener zu überreden, mit ihm ins Rettungsboot zu kommen. Doch Widener habe Carters Warnung ignoriert und gesagt: »Ich glaube, ich lasse es lieber darauf ankommen.«

Entsprechend leer waren die Rettungsboote, von denen es ohnehin nur wenige gab. Als die Situation ernster wurde, bliesen die Crewmitglieder verzweifelt in ihre Warnpfeifen, schrien panisch Anweisungen, um die Passagiere in die Rettungsboote zu bekommen. Ein Überlebender berichtete, einige Crewmitglieder hätten handgreiflich werden und Leute gegen deren Willen in die Rettungsboote zwingen müssen.

Erst gegen Ende des Sinkvorgangs, nur wenige Minuten bevor das Schiff vollständig unterging, als die meisten Decks bereits überflutet waren, setzte verbreitet Panik ein. Der Zweite Offizier Lightoller musste seine Pistole ziehen, und der Fünfte Offizier Lowe feuerte sogar Schüsse entlang der Reling ab, um zu verhindern, dass Menschen die letzten Rettungsboote überschwemmten, die gerade beladen und heruntergelassen wurden. Ein panisches Crewmitglied drang in den Funkraum ein und versuchte, den Rettungsgürtel des Funkoffiziers Jack Philips zu stehlen, der immer noch funkte.

All dies führte dazu, dass von den 2240 Menschen an Bord fast 70 Prozent starben.

Eine solche Verweigerung ist schwer zu verstehen. Wenn man die Geschichte liest, wirken diese realitätsflüchtigen, teilnahmslosen Passagiere rückblickend dumm, irrational und leichtsinnig. Doch ihre Reaktion ist ein perfektes Beispiel für ein sehr menschliches, sehr verbreitetes Verhaltensphänomen namens **»Vogel-Strauß-Effekt«**.

☆ DER VOGEL-STRAUSS-EFFEKT

Früher glaubte man, dass ein Strauß den Kopf in den Sand steckt, wenn er Gefahr wittert. Dahinter steckt die Vorstellung, der Vogel denke, dass die Gefahr irgendwann vorbeiziehen werde, wenn er sie nicht sieht. Wir Menschen denken manchmal tatsächlich so. Wenn wir mit schwierigen Informationen, Situationen oder Gesprächen konfrontiert werden, verhalten wir uns oft, wie man es dem Strauß nachsagte, und stecken den Kopf in den Sand.

Wir Menschen sind darauf programmiert, Unbehagen zu vermeiden. Wenn wir zu viel ausgegeben haben, schauen wir lieber nicht nach dem Kontostand, schwierigen Gesprächen, die wir nicht führen wollen, gehen wir aus dem Weg. Ein größeres Problem ist, dass wir den Arzttermin aufschieben, um keine schlechten Nachrichten über unsere Gesundheit hören zu müssen.

Ein kürzlich veröffentlichter Bericht der britischen TSB-Bank enthüllte, dass Briten insgesamt 55 Millionen britische Pfund im Monat verlieren, weil sie sich nicht mit ihren Finanzen beschäftigen und einfache Veränderungen vornehmen. Eine Nachfolgestudie fand heraus, dass Investoren den Wert ihres persönlichen Investmentportfolios eher checkten, wenn die Märkte insgesamt im Aufwind waren, aber nicht, wenn die Kurse stagnierten oder fielen.

In einer überraschenderen Studie mit 7000 Frauen im Alter von fünfzig bis vierundsechzig Jahren fanden Forscher heraus: Frauen, die hörten, dass bei einer Kollegin Brustkrebs diagnostiziert wurde, gingen mit fast 10 Prozent geringerer Wahrscheinlichkeit selbst zu einer kostenlosen Vorsorgeuntersuchung.

Wenn der Vogel-Strauß-Effekt eintritt, haben wir nicht nur Angst, die Angst hat uns, und diese Angst drängt uns dazu, unseren Blick von dem abzuwenden, das uns am meisten ängstigt. Der Psychiater George Vaillant schreibt: »Verweigerung kann gesund sein und Menschen ermöglichen, mit Angst umzugehen, statt von ihr immobilisiert zu werden. Oder sie kann nicht hilfreich sein, eine Selbsttäuschung erzeugen, die die Realität auf gefährliche Weise verändert.«

Im Unternehmertum macht der Vogel-Strauß-Effekt allzu oft den Unterschied zwischen Erfolg und Misserfolg eines Unternehmens aus. Bei Umfragen des Unternehmensdienstleisters Leadership IQ wurden Daten von mehr als eintausend Vorstandsmitgliedern aus fast dreihundert Organisationen zusammengetragen, die ihren CEO gefeuert hatten. Dabei stellte man fest, dass 23 Prozent dieser Entlassungen mit »Realitätsverleugnung« begründet wurden, 31 Prozent mit »Missmanagement von Veränderungen«, 27 Prozent mit »Duldung leistungsschwacher Mitarbeiter« und 22 Prozent mit »Inaktivität«. Das alles sind häufige Symptome des Vogel-Strauß-Effekts in Unternehmen.

Im Geschäftsleben hat die Person mit den wenigsten blinden Flecken die größte Chance auf den Sieg.

Wenn wir besonders nah an der Realität sind, denken wir besser, treffen bessere Entscheidungen und erzielen bessere Ergebnisse. Die Geschichten von Kodak, Nokia, Blockbuster, Yahoo, BlackBerry und MySpace zeigen beispielhaft, dass jene, die sich als besonders unsichtbar empfinden, häufig besonders gefährdet sind, angesichts von Innovation, Veränderungen und unbequemen Wahrheiten in den Vogel-Strauß-Modus zu verfallen.

✯ WIE MAN VERMEIDET, ZUM VOGEL STRAUSS ZU WERDEN

Als Vorbereitung für dieses Buch habe ich in meinem Büro in New York den weltberühmten Autor Nir Eyal interviewt. Er hatte mehrere Jahre lang untersucht, was Menschen zu den besten und schlechtesten Zeiten zu ihrem Verhalten motiviert. Er sagte mir:

> Die Menschen glauben, sie seien vom Streben nach Vergnügen motiviert, doch das stimmt nicht. Der Antrieb besteht darin, Unbehagen vermeiden zu wollen. Sogar Sex – und die Erregung, die er erzeugt – ist eine Form des Unbehagens, von dem wir uns befreien wollen. Die meisten Menschen leugnen die unbequeme Wahrheit, dass Ablenkung immer eine ungesunde Realitätsflucht ist. Wie wir mit unbequemen inneren Triggern umgehen, bestimmt, ob wir einem gesunden Antrieb folgen oder selbstzerstörerischen Ablenkungen.

In meinem eigenen Berufsleben gehört keine erfolglose Geschäftsentscheidung, die ich getroffen habe, zu den größten Fehlern. Ich bereue nur die instinktiv offensichtlichen, aber furchtbar unbequemen Entscheidungen, die ich *nicht* getroffen habe: die Dinge, denen ich mich aus Angst, Unsicherheit oder Furcht nicht gestellt habe. Die Person, die ich nicht gefeuert habe, obwohl ich wusste, dass ich es hätte tun müssen, das Gespräch mit einem Kunden, das ich vermied, aber hätte führen müssen, und die Warnung, die ich gegenüber dem Aufsichtsrat hätte aussprechen müssen, aber immer weiter hinauszögerte.

Auch in romantischen Beziehungen kann der Vogel-Strauß-Effekt eine toxische Wirkung entfalten: Man vermeidet schwierige Gespräche und unangenehme Themen und tut so, als wäre alles in Ordnung. Das sind Symptome, wenn eine schwächelnde Beziehung von Co-Verweigerung und gegenseitiger Vermeidung zusammengehalten wird, wenn beiden Parteien die Worte, der Mut oder die Überzeugung fehlen, um sich ihren unbefriedigten Bedürfnissen zu stellen. Es kommt zum Streit, aber meist wird um das Falsche gestritten. In einer Beziehung führt man die falschen Gespräche, wenn man immer wieder die gleichen Gespräche führt. Dann vermeidet man die unangenehme Unterhaltung, die man eigentlich haben sollte.

Schmerz ist in allen Lebensbereichen unvermeidbar, aber der Schmerz, den wir verursachen, indem wir versuchen, Schmerz zu vermeiden, ist vermeidbar.

Im Geschäftsleben bekommen die Mitarbeiter den Schmerz des Vogel-Strauß-Effekts und des dadurch erzeugten ungelösten Konflikts zu spüren, bei der Kindererziehung sind es die Kinder, und im eigenen Leben fühlt man es im Denken, im Körper und in der Seele.

Ein Mitarbeiter des Weißen Hauses während der Kennedy-Regierung erzählte einst, es sei immer deutlich erkennbar gewesen, wenn der Präsident und die First Lady sich gestritten hätten. Auf die überraschte Reaktion des Interviewers, dass ihre Beziehung so durchschaubar gewesen sei, antwortete der Mitarbeiter:

> Tatsächlich waren sie sehr diskret bezüglich ihrer Eheprobleme, aber wir erkannten, wenn sie sich gestritten hatten, an den Interaktionen ihrer persönlichen Mitarbeiter untereinander. Wenn die Friseure und Fahrer stritten, lag das an einem Konflikt zwischen JFK und Jackie, das wussten wir. Wenn sich diese Leute zusammenrissen, dann wussten wir, dass beim Präsidentenpaar alles in Ordnung war.

Im Kern dieser Geschichte um die Kennedys steht die Vorstellung, dass ein Konflikt sich zwischen allen Ebenen eines Sozialsystems überträgt. Wenn ein Konflikt ungelöst bleibt, weil wir lieber den Kopf in den Sand stecken, dann steht er nicht einfach ruhig in der Ecke und wartet darauf, dass man sich um ihn kümmert; er wird toxisch, ansteckend und vergiftet unsere Umwelt, und mit jedem Tag, den er ungelöst bleibt, verursacht er mehr Kollateralschäden.

Vor fünf Jahren erkannte ich, dass ich mein eigenes Vogel-Strauß-Verhalten irgendwie überwinden musste, damit ich mich den unangenehmen Tatsachen meines Privat-, Geschäfts- und Liebeslebens zügig und ehrlich stellen konnte. Ich glaube, man kann sein höchstes Potenzial nur erreichen, wenn man eine gute Beziehung zu Unbehagen, schlechten Nachrichten und unbequemen Wahrheiten pflegt. Mithilfe von Ratschlägen aus Verhaltensökonomie, Psychologie und Soziologie entwickelte ich mein eigenes Vier-Schritte-Programm, um mit Unbehagen umzugehen und Prokrastination zu vermeiden.

SCHRITT 1: INNEHALTEN UND ANERKENNEN

Der erste Schritt besteht darin, innezuhalten und sich selbst gegenüber einzugestehen, dass etwas nicht stimmt. Zu solchen Momenten des Innehaltens kommt es meistens, wenn man merkt, wie machtvoll und langlebig die eigenen ungewollten Emotionen sind. Wenn man nicht innehält, kann man nicht genügend Raum für den nächsten Schritt schaffen.

SCHRITT 2: SELBSTBETRACHTUNG

Im nächsten Schritt betrachtet man die eigenen Gefühle, Verhaltensweisen und Emotionen. Diese Überprüfungen sind entscheidend. Sie ermöglichen, in Worte zu fassen, was man bisher nur gespürt hat: Dass etwas im Inneren schiefliegt, falsch ausgerichtet ist, dass ein Bedürfnis nicht befriedigt wird oder eine Angst die Oberhand gewonnen hat.

Menschen, die innehalten und sich mit sich selbst beschäftigen, sind wie Detektive, die wissen, dass ein Verbrechen geschehen ist –

sie sehen die Spuren, die es hinterlassen hat, aber sie können den Schuldigen noch nicht identifizieren. Um solche Verbrechen aufzuklären, braucht man in der Regel Hilfe von anderen. Menschen brauchen Hilfe, um aus ihrer eigenen Erzählung herauszutreten und sich selbst korrekt zu diagnostizieren, statt einfach mit ihren bevorzugten Betrachtungsweisen und Schuldzuweisungen zu arbeiten.

SCHRITT 3: DIE EIGENE WAHRHEIT AUSSPRECHEN

Der nächste Schritt besteht darin, die eigene Wahrheit auszusprechen. Teile die Ergebnisse deiner Selbstbetrachtung mit anderen. Verzichte dabei auf Schuldzuweisungen, und betone deine eigene Verantwortung. Wenn das geschieht, bewegen sich unbearbeitete zwischenmenschliche Konflikte von den falschen Gesprächen hin zu den richtigen Gesprächen.

Beim Vogel-Strauß-Effekt wenden sich Menschen von den Emotionen, die sie im Griff haben, ab und sprechen sie nicht direkt an. Sie wenden den Blick ab, interpretieren die Probleme falsch und lenken sich mit anderen Dingen ab. Das zugrunde liegende Problem bleibt unausgesprochen. Dieses Schweigen verstärkt den Vogel-Strauß-Effekt. Sein Klammergriff wird in den Momenten gelockert, in dem Menschen bisher Unausgesprochenes aussprechen. Die Wissenschaft hat gezeigt, dass Menschen paradoxerweise einander näherkommen, wenn sie gemeinsam darüber sprechen, was sie trennt.

SCHRITT 4: DIE WAHRHEIT SUCHEN

Der letzte Schritt sieht vor, demütig nach der Wahrheit zu suchen – was angesichts von kognitiven Verzerrungen, Selbstgerechtigkeit und Ignoranz leichter gesagt als getan ist. Dazu muss man zuhören und auch verstehen wollen. Nicht aus der Perspektive eines Gegners, der nach einem Sieg strebt, sondern aus der Sicht eines Partners, der die geduldige Absicht hat, eine Schwierigkeit zu überwinden.

Wenn man die Wahrheit sucht, hört und versteht, kann das Unbehagen auslösen, und man könnte versucht sein, den Kopf wieder in den Sand zu stecken. Dann ist es wichtig, wieder zum ersten Schritt zurückzugehen, innezuhalten und den Vorgang zu wiederholen, bis man ihn bis zum Ende durchgeführt hat.

☆ DAS GESETZ: DEN KOPF NICHT IN DEN SAND STECKEN

Unangenehme Realitäten und schwierige Gespräche zu vermeiden, ist nicht hilfreich – weder im Geschäftsleben noch in persönlichen Beziehungen. Man muss sich eingestehen, dass etwas nicht stimmt, beurteilen, was man dagegen unternehmen kann, die Ergebnisse mit anderen teilen und zur Wahrheit vordringen, so herausfordernd das auch sein mag.

Wer langfristig Erfolg in Geschäft, Beziehungen und Leben haben will, muss die unbequemen Wahrheiten so schnell wie möglich akzeptieren lernen.

Wer sich weigert, eine unbequeme Wahrheit zu akzeptieren, entscheidet sich stattdessen für eine unbequeme Zukunft.

The Diary of a CEO

Gesetz 24: Betrachte Druck als Privileg

Dieses Gesetz legt dar, dass Bequemlichkeit uns geistig, körperlich und emotional langsam umbringt. Es verdeutlicht, wie und warum man die Schwierigkeiten des Lebens als Privileg betrachten sollte.

Nach neununddreißig Grand-Slam-Siegen erwartete jeder, dass Billie Jean King gewinnen würde. Die Leute zählten auf sie. Für jeden anderen hätte der Druck zu viel sein können, aber nicht für sie. Sie hatte unerreichte zwanzig Siege in Wimbledon gewonnen, die gesamte Tenniswelt verfolgte ihr Spiel. Auf die Frage, wie sie mit der unvorstellbaren Last der weltweiten Erwartungen umgehe, antwortete Billie Jean King gelassen: **»Druck ist ein Privileg – ihm unterliegen nur jene, die ihn sich verdient haben.«**

Die Aussage »Druck ist ein Privileg« ruft selbstverständlich gemischte Reaktion hervor, wie die meisten stark vereinfachten Mantras. Wer das hört, versteht: »Stress ist ein Privileg«, daher ist es wichtig klarzustellen, dass Stress und Druck zwei völlig verschiedene Dinge sind. Stress ist eine interne psychologische Reaktion, und Druck ist ein externer Umwelteinfluss. Druck kann guten wie schlechten Stress auslösen, abhängig von der Person, aber Druck an sich ist nicht für den Stress verantwortlich. Druck ist eine subjektive Situation, keine objektive Emotion, und der eine kann starken Druck als Stress empfinden, der andere als Vergnügen.

Ich mag nicht jeden Druck, dem ich unterliege – vor allem nicht derzeit –, und kein Druck ist einfach. Oft werde ich davon auf eine Weise herausgefordert, für die ich mich nie freiwillig gemeldet hätte, aber der größte Druck ging immer den größten Privilegien voraus. Druck und Privilegien haben eindeutig eine untrennbare Verbindung, die ich als befreiend, motivierend und beruhigend empfinde. Druck lässt gleichzeitig deutlich werden, wer ich bin und wer ich nicht bin, er zeigt, wie weit ich gekommen bin und wie weit ich noch gehen muss. Für mich ist ein Leben ohne Druck ein Leben ohne Sinn. Der Druck ist nicht das Problem – wie gesagt, ist Druck weder gut noch schlecht –, aber unsere Sicht auf und unsere Einstellung zu Druck, wie wir ihn bewerten und welchen Stress er auslöst, kann zielgerichtete oder tödliche Konsequenzen haben.

✯ EINE KALTE, DUNKLE NACHT AN DER FLANKE DES EVEREST

Druck ist keine Frage von Leben und Tod, aber die eigene Sicht darauf könnte es sein.

An der Universität von Wisconsin führten Wissenschaftler eine Studie zu Stress mit 30.000 erwachsenen US-Amerikanern durch. Die Probanden sollten Fragen beantworten wie: »Wie viel Stress haben Sie im letzten Jahr erlebt?«, und: »Glauben Sie, dass Stress Ihrer Gesundheit schadet?« Acht Jahre später überprüften sie im öffentlichen Sterberegister, wer von den Probanden noch am Leben war. Wenig überraschend ergab die Studie, dass die Menschen, die während des in der Studie abgefragten Zeitraums viel Stress hatten, ein um 43 Prozent erhöhtes Sterberisiko hatten. Aber – und das ist ein großes Aber – das traf nur auf die Probanden zu, die nach eigenen Angaben glaubten, dass Stress schädlich für die Gesundheit sei. Wer viel Stress erlebte, ihn aber nicht als negativ betrachtete, hatte kein erhöhtes Sterberisiko. Tatsächlich hatten diese Menschen laut Analyse das niedrigste Sterberisiko von allen Studienteilnehmern, auch im Vergleich zu den Menschen, die angegeben hatten, relativ wenig Stress zu haben. Die Wissenschaftler schätzten, dass in den acht Jahren, in denen sie die Tode nachverfolgten, 182.000 US-Amerikaner vorzeitig starben – nicht durch Stress, sondern durch die Überzeugung, Stress sei schädlich. Kelly McGonigal ist Gesundheitspsychologin und Dozentin an der Stanford-Universität. In einem TED-Talk zu dieser Studie hob sie hervor: Wenn die Schätzung der Forscher korrekt war, wäre die Überzeugung, dass Stress der Gesundheit schadet, die fünfzehnthäufigste Todesursache in den Vereinigten Staaten und würde mehr Menschen das Leben kosten als Hautkrebs, HIV/Aids und Mord.

Erinnerst du dich, wann du das letzte Mal echten Druck gespürt hast? Vielleicht hat dein Herz gerast, dein Atem ging schneller, du hattest feuchte Hände. Gewöhnlich interpretieren wir diese körperlichen Symptome als Angst oder als Anzeichen dafür, dass wir mit Druck nicht gut umgehen können.

Aber was wäre, wenn man die Symptome anders betrachten würde – als Anzeichen dafür, dass der Körper Energie bereitstellt, um sich einer Herausforderung zu stellen? Genau das sagten Wissenschaftler an der Harvard-Universität zu Probanden in einer Studie, bevor sie überprüften, wie sie unter hohem Druck reagierten. Jene Teilnehmer, die angewiesen worden waren, eine Stressreaktion als hilfreich für ihre Leistung zu betrachten, fühlten sich weniger ängstlich, waren zuversichtlicher und erbrachten bessere Leistungen. Besonders interessant war, wie sich ihre physiologische Stressreaktion veränderte. Normalerweise steigt bei Stress die Herzfrequenz, und die Blutgefäße ziehen sich zusammen – ein ungesunder Zustand, wenn er anhält.

Auch in der Studie, in der die Teilnehmer ihre physiologischen Symptome als vorteilhaft betrachteten, stieg die Herzfrequenz bei den Probanden an, aber ihre Blutgefäße blieben entspannt und offen, wodurch die Herz-Kreislauf-Reaktion deutlich gesünder ausfiel. McGonigal bemerkte, dass Probanden, die Stress als vorteilhaft betrachteten, ein ähnliches kardiovaskuläres Profil hatten wie Menschen, die Freude oder Mut verspüren.

Alison Wood Brooks, Professorin an der Harvard Business School, hat gezeigt, dass Menschen, die Angst als Aufregung neu interpretieren, ihre Leistung etwa im Verkauf, bei Verhandlungen oder öffentlichen Reden verbessern können.

Diese eine psychologische Veränderung der Denkweise und die körperliche Transformation, die sie auslöst, könnten entscheiden, ob man mit sechzig Jahren an einem durch Stress verursachten Herzinfarkt stirbt oder neunzig Jahre alt wird.

Das Ziel besteht nicht darin, den Druck loszuwerden, sondern die Einstellung zu ihm völlig zu verändern.

Eine wichtige Methode, seine Einstellung zu Druck zu verbessern, ist, sich an das positive Privileg, die Bedeutung und den Kontext zu erinnern, in dem er existiert. Der Unterschied zwischen Erwartungsdruck – wenn man eine Firma aufbaut, an einem Wettkampf teilnimmt oder ein Kind großzieht – und dem Druck, dem ein unterbezahlter Fabrikarbeiter ausgesetzt ist, dem die Entlassung droht, wenn er seine Arbeitsleistung nicht erhöht, ist unsere Einstellung. Druck, den wir als freiwillig, bedeutungsvoll und hoch autonom betrachten, wird als Privileg empfunden. Durch Zwang auferlegter, bedeutungsloser, wenig autonomer Druck fühlt sich hingegen eher wie psychischer Schmerz an.

»Nur eine weitere kalte, dunkle Nacht an der Flanke des Everest« ist eine Phrase, die ich in den letzten fünf Jahren in den schwierigsten Momenten wiederholt habe, um mir den Kontext meines Stresses wieder ins Bewusstsein zu rufen.

Wenn Bergsteiger sich den Mount Everest vornehmen, wäre es naiv, mit einem problemlosen Aufstieg zu rechnen. Dasselbe gilt natürlich auch, wenn man ein Unternehmen gründet, einen Universitätsabschluss anstrebt oder ein Kind großziehen will: All diese Dinge haben Druck, Stress und Schmerzen zur Folge, aber weil sie subjektiv den Druck wert sind, fühlt er sich anders an, womöglich genießt man ihn sogar.

Man fühlt sich eher wie ein Opfer des Drucks im Leben, wenn man den Kontext dieses Drucks vergisst. Die wichtigsten Herausforderungen im Leben bringen ein paar dunkle Nächte an der Flanke des Everest mit sich.

BETRACHTE DRUCK ALS PRIVILEG

Glücklicherweise kann man seine Einstellung zu Druck verändern. Eine Studie fasste mehrere Jahre qualitativer und empirischer psychologischer Forschungen zusammen und veröffentlichte die Ergebnisse ihrer Arbeit mit Führungskräften, Studenten, Navy-SEALs und Profisportlern in der *Harvard Business Review*. Die Forscher stellten fest, dass Menschen, die Stress als leistungssteigernd empfanden, bei der Arbeit bessere Leistungen erbrachten und weniger negative gesundheitliche Auswirkungen aufwiesen als solche, die Stress als negativ und kräftezehrend sahen.

Wenn man die eigene Reaktion auf Stress und Druck verändert, kann man sich die kreative Kraft von Stress zunutze machen und gleichzeitig seine nachteiligen Effekte minimieren. Ich habe das geschafft, indem ich dem Drei-Schritte-Programm aus der *Harvard Business Review* folgte, das ich hier teilen werde, plus einem vierten Schritt, den ich selbst hinzugefügt habe.

SCHRITT 1: WAHRNEHMEN

Ihn sich bewusst zu machen, ist der erste Schritt, um jede Art von kognitivem Zyklus zu durchbrechen. Man sollte ihn nicht leugnen, vermeiden oder sich davon lähmen lassen, sondern ihn stattdessen aussprechen und benennen. So verändert man, wie das Gehirn reagiert, weil es die bewussten, willentlichen Bereiche des Gehirns aktiviert statt der ältesten, automatischen, reaktiven Zentren. Die *Harvard Business Review* erklärt:

> In einer Studie bekamen Probanden bei einem Gehirnscan emotional negative Bilder gezeigt. Wenn sie benennen sollten, welche Emotion die Bilder hervorriefen, verschob sich die neurale Aktivität von der Amygdalaregion (dem Sitz der Emotionen) zum präfrontalen Kortex, dem Bereich des Gehirns, in dem bewusstes Denken stattfindet. Wenn man Stress also bewusst anerkennt, kann man die instinktive Reaktion anhalten und eine förderlichere Reaktion wählen.

Außerdem scheint es kontraproduktiv zu sein, wenn man versucht, Stressgefühle zu leugnen oder zu ignorieren. Forschungsergebnisse von Peter Salovey und Shawn Achor in der *Harvard Business Review* haben gezeigt, dass jene von uns, die Druck als kräftezehrend empfinden und ihn möglichst vermeiden, Stress entweder überkompensieren oder auf ihn unterreagieren. Wer jedoch die positiven Seiten von Stress anerkennt, zeigt eine gemäßigtere Cortisolantwort auf Stress. In der Praxis bedeutet das, dass diese Personen »in Stresssituationen offener für Feedback sind und ihn bereitwilliger anstreben, was ihnen helfen kann, zu lernen und langfristig zu wachsen«.

SCHRITT 2: TEILEN

Eine Studie, die an der Universität von Buffalo durchgeführt wurde, stellte fest, dass jede größere Lebenserfahrung, die Stress auslöste, das Sterberisiko eines Erwachsenen um 30 Prozent erhöhte – wenn sie danach nicht über längere Zeit den Austausch mit geliebten Menschen oder ihrem nächsten sozialen Umfeld suchten. In dem Fall gab es kein erhöhtes Sterberisiko.

Wenn wir unseren Stress mit einer Unterstützergemeinschaft teilen, verändert das seine psychologischen Auswirkungen völlig. Wenn wir bei Stress den Kontakt zu anderen suchen, entsteht eine unglaubliche Resilienz.

SCHRITT 3: IN DEN RICHTIGEN KONTEXT SETZEN

Entscheidend dafür, sich den Druck »zu eigen machen« zu können, ist, seine positive Rolle und die machtvollen Signale, für die er steht, anzuerkennen. Wir empfinden Druck, wenn uns etwas wichtig ist, wenn etwas auf dem Spiel steht, wenn es uns etwas bedeutet. Wenn man Druck in diesen Kontext setzt, entfesselt das eine positive Motivation und beruhigt die körperliche Reaktion.

Der Kontext erinnert einen daran, dass dies nur eine weitere kalte Nacht an der Flanke des Everest ist – ein Berg, zu dessen Besteigung man sich entschlossen hat und der es wert ist, bestiegen zu werden.

Über das Training der Navy-SEALs sagt der ehemalige SEAL-Commander Curt Cronin:

> Der Führungskader entwickelt Szenarien, die exponentiell stressiger, chaotischer und dynamischer sind als jede Kampfoperation, damit das Team lernt, [sich] unter schwierigsten Umständen zu zentrieren. Wenn der Stress im Training unerträglich wird, können wir ihn uns zu eigen machen, weil wir letzten Endes wissen, wofür wir uns entschieden haben – ein Mitglied eines Teams zu sein, das jede Mission erfolgreich durchführen kann.

Und diesen Druck auszuhalten, lohnt sich.

SCHRITT 4: NUTZEN

Wenn man unter Druck steht, kann Stress helfen, erfolgreich zu sein. Der evolutionäre Zweck von Stress besteht darin, den Menschen geistig und körperlich zur Höchstleistung zu pushen; er mobilisiert zusätzliche Kräfte und ermöglicht es, sich dem Problem zu stellen. Körperlich reagieren wir auf Stress, indem wir Hormone wie Adrenalin und Dopamin ausschütten, die Gehirn und Körper mit dringend benötigtem Blut und Sauerstoff versorgen. Das erzeugt einen höheren Energiezustand, erhöht die Wachsamkeit und verstärkt die Konzentration.

Was für eine wundervolle Methode unseres Körpers, um uns vorzubereiten. Dagegen sollte man nicht ankämpfen, sondern sie nutzen.

Der ehemalige Commander der Navy-SEALs Cronin sagte kürzlich: »Die Frage ›Wie können wir diese Erfahrungen zu unserem Vorteil nutzen?‹ stellen zu lernen und gezwungen zu werden, sie als Antrieb zu nutzen, erwies sich als wirksames Werkzeug für unsere Kämpfenden, Teams und unsere Organisation, um erfolgreich zu sein, nicht trotz des Stresses, sondern wegen ihm.«

Der ehemalige US-Präsident Theodore Roosevelt hat gesagt, wenn wir schon scheitern, dann scheitern wir wenigstens, während wir »Großes wagen«. Das sei als Schicksal »den kalten und furchtsamen Seelen, die weder Sieg noch Niederlage kennen« vorzuziehen.

☆ DRUCK KANN LEBEN RETTEN

Bei der Vorbereitung für dieses Buch habe ich mehr als zehn Gesundheitsexperten zum Thema Stress, Druck und seinen gesundheitlichen Auswirkungen befragt. Gary Brecka, Gründer von 10X Health, sagte etwas, das die überraschendsten häufig genannten Bedenken gut zusammenfasst:

Wir leben in einer Bequemlichkeitskrise. Wir ersticken uns selbst durch Bequemlichkeit, indem wir die schwierigen Dinge, die gut für unsere Gesundheit sind, vermeiden. Altern ist unser aggressives Streben nach Bequemlichkeit.

Er glaubt, Menschen würden unter dem richtigen Druck gedeihen, seien von Natur aus für ein Leben unter dem richtigen Druck ausgelegt. Er sagt, wir sollten extreme Kälte und Hitze erleben – wir sind nicht dafür gedacht, in perfekt temperierten Umgebungen zu existieren. Und wir sollten unsere Körper physischer Belastung aussetzen; wir sind nicht fürs ständige Sitzen gemacht.

Andere Gesundheitsexperten sagten mir, der Preis, den man bezahle, wenn man diese Arten von physiologischem Druck vermeide, sehe man an der Fettleibigkeitskrise, der zunehmenden Zahl an Herzerkrankungen und vieler vermeidbarer Erkrankungen.

Beruflicher, psychischer und körperlicher Druck ist so häufig ein Privileg, bei dem wir uns entschieden haben, es zu ignorieren, weil er … »schwierig« ist, und wie bereits erwähnt, sind wir Unbehagen vermeidende Menschen. Doch in allen Aspekten ist »schwierig« der Preis, den wir heute für ein »einfaches« Morgen zahlen.

★ DAS GESETZ: BETRACHTE DRUCK ALS PRIVILEG

Druck muss nichts Negatives sein und kann – im richtigen Kontext – energetisierend wirken. Wenn man den Druck anerkennt, ihn sich zu eigen macht und nutzt, kann das zum machtvollen Werkzeug werden, wenn es darum geht, die Ziele in Beruf und Leben zu erreichen.

Bequem und einfach sind kurzfristige Freunde, aber langfristige Feinde. Wer Wachstum anstrebt, sollte sich für die Herausforderung entscheiden.

The Diary of a CEO

Gesetz 25:
Die Macht negativer Manifestation

Dieses Gesetz lehrt die wunderbare Macht dessen, was ich als negative Manifestation bezeichne, und wie sie helfen kann, Warnsignale, zukünftige Risiken und andere Hindernisse auf dem Weg zum Erfolg zu erkennen.

Eine Frage hat meiner Erfahrung nach mehr finanzielle Verluste und mehr Verschwendung bei Zeit und Ressourcen verursacht als jede andere. Diese Frage, deren Bedeutung ich durch eine ganze Reihe von Patzern, Fehl- und Rückschlägen erkannt habe, wird häufig nicht gestellt, weil sie Unbehagen in uns auslöst.

Wenn man diese Frage aber vermeidet, bringt einen das in eine riskante Position, ähnlich wie den sprichwörtlichen Vogel Strauß, würde er tatsächlich seinen Kopf in den Sand stecken wie in Gesetz 22 beschrieben. Aber ganz egal, ob man diese Frage nun stellt oder nicht, man wird die Antwort so oder so irgendwann herausfinden – entweder gleich durch eine unbequeme Unterhaltung oder in der Zukunft auf sehr viel schmerzhafterem Weg.

Im Jahr 2013, als ich den Wert dieser Frage durch eine schmerzhafte Lektion lernte, war ich achtzehn Jahre alt.

Ich arbeitete gerade an einer Online-Plattform für Studenten, die ich »Wallpark« nannte. Nachdem ich drei Jahre Lebenszeit, das Geld von Kapitalgebern und ganz sprichwörtlich Blut, Schweiß und Tränen in das Projekt investiert hatte, endete es als Fehlschlag.

Wie ein anderes Sprichwort sagt, ist man hinterher immer klüger. Rückblickend sind die Gründe für mein Scheitern offensichtlich: Ich stand, ohne es zu wissen, in Konkurrenz zu Facebook in einem Wettbewerb, den ich nicht gewinnen konnte.

Aber für diese Erkenntnis hätte es keinen Rückblick gebraucht, ich hätte den Fehlschlag nicht erleben müssen, um ihn zu erkennen. Wenn ich nur die Demut, Erfahrung und Stärke gehabt hätte, mir eine einfache Frage zu stellen, hätte ich wahrscheinlich die Verschwendung an Zeit, Geld und Mühen vollständig vermeiden können.

Die entscheidende Frage lautet: Warum wird dieser Plan scheitern?

Diese Frage mag simpel und offensichtlich wirken, doch bei einer Umfrage unter mehr als tausend Start-up-Gründern gaben nur überraschende 6 Prozent an, sie wüssten, warum ihr Plan scheitern könnte, während unglaubliche 87 Prozent glasklar wussten, warum sie Erfolg haben würden.

In der Realität scheitern die meisten Start-ups irgendwann, und wenn sie es tun, wird den Gründern plötzlich das Offensichtliche klar: Die meisten führen ihr Scheitern darauf zurück, dass sie ihre Erfolgschancen überschätzt und die Risiken unterschätzt haben.

Laut Angaben der Small Business Administration (US-Behörde für kleine Unternehmen) in den Vereinigten Staaten räumen 52 Prozent der gescheiterten Gründer ein, sie hätten die Ressourcen, die für einen Erfolg nötig gewesen wären, unterschätzt, 42 Prozent gaben zu, sie hätten nicht realisiert, dass der Markt ihr Produkt nicht wollte, und 19 Prozent beichteten, sie hätten die Konkurrenz unterschätzt.

Ich bin überzeugt, dass die entscheidende, aufschlussreichste Frage, die diese erfolglosen Start-up-Gründer sich und ihren Kollegen hätten stellen sollen, bevor sie ihr Unternehmen gründeten, lautet: »Warum wird dieser Plan scheitern?« Sowohl Ärzte als auch Patienten können bestätigen, dass Vorsorge besser ist als Heilung, und im Geschäftsleben ist Prävention unmöglich, ohne sich voller Demut der Möglichkeit eines Fehlschlags zu stellen, bevor man anfängt.

Vor allem aus fünf Gründen scheuen wir davor zurück, diesen Dialog zu führen oder auch nur die Möglichkeit eines Scheiterns in Betracht zu ziehen. Diese fünf psychologischen Verzerrungen, die in zahlreichen Studien zuverlässig bestätigt wurden, verhindern wahrscheinlich, dass ein Gründer und sein Team die folgenden, scheinbar einfachen, doch notwendigen Fragen stellen:

1. *Optimismusverzerrung:* Tali Sharot sagte mir, 80 Prozent von uns hätten diese Verzerrung. Sie sorgt dafür, dass wir uns auf das Positive konzentrieren und das Negative ignorieren. Sie hat verhindert, dass ich die Frage »Warum wird Wallpark scheitern?« gestellt habe, weil ich instinktiv glaubte und wollte, dass alles gut geht. Man nimmt an, dass diese Verzerrung uns einen evolutionären Vorteil verlieh – Optimismus half uns, mehr Überlebensrisiken einzugehen, neue Umgebungen zu erkunden und neue Ressourcen aufzuspüren, aber im Berufsleben verhindert er, dass wir die Risiken angemessen einschätzen.
2. *Bestätigungsfehler:* Diese Verzerrung haben wir alle bis zu einem gewissen Grad. Sie sorgt dafür, dass wir auf Informationen achten, die unsere Vorstellungen und Hypothesen stützen. Bei mir führte sie dazu, dass ich vor allem jene Informationen auf- und annahm, die bewiesen, dass Wallpark eine gute Idee war, und alle Daten, E-Mails und Rückmeldungen ignorierte, die etwas anderes nahelegten. Forschungen zeigen, dass diese menschliche Verzerrung unsere Selbstachtung stärkt und uns emotionale Sicherheit gibt, weil sich dadurch unser Weltbild konsistent, kohärent und korrekt anfühlt.
3. *Selbstwertdienliche Verzerrung:* Diese Verzerrung betrifft die meisten von uns in unterschiedlichem Ausmaß und macht uns glauben,

dass Erfolg und Scheitern das Ergebnis unserer eigenen Kompetenzen und Bemühungen seien. Mich hat sie auf jeden Fall davon abgehalten, über die Gründe nachzudenken, aus denen Wallpark scheitern könnte, weil ich meine eigenen Fähigkeiten überschätzte und gleichzeitig den Einfluss externer Faktoren – wie Marktbedingungen, Konkurrenz oder andere unvorhersehbare Umstände – unterschätzte.

4. Versunkene-Kosten-Falle: Wegen dieser Verzerrung halten wir an einer Entscheidung fest – auch wenn einiges darauf hinweist, dass es eine schlechte Entscheidung war –, weil wir bereits Zeit oder Geld dafür eingesetzt haben. Aus diesem Grund habe ich mit Wallpark drei Jahre lang weitergemacht, statt es nach einem Jahr aufzugeben. Unterbewusst wollte ich die Zeit und das Geld, die bereits investiert waren, nicht »verschwenden« oder »verlieren«, aber dadurch verschwendete ich noch mehr Zeit und Geld.
5. Gruppendenken: Es verhindert, dass Menschen in einer Gruppe fragen: »Warum wird diese Idee scheitern?«, weil sie nicht der Gruppe widersprechen wollen. Bei Wallpark stellte keiner aus dem Gründungsteam jemals die Frage, ob die Idee scheitern könnte. Wahrscheinlich hatten wir uns alle derselben blinden Hypothese angeschlossen, weil wir uns sozialen Zusammenhalt wünschten. So entstand ein starker Konformitätsdruck für alle neuen Teammitglieder.

☆ DIE FRAGE, DIE MEIN UNTERNEHMEN RETTETE

Im Jahr 2021 hatte ich eine kühne Idee. Auf der Erfolgswelle meines Podcasts *The Diary of a CEO* reitend träumte ich davon, ein ganzes Podcast-Netzwerk zu gründen. Für diesen ehrgeizigen Plan mussten zahlreiche neue Podcasts erschaffen werden, für die jeweils bekannte und talentierte Moderatoren gebraucht wurden. Mein Ziel war, die Expertise unseres Teams in Wirtschaft, Produktion und Marketing zu nutzen, um diese Podcasts in dieselben Höhen zu katapultieren wie *The Diary of a CEO*.

Wir hatten jede Menge Erfahrung darin, einen Spitzen-Podcast aufzubauen, in meinem Telefonbuch wimmelte es von bekannten Persönlichkeiten, die nur zu gerne mit mir bei einem eigenen Podcast zusammenarbeiten wollten, ich hatte ein Team aus dreißig Leuten, die an *The Diary of a CEO* arbeiteten, und ich besaß finanzielle Ressourcen, die ich in dieses neue Unternehmen investieren konnte.

Um meine Vision mit Leben zu füllen, versammelte ich fünf engagierte Menschen aus dem *Diary-of-a-CEO*-Team um mich, und ein Jahr lang planten wir minutiös das Netzwerk, trafen uns mit potenziellen Moderatoren und suchten nach Partnern. Ich investierte Hunderttausende Dollar in die Planung und Vorbereitung neben zahllosen Stunden Zeit und Energie von mir selbst und den Mitgliedern meines Teams. Nach sechs Monaten Arbeit unterbreitete ich dem Leiter eines der größten Medienunternehmen der Welt ein formelles Angebot, das Netzwerk als CEO zu leiten. Zu meiner großen Freude akzeptierte er zunächst und sagte, er werde seine Stelle aufgeben, wenn ich ihm signalisierte, dass es losging.

Nach zwölf Monaten Planung kam schließlich der Tag der Abrechnung. Ich stand vor der wichtigen Entscheidung, ob ich den vorgesehenen CEO des neuen Podcast-Netzwerks tatsächlich bitten sollte, seinen gut bezahlten Job aufzugeben und sich uns anzuschließen. Mir war klar, dass es dann kein Zurück mehr gab. Wenn ich diese Entscheidung traf, durfte ich nicht mehr zurückblicken – wir würden uns mit Volldampf voraus an den Start eines umfangreichen Podcast-Netzwerks machen.

In diesem bestimmenden Moment bewährte sich das Wissen, das ich in mehr als einem Jahrzehnt wirtschaftlicher Tätigkeit angesammelt hatte. Ich versammelte mein Team und stellte eine einfache, aber dennoch grundlegende Frage: »Warum ist das hier eine schlechte Idee?« An den betroffenen Gesichtsausdrücken meines Teams konnte ich ablesen, dass sie offenbar mit einer völlig neuen Fragestellung kämpften, über die sie sich nie zuvor Gedanken gemacht hatten.

Wenige Augenblicke später öffneten sich alle Schleusen. Ein Teammitglied gab zu bedenken, dass unser Talentreservoir zu klein für die anstehenden Aufgaben war und wir so unseren existierenden erfolgreichen Podcast gefährdeten. Ein anderes wies darauf hin, dass berühmte Moderatoren möglicherweise unzuverlässig waren und wir Gefahr liefen, alles zu verlieren, wenn ein Moderator es sich anders überlegte und wieder wegging. Ein anderer Mitarbeiter machte sich Sorgen wegen der Wirtschaftslage, weil dadurch potenzielle Sponsoren wegbrechen könnten. Wieder ein anderer erklärte, unser ursprünglicher Erfolg sei schwerer zu wiederholen, als wir dachten, weil er teilweise auf Glück, Umständen und Fügung basiere.

Als die Sturzflut an logischen Gründen nachließ, stellte ein Teammitglied mir dieselbe Frage: »Warum hältst *du* es für eine schlechte Idee?« In diesem Moment wurde mir klar, dass mich schon länger unterbewusst eine Sorge quälte, die in früheren Erfahrungen wurzelte und der ich wegen einer psychologischen Verzerrung ausgewichen war. Meine Antwort war einfach und ehrlich: »Fokus.«

Ich erklärte, unser gemeinsamer Fokus sei unsere wertvollste Ressource. Bei Fehlschlägen verlieren Menschen leicht den Fokus, weil Motivation und Zuversicht nachlassen, aber bei Erfolg verliert man den Fokus noch leichter, weil es zusätzliche Chancen, Angebote und Fähigkeiten gibt. Den Fokus auf unserem bestehenden Projekt zu behalten, das sich immer noch in einer kritischen Wachstumsphase befand, war unsere schwierigste und wichtigste Aufgabe. Unser begrenztes Maß an Fokus, Aufmerksamkeit und Denkkraft konnten wir nicht auf mehrere Projekte verteilen, ohne dass das ernsthafte Konsequenzen hatte. Die Einfälle unter der Dusche, die plötzliche Erleuchtung um ein Uhr morgens, das zufällige Gespräch im Flur –

all diese wertvollen Augenblicke mussten auf unser bestehendes Podcast-Unternehmen konzentriert bleiben, auf die Suche nach Verbesserungsmöglichkeiten und auf die Nutzung unseres vollen Potenzials.

Ich betonte, wenn wir unsere Bemühungen konzentrierten, könnten wir weit höhere Gewinne erzielen als durch jedes Podcast-Netzwerk.

Wenige Minuten später stimmten wir alle dafür, das Projekt zu begraben.

Bemerkenswerterweise hatten nur eine Stunde zuvor alle Anwesenden im Raum die Idee noch unterstützt und es kaum erwarten können, das neue Unternehmen zu starten. Aber eine einfache, unbequeme Frage hatte unser kollektives Denken verändert, wichtige kritische Gedanken zugelassen und dazu geführt, dass wir die Fehler in unserem Projekt deutlich erkannten.

Ein Jahr später kann ich rückblickend voller Überzeugung sagen, dass wir einen kostspieligen Fehler gemacht hätten, wenn wir weiter an dem Netzwerk gearbeitet hätten. Unser Team wäre an seine Grenzen gestoßen, unser bestehendes Unternehmen hätte gelitten, und der Wirtschaftsabschwung von 2022 hätte unsere finanzielle Entwicklung stark beeinträchtigt.

Unser Fokus zahlte sich aus: Im Jahr 2022 wuchsen die Hörerzahlen für unseren Podcast um 900 Prozent, und der Gewinn erhöhte sich um mehr als 300 Prozent.

In der Geschäftswelt arbeiten Teams wie unseres oft monatelang sorgfältig an der Begründung, warum ihre Ideen Erfolg haben werden. Für mögliche Gründe, warum die Ideen nicht funktionieren könnten, wendet man selten dieselbe Zeit auf. Hier kommt die Macht einer einfachen Frage ins Spiel: »Warum ist das eine schlechte Idee?«

Mit dieser Frage fordern wir zu kritischem Denken auf, das Risiken und Probleme enthüllt, die oft von den bereits erwähnten fünf angeborenen menschlichen Verzerrungen verdeckt werden. Statt nach Bestätigung für unsere Idee zu suchen, stellen wir uns direkt ihren Schwächen. Wir suchen dabei nicht einfach nach Gründen, um unsere Idee aufzugeben, sondern folgen dem Wissen, dass Vorbeugung besser ist als Heilung. Wenn wir potenzielle Probleme identifizieren, bevor wir ein Projekt angehen, können wir sie bearbeiten und umgehen und so den Weg zum Erfolg ein wenig ebnen.

DIE PRÄMORTEM-METHODE: DIE GEHEIMWAFFE, UM FEHLSCHLÄGE ZU VERMEIDEN

Die menschliche Natur hindert uns leider oft daran, vorbeugend zu denken oder zu handeln, um Worst-case-Szenarien zu verhindern. Viele von uns versäumen es, gesunde Gewohnheiten einzuführen, etwa auf ausreichend Bewegung und eine gute Ernährung zu achten, bis unsere Gesundheit auf dem Spiel steht. Wir ignorieren, wie wichtig es ist, unser Auto regelmäßig überprüfen zu lassen, bis wir damit liegen bleiben. Und das schadhafte Dach wird auch erst ersetzt, wenn das Wasser durchtropft.

Eine Postmortem-Untersuchung oder Autopsie wird von Ärzten an einer Leiche vorgenommen, um die Todesursache festzustellen. Eine »Prämortem-Untersuchung« ist das hypothetische Gegenteil einer Postmortem-Untersuchung – sie wird durchgeführt, bevor der Tod eingetreten ist. Die »Prämortem-Methode« ist eine Methode zur Entscheidungsfindung, die der Wissenschaftler Gary Klein entwickelt hat und bei der eine Gruppe aufgefordert wird, vor dem Beginn eines Projektes so zu denken, als sei es bereits gescheitert. Statt einfach nur zu fragen: »Was könnte schieflaufen?«, stützt sich das Prämortem auf die Vorstellung, der »Patient« sei gestorben, und man solle nun erklären, was falsch gelaufen ist.

Was wäre, wenn man dieses Konzept für das tägliche Leben und berufliche Unternehmungen nutzen könnte? Wissenschaftliche Forschungen haben gezeigt, dass dieses einfache Gedankenexperiment – eine metaphorische »Autopsie«, bevor ein Unglück eintritt – die Wahrscheinlichkeit eines Fehlschlags deutlich senken kann.

In einer bahnbrechenden Studie aus dem Jahr 1989 beschäftigten sich Forscher eingehend mit der faszinierenden Welt der Prämortem-Methode und ihrer Auswirkungen auf Erfolgsprognosen. Die Probanden wurden in zwei Gruppen aufgeteilt: Eine Gruppe nutzte die Macht der Prämortem-Methode, um sich verschiedene berufliche, soziale und persönliche Ereignisse vorzustellen, als wären sie bereits eingetreten, und sollte dann die möglichen Gründe sezieren, warum sie nicht erfolgreich gewesen waren. Die andere Gruppe sollte nur Prognosen erstellen, ohne jede Vorgabe.

Die Gruppe, die die Prämortem-Methode anwendete, prognostizierte signifikant genauer, wie die vorgegebenen Szenarien ablaufen würden, und bestimmte auch genauer die Gründe dafür. Diese Ergebnisse zeigen, dass man die potenziellen Ursprünge eines Scheiterns besser verstehen kann, wenn man im Voraus darüber nachdenkt, und auch besser proaktive Maßnahmen ergreifen kann, um es zu vermeiden.

Eine weitere Studie, die Forscher an zwei Universitäten ebenfalls 1989 durchführten, kam zu denselben deutlichen Ergebnissen – diese einfache Methode, sich vorzustellen, dass man bereits gescheitert ist, erhöht die Fähigkeit, die Gründe für dieses zukünftige Ereignis korrekt zu identifizieren, um 30 Prozent!

Seit 2021 habe ich die Prämortem-Analyse in all meinen Unternehmen mit großem Erfolg eingeführt. Dazu wende ich folgende fünf Schritte an:

1. *Die Bühne bereiten*: Versammle relevante Teammitglieder, und erkläre den Zweck der Prämortem-Analyse: potenzielle Risiken und Schwächen identifizieren, nicht das Projekt oder einzelne Beteiligte kritisieren.

2. *Zum Scheitern vorspulen*: Bitte die Teammitglieder, sich vorzustellen, dass das Projekt gescheitert ist, und ermutige sie, sich das Szenario möglichst lebendig und detailliert vorzustellen.
3. *Gründe für ein Scheitern brainstormen*: Weise jedes Teammitglied an, sich eigene Gründe zu überlegen, die zum Scheitern des Projekts geführt haben könnten, und dabei interne und externe Faktoren zu berücksichtigen. Jeder sollte das unabhängig und auf Papier machen, um Gruppendenken zu vermeiden.
4. *Teilen und diskutieren*: Lasse jedes Teammitglied seine Gründe für ein Scheitern vortragen. Sorge dabei für eine offene und nicht urteilende Diskussion, damit potenzielle Risiken und Probleme sichtbar gemacht werden können.
5. *Alternativpläne entwickeln*: Basierend auf den identifizierten Risiken und Problemen solltet ihr gemeinsam Alternativpläne und -strategien entwickeln, um diese potenziellen Fallstricke entweder zu entschärfen oder vollständig zu vermeiden.

★ DIES IST NICHT NUR EIN GESCHÄFTLICHER RATSCHLAG, SONDERN EIN RAT FÜRS LEBEN

Menschen treffen wirklich beschissene Entscheidungen – von Gefühlen beeinflusst, von Angst getrieben oder von Unsicherheit geprägt. Wir sind keine sehr logischen Wesen, wir stecken voller Verzerrungen, und wenn wir Entscheidungen treffen, suchen wir ständig nach Abkürzungen.

Die Prämortem-Methode wirkt weit über den geschäftlichen Bereich hinaus. Ich nutze sie auch in meinem Privatleben, um bessere Entscheidungen zu treffen. Indem ich diesen soliden Rahmen für die Entscheidungsfindung nutzte, konnte ich in den wichtigsten Lebensbereichen und in den wichtigsten Augenblicken meines Lebens effektivere und weniger bedauerliche Entscheidungen treffen.

So lässt sich die Methode in verschiedenen Szenarien anwenden:

1. *Berufliche Entwicklung:* Vor einer beruflichen Entscheidung kann man eine Prämortem-Analyse durchführen, indem man sich selbst einige Jahre in der Zukunft visualisiert, nachdem man auf diesem Karriereweg erheblich unzufrieden war oder sogar gescheitert ist. Arbeite dich dann zurück, um potenzielle Gründe für diese Unzufriedenheit zu identifizieren, wie zum Beispiel mangelndes Interesse an der Arbeit, begrenzte Wachstumschancen oder schlechte Work-Life-Balance. Anhand dieser Faktoren kannst du deine Berufswahl weiter eingrenzen oder Strategien entwickeln, um potenzielle Probleme zu entschärfen.
2. *Partnerwahl:* Wenn du über eine langfristige Beziehung oder Ehe nachdenkst, dann stelle dir ein Szenario vor, bei dem die Beziehung gescheitert oder unbefriedigend geworden ist. Identifiziere nun Faktoren, die zu diesem Niedergang beigetragen haben könnten, zum Beispiel ungleiche Werte, schlechte Kommunikation, Intimitätsprobleme oder unterschiedliche Erwartungen. Wenn du dich proaktiv mit diesen Bedenken befasst und auf Warnzeichen achtest, kannst du fundiertere Entscheidungen über die Partnerschaft treffen oder von Anfang an daran arbeiten, die Beziehung zu stärken.
3. *Investition größerer Geldbeträge:* Wenn du eine bedeutende Geldmenge investieren willst, etwa ein Haus kaufen oder an der Börse investieren, dann stelle dir ein Szenario vor, bei dem die Investition zu finanziellen Verlusten geführt hat. Identifiziere mögliche Gründe für dieses Ergebnis, etwa Marktfluktuationen, unzureichende Recherche im Vorfeld oder wenn du deine finanziellen Kapazitäten überschätzt hast. Wenn du um diese Risiken weißt, kannst du fundiertere Entscheidungen treffen, deine Optionen sorgfältig prüfen und etwas unternehmen, um die potenziellen Verluste zu minimieren.

Aktuell habe ich den Eindruck, als würde man in jedem Social-Media-Zitat aufgefordert, »Erfolg zu visualisieren«, und ständig werden die Vorteile von »Manifestation« und »positivem Denken« angepriesen. Optimismus hat zweifellos enormen Wert, und auch positives Denken kann nützen, aber ebenso große Macht haben auch negative Überlegungen – wenn man ein Scheitern visualisiert und entsprechend plant.

DAS GESETZ: DIE MACHT NEGATIVER MANIFESTATION

Unser Denken vermeidet von Natur aus Gedanken, die psychisches Unbehagen bereiten. Doch wie bei dem sprichwörtlichen Vogel Strauß, der seinen Kopf in den Sand steckt, führt diese Vermeidungstaktik häufig zu noch größerer psychischer Belastung.

Ironischerweise ebnet ein unbequemes Gespräch, das man heute führt, in allen Lebensbereichen den Weg für eine bequemere Zukunft – Vorbeugen ist einfacher als Heilen.

Wenn man die Dualität des Denkens nutzt – Positivität mit Negativität ausgleicht –, rüstet man sich mit der Weisheit, der Stärke und der Voraussicht, um einen erfolgreichen Weg in die Zukunft zu bahnen.

Man kann den Erfolg eines Menschen in jedem Lebensbereich vorhersagen, wenn man beobachtet, wie bereit oder fähig er zu unbequemen Gesprächen ist. Der persönliche Weg nach vorn führt durch eine unbequeme Unterhaltung.

The Diary of a CEO

Gesetz 26:
Kompetenzen sind wertlos, der Kontext zählt

Dieses Gesetz erklärt, wie du mit den Kompetenzen, die du schon hast, das Mehrfache verdienen kannst, und warum der Wert im Kontext liegt, nicht in der Kompetenz an sich.

✮ »WIR GEBEN IHNEN 8 MILLIONEN DOLLAR, WENN SIE UNS HELFEN!«

Nach einem turbulenten Jahr, in dem ich ein Social-Media-Marketingunternehmen aufgebaut hatte, das für einige der bekanntesten Marken der Welt arbeitete, verabschiedete ich mich 2020 von meiner Rolle als CEO und brach zu einer Selbstfindungsreise auf.

Kurz nach meinem Rücktritt verkündete ich, ich wolle nie wieder im Marketing arbeiten. Mich reizte es zu sehr, neue Gebiete in verschiedenen Branchen zu erforschen. Die Vorstellung, wieder in die bequemen Schuhe eines CEO im Social-Media-Marketing zu schlüpfen, entfachte nicht mehr dasselbe Feuer in mir wie noch zehn Jahre zuvor. Vor allem aber sehnte ich mich danach, mich von den begrenzenden beruflichen Etiketten zu befreien, die die Gesellschaft uns verpasst – generische Jobbezeichnungen wie Rechtsanwalt, Buchhalter, Zahnarzt, Social-Media-Manager oder Grafikdesigner.

Ich glaubte, diese Etiketten würden unser Potenzial einschränken und letztendlich zu Unzufriedenheit führen.

Mir ist natürlich klar, dass Etiketten eine Hilfestellung sind, damit wir uns verstanden fühlen. Sie sagen uns, dass wir irgendwo dazugehören, und versichern uns unterschwellig, dass wir eine Aufgabe in dieser Welt haben. Doch diese Etiketten können auch zu beruflichen Fesseln werden, die unsere Kreativität ersticken und die Bandbreite unserer Erfahrungen einschränken.

Mit siebenundzwanzig Jahren war ich noch viel zu jung, um mich durch irgendein Etikett einengen zu lassen. Meine Selbsteinschätzung war die eines »neugierigen Typen mit breit gefächerten Kompetenzen«. Ich wollte mich mit größeren gesellschaftlichen Problemen beschäftigen, statt nur Unternehmen dabei zu helfen, ihre Verkaufszahlen für Turnschuhe, Limonade oder Elektrogeräte zu steigern.

Und so begann ein neues, aufregendes Kapitel in meinem Leben.

Na ja, eigentlich nicht.

Die globale Gesundheitskrise, ihre Ursachen und möglichen Lösungen haben mich schon immer fasziniert, mir Sorgen bereitet und mich neugierig gemacht.

Im Jahr 2020, als ich kündigte, zwang die Covid-19-Pandemie die Welt in den Lockdown, beraubte uns vieler seelischer Stabilisatoren und drängte die psychische Gesundheit ins Rampenlicht öffentlicher Diskussionen. Ich hatte viel Zeit und recherchierte im digitalen Raum zu etlichen faszinierenden Themen im Zusammenhang mit psychischer Gesundheit. Das faszinierendste Thema von allen war die Welt der Psychedelika.

Ich verschlang zahllose Forschungsberichte, klinische Studien und Online-Artikel über die Wirksamkeit gewisser psychedelischer Stoffe bei der Behandlung von psychischen Störungen beim Menschen. Die Forschungen zu diesen Wirkstoffen und ihr ungenutztes Potenzial erfüllten mich mit Ehrfurcht.

Manchmal gibt es im Leben unerklärliche glückliche Zufälle und Begegnungen, manchmal stehen die Sterne einfach günstig, und was ich nun sagen werde, gehört auf jeden Fall dazu.

Wenige Tage, nachdem ich meinen Tauchgang in die Welt der Psychedelika beendet hatte, erhielt ich eine Textnachricht von einem Geschäftskontakt: »Hey, Steven, könntest du das hier für mich retweeten?« Zu meiner Überraschung führte der Link zu einer Nachrichtenmeldung über den Börsengang eines Psychedelika-Produzenten, über den ich gerade recherchiert hatte! Ich antwortete: »Ich habe wochenlang über dieses Unternehmen gelesen – faszinierend. Hast du mit denen zu tun?« Er antwortete: »Ich bin der größte Anteilseigner und arbeite gerade an einem ähnlichen Projekt. Ich fände es toll, wenn du uns beim Marketing unterstützen würdest!«

»Lass uns das genauer besprechen«, antwortete ich, und wir trafen uns eine Woche später zum Mittagessen. Ich erfuhr etwas über die Unternehmensziele, lernte die Führungskräfte kennen, schaute mir ihre Arbeit an, und schon nach wenigen Stunden wusste ich, dass ich mit ihnen auf diese Reise gehen wollte.

Das Unternehmen arbeitete im »Biotech«-Sektor, einer Branche, in der es von brillanten Köpfen nur so wimmelte – intelligente Menschen in weißen Kitteln in Labors –, in der es aber nur wenige Marketingtalente gab, die auf den diskursprägenden modernen digitalen Plattformen fesselnde Storys erstellen können.

Für den bevorstehenden Börsengang musste das Unternehmen jedoch seine unglaublich zeitgerechte kulturelle Mission kommunizieren und zwar nicht nur großen institutionellen Investoren, sondern auch der Öffentlichkeit über alle verfügbaren Social-Media-Plattformen.

Das Unternehmen hoffte auf einen Börsengang mit mehreren Milliarden Dollar, und ein effektives Storytelling und Marketing konnte den entscheidenden Unterschied bei der Bewertung ausmachen.

Ich besaß die Expertise, die sie brauchten.

Ich hatte auf allen digitalen Plattformen und mit den führenden Marken in fast jeder Branche gearbeitet und war dadurch der perfekte Kandidat, um diese Herausforderung anzugehen. Eine Woche nach unserem Treffen bot ich an, für die neun Monate bis zum Börsengang in das Unternehmen einzutreten.

Im Rahmen meiner Aufgaben sollte ich die Marketingstrategie entwerfen, der Marke ein Profil geben, ein langfristiges Marketingteam zusammenstellen, die Philosophie des Teams vorgeben und die Grundlage für alle Marketinganstrengungen legen, bevor ich wieder ging.

Sie akzeptierten meinen Vorschlag und versprachen, mir am nächsten Tag ein Angebot zu schicken.

Ehrlich gesagt war Geld nicht meine Motivation, das Unternehmen zu unterstützen.

Ich wollte eher in das Unternehmen investieren, weil ich zunehmend an die Macht der Psychedelika glaubte. Ich wollte mich mit den wissenschaftlichen Hintergründen beschäftigen – mich mit den Pionieren umgeben, die diesen Sektor anführten, meinen eigenen Wisseneimer füllen und meine Neugier befriedigen, während ich überlegte, in welche Richtung ich meine Karriere als Nächstes lenken sollte.

Am folgenden Tag fand ich morgens eine Mail von dem Unternehmen in meinem Posteingang mit der Betreffzeile »Gehaltspaket«. Zunehmend ungläubig las ich, was dort stand: Zusätzlich zu einem Monatsgehalt boten sie mir Aktienoptionen im Wert von 6 bis 8 Millionen Dollar an, damit ich ihre Marketingabteilung neun Monate lang leitete, bis zur Notierung an der Börse. Das war mehr als das Zehnfache dessen, was ich erwartet hatte.

In diesem Moment lernte ich vier nachhaltige Lektionen über den Wert von Kompetenzen.

1. KOMPETENZEN HABEN KEINEN EIGENWERT.

Kompetenzen sind nichts wert. Wie es so schön heißt, wird der Wert einer Sache dadurch bestimmt, wie viel jemand dafür zu zahlen bereit ist.

2. DER WERT JEDER KOMPETENZ WIRD DURCH DEN KONTEXT BESTIMMT, IN DEM SIE BENÖTIGT WIRD.

Jede Kompetenz hat in verschiedenen Branchen einen anderen Wert.

3. DIE WAHRNEHMUNG, WIE SELTEN EINE KOMPETENZ IST, BEEINFLUSST, FÜR WIE WERTVOLL MENSCHEN SIE HALTEN.

In der Biotech-Branche waren meine Kompetenzen im Bereich Social Media und Marketing wertvoll wie ein Rohdiamant – so selten, dass Unternehmen bereit waren, einen Aufpreis dafür zu bezahlen. Als ich in meiner früheren Rolle dieselben Kompetenzen, aber in einer anderen Branche angeboten hatte – etwa im E-Commerce, bei Konsumartikeln oder der IT –, war der wahrgenommene Wert signifikant geringer gewesen. In diesen Kontexten waren meine Kompetenzen verbreiteter, was dazu führte, dass die Bezahlung, die ich dafür verlangen konnte, nur ein Zehntel dessen betrug, was ein Kunde in der Biotech-Branche mir bezahlte.

4. DEN WERT EINER KOMPETENZ SCHÄTZEN MENSCHEN DANACH EIN, WELCHEN ERTRAG SIE DAMIT ERZIELEN ZU KÖNNEN GLAUBEN.

Das Biotech-Unternehmen stand kurz vor einem möglichen Börsengang mit mehreren Milliarden Dollar, und in dieser risikoreichen Umgebung verfügten meine Kompetenzen über das Potenzial, die Bewertung des Unternehmens erheblich zu beeinflussen. Natürlich waren sie bereit, für diese Wirkung entsprechend zu bezahlen.

Im Rückblick auf meine bisherige Karriere wurde mir klar, dass der finanzielle Ertrag, den ich mit meinen Kompetenzen für Kunden etwa in der Bekleidungsbranche erwirtschaftete, im Vergleich zur potenziellen Rendite für diese Biotech-Firma verblasste. Entsprechend war das Honorar, das ich früher bekommen hatte, vergleichsweise winzig.

Tatsache ist, dass der Markt, an dem man seine Kompetenzen verkaufen will, sehr viel stärker bestimmt, wie viel Geld man dafür bekommt, als die Kompetenzen an sich. Technische oder medizinische Autoren in der Technik- oder Biotechnologiebranche verdienen sehr viel mehr als Autoren in der Medien- oder Verlagsbranche, obwohl sie dieselbe Kernkompetenz anbieten.

Datenanalysten, die im Finanzwesen oder bei einer Consultingfirma arbeiten, verdienen mehr als ihre Kollegen an Universitäten oder im Staatsdienst, selbst wenn sie grundsätzlich dieselben Aufgaben ausführen.

Softwareentwickler und Programmierer in stark nachgefragten Branchen, zum Beispiel künstliche Intelligenz, Cybersicherheit oder Finanztechnologie, können höhere Gehälter fordern als ihre Kollegen in herkömmlichen IT-Jobs oder in der Webentwicklung, selbst wenn sie dieselben Programmiersprachen verwenden.

Projektmanager im IT-Bereich bekommen mehr Geld als Projektmanager im künstlerischen Bereich, im Bildungswesen oder in sozialen Einrichtungen, obwohl die grundsätzlichen Kompetenzen des Projektmanagements dieselben sind.

Vertriebsmitarbeiter in hochpreisigen Branchen wie der Pharmaindustrie, Medizingerätehersteller oder Immobilien können durch Provisionen und Boni signifikant mehr verdienen als Vertriebler im Bereich Konsumgüter, obwohl beide Tätigkeiten dieselben grundlegenden Fähigkeiten voraussetzen.

PR-Profis, die in der Unterhaltung, im Sport oder für Luxusmarken arbeiten, haben ein höheres Verdienstpotenzial als PR-Leute in gemeinnützigen Organisationen, im Gesundheits- oder Bildungswesen, obwohl man für das Organisieren von PR-Kampagnen überall dieselben Kompetenzen braucht.

Mode-, Werbe- oder Produktfotografen können höhere Honorare verlangen als Fotojournalisten oder Hochzeitsfotografen, obwohl ihre Grundkompetenzen sehr ähnlich sind.

Personalverantwortliche in umsatz- und wachstumsstarken Branchen wie IT oder Finanzen verdienen mehr als ihre Kollegen im gemeinnützigen oder öffentlichen Sektor, obwohl sie dieselben Funktionen wahrnehmen, etwa Personalbeschaffung, Schulung und Verwaltung von Sozialleistungen.

Finanzanalysten, die im Investmentbanking, bei Beteiligungsgesellschaften oder Hedgefonds arbeiten, verdienen wahrscheinlich mehr als diejenigen, die in der Finanzabteilung von anderen Unternehmen oder im Staatsdienst tätig sind, selbst wenn sie die gleichen Fähigkeiten und Kenntnisse anwenden.

Dass die einzige Chance auf eine Gehaltserhöhung darin besteht, sich entweder um eine Beförderung in der aktuellen Position zu bemühen oder eine ähnliche Stelle in derselben Branche zu suchen, ist ein weitverbreiteter Irrglaube. Effektiver und potenziell lohnender könnte es sein, **die eigenen Fähigkeiten in einen völlig neuen Kontext** – eine andere Branche – **zu versetzen**, wo sie dem Arbeitgeber einen größeren Nutzen bringen. Dann werden deine aktuellen Fähigkeiten als seltenes Gut betrachtet, was ihren Wert und damit auch deinen Wert erhöht.

Das vielleicht markanteste Beispiel dafür, wie der Kontext den wahrgenommenen Wert beeinflusst, ist ein soziales Experiment, das die *Washington Post* im Jahr 2007 durchführte. Mit diesem Experiment sollte untersucht werden, wie Menschen Talent und Kunst in einer alltäglichen, unerwarteten Umgebung wahrnehmen und wertschätzen.

An einem betriebsamen Januarmorgen verkleidete sich der weltberühmte Violinist Joshua Bell als Straßenkünstler und stellte sich in eine U-Bahn-Station in Washington, D.C. Er spielte etwa fünfundvierzig Minuten lang sechs klassische Stücke auf seiner Stradivari-Violine, die zu diesem Zeitpunkt 3,5 Millionen Dollar wert war.

Trotz Bells immensem Talent, seinem Können und der wunderschönen Musik, die er spielte, blieben nur sehr wenige der vielen Tausend Pendler stehen, um ihm zuzuhören oder seine Darbietung zu würdigen. Während er spielte, hörten nur sieben Menschen mindestens eine Minute lang zu, und Bell nahm lediglich 52,17 Dollar ein – ein Almosen im Vergleich zu den Tausenden von Dollar, die er normalerweise bei seinen Auftritten in den renommiertesten Konzertsälen der Welt pro Minute verdient.

Die Geschichte zeigt, dass Menschen in bestimmten Kontexten den Wert oft nicht richtig wahrnehmen, und wirft die Frage auf, wie gut wir Talente in unserem täglichen Leben wirklich einschätzen können und belohnen.

Das ist auch eine treffende Metapher für mein eigenes Berufsleben: Ich hatte zuvor meine Kompetenzen in einer U-Bahn-Station verkauft – und allein dadurch, dass ich dieselben Kompetenzen in einen renommierten Konzertsaal verlagerte, verdiente ich zehn Mal mehr.

Im Jahr 2021 erzählte ich einem guten Freund, der sich beruflich in einer Sackgasse befand und es satthatte, sich kein Haus leisten zu können, aber scheinbar jede wache Stunde am Tag zu arbeiten, von dieser Geschichte und von der Lehre, die ich daraus zog. Er war Grafikdesigner und entwarf zu der Zeit in Manchester Flyer für Nachtclubs und Logos für lokale Unternehmen für 100 bis 200 britische Pfund pro Stück – er verdiente im Durchschnitt etwa 35.000 Pfund im Jahr. Wenige Wochen nach unserem Gespräch traf er die mutige Entscheidung, seine Kompetenzen in einem neuen Kontext zu anzubieten – er zog nach Dubai und richtete seinen Designservice auf Luxusmarken und Unternehmen aus der Blockchain-Technologie aus.

In seinem ersten Jahr in Dubai erwirtschaftete er einen Umsatz von 450.000 Pfund, und für 2023 rechnet er – gemeinsam mit seinem neuen Geschäftspartner – mit einem Umsatz von mehr als 1,2 Millionen Pfund.

Dieselbe Kompetenz als Grafikdesigner brachte ihm dreißig Mal mehr ein, als er sie in einem anderen Kontext anbot.

☆ DAS GESETZ: KOMPETENZEN SIND WERTLOS, DER KONTEXT ZÄHLT

Verschiedene Märkte messen Kompetenzen einen unterschiedlichen Wert bei. Wenn ein Arbeitgeber oder Kunde eine Kompetenz als selten oder einzigartig ansieht, wird er bereit sein, mehr dafür zu zahlen als in einer Branche, in der diese Kompetenzen eher üblich sind. Der Kontext ist entscheidend – du kannst dein Verdienstpotenzial erheblich erhöhen, wenn du dieselben Fähigkeiten in einer anderen Branche anbietest.

Um als der Beste in einer Branche zu gelten, muss man nicht tatsächlich der Beste in einer bestimmten Sache sein.

Man muss nur mehrere, sich ergänzende und seltene Kompetenzen besitzen, die von der Branche geschätzt werden und über die Konkurrenten nicht verfügen.

The Diary of a CEO

Gesetz 27:
Die Disziplin-Gleichung: Tod, Zeit und Disziplin!

Dieses Gesetz zeigt dir, wie du in allem, was du dir vornimmst, diszipliniert sein kannst, wenn du eine simple »Disziplin-Gleichung« anwendest, und weshalb Disziplin die ultimative Geheimwaffe für alle unsere Ambitionen ist.

Dies sind vielleicht die unangenehmsten Seiten, die du in diesem Buch lesen wirst.

Ich bin dreißig Jahre alt. Die durchschnittliche Lebenserwartung (in den USA) liegt derzeit bei siebenundsiebzig Jahren. Sollte ich das Glück haben, so lange zu leben, dann bleiben mir noch 17.228 Tage. Das heißt, ich habe bereits 10.950 Tage gelebt, die ich niemals zurückbekommen werde.

Hier ist eine Übersicht darüber, wie viele Tage dir noch bleiben, wenn du siebenundsiebzig Jahre alt werden solltest, und wie viele davon du bereits verbraucht hast.

Alter (in Jahren)	Gelebte Tage	Verbleibende Tage
5	1.825	26.315
10	3.650	24.455
15	5.475	22.630
20	7.300	20.805
25	9.125	18.980

Alter (in Jahren)	Gelebte Tage	Verbleibende Tage
30	10.950	17.228
35	12.775	15.403
40	14.600	13.650
45	16.425	11.825
50	18.250	10.073
55	20.075	8.248
60	21.900	6.570
65	23.725	4.745
70	25.550	3.131
75	27.375	1.306

Für die meisten ist ein solcher Gedanke beunruhigend. In meinem ersten Buch *Happy Sexy Millionaire* habe ich bereits darüber gesprochen, wie wir Menschen darauf trainiert wurden, das Thema Tod zu vermeiden. So wie man in der viktorianischen Zeit nicht über Sex sprach, ist für uns das Reden über den Tod tabu. Wir sehen den Tod in erster Linie als ein Ereignis an, das anderen zustößt. Bis uns eine tragische Diagnose dazu zwingt, fehlt uns scheinbar die emotionale Stärke, unsere eigene Sterblichkeit zu akzeptieren.

Ich bin tief davon überzeugt, dass es einige Dinge gibt, die unser menschlicher Verstand nicht wirklich verstehen kann: zum Beispiel wie unbedeutend wir sind – das Leben wird uns immer wieder dazu verführen, die Wichtigkeit alltäglicher Dinge zu überschätzen –, oder dass wir tatsächlich eines Tages sterben werden. Auf rein logischer Ebene wissen wir natürlich, dass es den Tod gibt – wir haben gesehen, wie er Tieren, Verwandten und anderen Menschen widerfährt. Wirft man aber einmal einen genauen Blick auf die Dinge, mit denen wir uns beschäftigen, darauf, wie wir andere behandeln, wie wir Besitz anhäufen und über was wir uns Sorgen machen, erkennt man, dass wir zum einen unsere eigene Bedeutung überschätzen und dass wir andererseits, tief in uns drinnen, wahrscheinlich glauben, unsterblich zu sein.

Wissenschaftler sprechen seit Langem davon, dass wir Menschen das Konzept der Unendlichkeit nur schwer nachvollziehen können. Vielleicht verstehen wir aber auch die Endlichkeit nicht und die unausweichliche Wahrheit, dass unsere Reise eines Tages enden wird.

Wahrscheinlich hat diese unterbewusste Überzeugung einen evolutionären Nutzen, da sie unsere Angst mindert, uns nach vorn zu schauen ermutigt und so schlussendlich unsere Überlebenschancen erhöht. Wären sich Menschen ununterbrochen ihrer eigenen Sterblichkeit bewusst gewesen, hätte lähmende Angst sie wahrscheinlich von den wirklich wichtigen Aufgaben abgehalten, und sie hätten sich schlechter auf das Beschaffen von Nahrung und die Suche nach einem sicheren Schlafplatz konzentrieren können.

In unserer schnelllebigen, digitalen Welt prasseln ständig unendlich viele Reize auf uns ein – Nachrichten, soziale Medien, E-Mails und zahllose Benachrichtigungen. Oft löst das in uns Sorge aus. Wir denken über die Zukunft nach, geben uns bedeutungslosen Ablenkungen hin, verlieren den Bezug und spüren so eine wachsende Beklemmung.

Vielleicht lässt sich dieses moderne Leiden heilen, indem wir uns unsere eigene Sterblichkeit bewusst machen. Sobald wir unsere Endlichkeit akzeptieren, können wir **dem wirklich Wichtigen Priorität einräumen**, wir können uns von Unwichtigem lösen und zu einer gelassenen Form von Dringlichkeit finden, die uns dabei hilft, uns mehr auf ein erfülltes, authentisches Leben zu konzentrieren, das sich nach unseren wichtigsten Werten ausrichtet.

Bitte stell dir kurz Folgendes vor: Du wachst mitten in der Nacht in der Wohnung eines Freundes auf, du befindest dich im zwanzigsten Stock eines alten Hochhauses, du hörst Schreie und riechst Rauch. Du stolperst zur Tür, um zu fliehen – sie ist verschlossen. Dir wird klar, dass sich auch die Fenster nicht öffnen lassen. Es gibt keinen Ausweg. Stell dir vor, wie du dich schließlich in dein Schicksal fügst, ohnmächtig wirst und stirbst.

Im Zuge einer Studie von 2004 baten Wissenschaftler ihre Teilnehmer, sich genau dieses Szenario vorzustellen, woraufhin sie mehrere Fragen beantworten sollten. Sie stellten fest, dass die Teilnehmenden ihr Leben schlagartig mehr wertschätzten. Menschen, die sich in Übungen den Tod vorstellten, berichteten über eine größere Zufriedenheit mit dem eigenen Leben, sie hatten ein stärkeres Bedürfnis, Zeit mit ihren Liebsten zu verbringen, waren motivierter, bedeutungsvolle Ziele zu erreichen, freundlicher, freigiebiger und eher gewillt, mit anderen zusammenzuarbeiten. Im Vergleich zu Mitgliedern der Kontrollgruppe waren sie außerdem weniger ängstlich und gestresst.

Du wirst sterben. In einer lauten, komplexen Welt voller Ablenkungen wirkt diese Wahrheit heilsam und befreiend. Sie liefert dir auf wunderbare Weise die Möglichkeit, eine weitere wichtige Wahrheit im Blick zu behalten: Deine Zeit – und wie du sie verbringst – ist der einzige Einfluss, den du auf die Welt hast.

> Wie du deine Zeit einteilst, wird darüber entscheiden, ob du mit deinem Lebenswerk Erfolg hast oder scheiterst, ob du gesund und glücklich bist, wie erfolgreich du als Partner, Ehemann, Ehefrau oder Elternteil sein wirst. Unsere Zeit – und wie wir sie einsetzen – ist zentral für den Einfluss, den wir ausüben.

Weiter oben habe ich davon gesprochen, wie schwer wir Menschen uns mit abstrakten Konzepten wie Endlichkeit, Unendlichkeit und unserer eigenen Bedeutungslosigkeit tun; genauso schwer fällt uns das Verstehen von Zeit. Sie schreitet langsam, formlos und unsichtbar im Verborgenen voran. Um die Zeit fassbarer zu machen, sodass wir sie wahrnehmen können, habe ich ein mentales Modell entwickelt. Jeden Tag erinnert mich eine kleine Uhr in Form eines Rouletterads auf meinem Schreibtisch an dieses Modell, das ich »Zeitwetten« nenne.

★ ZEITWETTEN

Wir sind alle Spieler, die sich über den Roulettetisch des Lebens beugen.

In diesem Spiel entspricht die Anzahl unserer Spielchips den Stunden, die wir noch zu leben haben. Mit meinen dreißig Jahren verfüge ich wahrscheinlich noch über ungefähr 400.000 Chips. Wie viele es genau sind, weiß ich nicht, das weiß keiner. Ich könnte nur noch einen Chip übrig haben oder aber 500.000.

Die Regel lautet: Für jede Stunde müssen wir einen Chip auf den Tisch legen, und sobald er liegt, bekommen wir ihn nie wieder zurück. Das Rad dreht sich ununterbrochen, und wie wir unseren Wetteinsatz platzieren, entscheidet über die Art des Gewinns, den wir vom Leben erhalten.

Wir können unsere Chips für alles Mögliche ausgeben; vielleicht setzt du auf Netflix, das Fitnessstudio, Kochen, Tanzen, eine schöne Zeit mit deinem Partner, den Aufbau eines Unternehmens, das Erlernen einer Fähigkeit, ein Kind oder einen Spaziergang mit dem Hund.

Das Einzige, was wir in unserem Leben kontrollieren können, ist, wie wir diese Chips einsetzen, und diese Entscheidung wird den größten Einfluss auf deinen Erfolg, dein Glück, deine Beziehungen, deine intellektuelle Entwicklung, deine mentale Verfassung und dein Vermächtnis haben.

Zwar kannst du deine Chips nie zurückbekommen, wenn du aber einige von ihnen für Aktivitäten einsetzt, die deine Gesundheit verbessern, händigt dir der Croupier ein paar zusätzliche Chips aus.

Das Spiel endet, wenn du keine Chips mehr hast, und sobald es vorbei ist, kannst du sowieso nichts mehr von dem behalten, was du gewonnen hast.

Du solltest dir also gut überlegen, auf welche Preise du deine Chips wettest – du solltest dich vor allem auf die Dinge konzentrieren, die dir Freude bringen, anstatt zu versuchen, hart umkämpfte Preise zu gewinnen, die nur scheinbar von Wert sind und dir lediglich mehr Negativität und Angst einbringen.

Falls ich noch 400.000 Chips übrig habe, werde ich sehr wahrscheinlich 133.333 davon für Schlaf einsetzen. Wenn ich es wie der Durchschnitt halte, setze ich 50.554 auf das gedankenlose Scrollen durch die sozialen Medien, 30.000 auf Essen und Trinken und 8333 Chips auf Zeit im Bad. Damit bleiben mir 200.000 Chips – 200.000 Stunden oder ungefähr 8000 Tage für das Erreichen meiner Ziele, das Pflegen meiner Beziehungen, meine Familie, meine Hobbys, Reisen, Tanzen, Lernen, Sport, Spaziergänge mit meinem Hund und mein restliches Leben.

Ich sage das nicht, um dir Angst zu machen.

Ich sage das, um dir zu helfen, um dir deutlich zu machen, wie unglaublich wichtig, kostbar und nützlich jeder Chip – jede Stunde deines Tages – ist. Es ist diese glasklare Erkenntnis, wie wichtig die eigene Zeit ist, ausgelöst von der entscheidenden Einsicht, dass man sterben wird, die uns dazu motiviert, jeden Chip, den wir haben, mit einer klaren Intention zu setzen – damit wir nicht zulassen, dass digitale, soziale und psychologische Ablenkungen sie uns unbemerkt aus den Händen reißen, sondern unsere Chips Stück für Stück bewusst für die Dinge einsetzen, die am wichtigsten sind.

Mit fünfzig Jahren hielt Steve Jobs eine Feierrede vor Universitätsabsolventen. Sie wurde zu einer der am meisten angesehenen Abschlussreden aller Zeiten. Gegen Ende seiner Rede meinte er: »Mich selbst daran zu erinnern, dass ich bald sterben werde, war eines der wichtigsten Hilfsmittel, um die wesentlichen Entscheidungen im Leben zu treffen.«

Nachdem er eine lebensgefährliche Krebsdiagnose überlebt hatte (leider erlag er der Krankheit sechs Jahre später), erklärte er: »Der Tod ist wohl die mit Abstand beste Erfindung des Lebens.« Die Unausweichlichkeit des Todes, so Jobs, könne Menschen dazu anspornen, sich ihren Passionen zu widmen, Risiken einzugehen und ihr Leben selbst in die Hand zu nehmen. Er beschwor die Absolventen im Publikum, ihr Leben nicht zu verschwenden, indem sie den Erwartungen anderer hinterherjagten, und erinnerte sie daran, dass ihre Zeit auf Erden begrenzt sei.

Von all den Dingen, die Steve Jobs diesen jungen Absolventen hätte sagen können, empfand er es im Lichte seiner eigenen Konfrontation mit dem Tod als besonders wichtig, sie an ihre eigene Endlichkeit zu erinnern.

DIE DISZIPLIN-GLEICHUNG

An dieser Stelle hatte ich überlegt, einige Tipps und Tricks zum Zeitmanagement mit einfließen zu lassen – davon gibt es mehr, als ich aufzählen könnte; die Pomodoro-Technik, das Eisenhower-Prinzip, die ABCDE-Methode, die Ivy-Lee-Methode, Aufgaben-Batching, die 1-Minute-To-Do-Liste, die 1-3-5-Regel, die Timeboxing-Methode, die Seinfeld-Strategie, die Vier Ds des Zeitmanagements, die Zwei-Stunden-Lösung, die Aktionsmethode und noch so viele mehr.

Der Grund, weshalb es so viele Zeitmanagement»methoden«, »-techniken« und »-strategien« gibt, ist derselbe, aus dem unendlich viele Diäten existieren – ehrlich gesagt löst keine von ihnen das grundsätzliche Problem. Es gibt kein Zeitmanagementsystem, keine Methode zur Überwindung von Prokrastination und keinen Produktivitätstrick, die dir das liefern können, was du zum Durchhalten brauchst, um die richtige Entscheidung zu fällen und dich darauf zu konzentrieren, was langfristig wichtig ist. Das zugrunde liegende Problem heißt: Disziplin.

Ist man diszipliniert, wird jede der vielen verschiedenen Methoden, jeder Hack und jeder Trick funktionieren. Ohne die nötige Disziplin wird dir nichts davon etwas nützen.

Anstatt an dieser Stelle also Produktivitätsmethoden zu besprechen, die man ohne Disziplin nicht anwenden kann, möchte ich ganz einfach über Disziplin reden.

Für mich heißt Disziplin, dass man sich kontinuierlich verpflichtet, ein Ziel zu verfolgen, unabhängig von wechselnden Motivationsgraden, indem man konsequente Selbstbeherrschung übt, Belohnungen aufschiebt und Ausdauer an den Tag legt.

Die psychologischen Gründe, die uns langfristig diszipliniertes Handeln ermöglichen, können vielfältig sein und werden durch eine Kombination aus persönlichen Eigenschaften, innerer Einstellung, emotionaler Regulation und Umweltfaktoren beeinflusst.

Wenn ich über die zentralen Bereiche in meinem Leben nachdenke, in denen ich über Jahre und Jahrzehnte hinweg konsequent diszipliniert war – mein Gesundheits- und Fitnessregime, beim Aufbau meiner Unternehmen, in meiner Liebesbeziehung und sogar in den Beziehungen mit Familienmitgliedern –, zeigen sich drei zentrale Faktoren, die für Disziplin notwendig sind. Zusammen ergeben sie das, was ich die Disziplin-Gleichung nenne:

1. Wie viel ist dir das Ziel wert?
2. Wie psychologisch befriedigend und ansprechend ist der Weg zum Ziel?
3. Wie seelisch belastend und abschreckend ist der Weg zum Ziel?

☆ DISZIPLIN = WERT DES ZIELS + BEFRIEDIGUNG – BELASTUNG

Nehmen wir an dieser Stelle das DJing als Beispiel. Während der letzten zwölf Monate habe ich DJing gelernt. Ich setze mich hin und übe an fünf Tagen in der Woche für eine Stunde – ich habe das in den letzten zwölf Monaten mit guter Regelmäßigkeit getan.

Wert des Ziels: Ich wäre wirklich gern DJ und möchte meine eigenen Lieder produzieren, weil ich verrückt nach Musik bin, die Kunst des DJings liebe und weil ich, nachdem ich zuerst vor sechs Kollegen in meiner Küche aufgetreten bin und später vor 3000 Menschen auf einem Rave, nun süchtig nach dem Glücksgefühl bin, das Livemusik in mir und einem Raum voller Menschen auslösen kann.

Befriedigung: Das Downloaden neuer Musik jede Woche, die Herausforderung, diese neu zusammenzumischen, und das Verfallen in einen wohltuenden Übungsflow sind psychologisch unglaublich bereichernd, und dank der Macht des Fortschritts – besprochen in Gesetz 29, wo es um die Motivation geht, die das Gefühl voranzukommen auslöst – bin ich voll und ganz dabei.

Belastung: die Zeit für das Üben, die Energie für die Konzentration und die latente Angst, die ich spüre, wenn ich vor anderen auftrete.

Weil der Wert meines Ziels und die Freude, die ich auf dem Weg dorthin empfinde, größer sind als die Belastung, konnte ich meine Disziplin – unabhängig davon, wie sich meine Motivation zwischendurch veränderte – aufrechterhalten.

WIE MAN SEINE DISZIPLIN-GLEICHUNG BEEINFLUSSEN KANN

Aufgrund meiner Ignoranz, meiner Unsicherheit und meiner fehlenden Reife verbrachte ich meine späte Jugend und meine ersten Jahre als Erwachsener damit, monetären Zielen, sozialem Status und romantischen Beziehungen hinterherzulaufen. Als Erwachsene suchen wir oft in den Dingen nach Bestätigung, die uns in jungen Jahren das Gefühl gaben, unzureichend zu sein, so auch ich.

War ich mir bewusst, dass mein Handeln von Unsicherheit geleitet wurde? Absolut nicht. Ehrlich gesagt wurde ich weniger »angetrieben« als mitgeschleift. Verstand ich damals, auf welches Ziel ich eigentlich hinarbeitete? Auf keinen Fall. Ich dachte, mein Ziel wären Reichtum, Erfolg und Anerkennung, dabei ging es mir eigentlich darum, meine tief sitzenden Unsicherheiten und die Scham meiner Kindheit zu beseitigen. Ich hatte keine Ahnung, was mich da mitschleifte, und ich wusste auch nicht, wohin es mich brachte.

Ich vermute, dass es den meisten Menschen, die dieses Buch lesen, so geht. Wahrscheinlich sind sich die meisten über ihre Ziele nicht vollkommen im Klaren und wissen nicht, weshalb diese ihnen wirklich wichtig sind.

Um den ersten Wert deiner Disziplin-Gleichung genau angeben zu können, den angenommenen Wert des Ziels, musst du dir völlig klar darüber sein, was dein Ziel ist. Außerdem musst du darlegen können, weswegen dir das Erreichen dieses Ziels innerlich wirklich wichtig ist. Klarheit hilft dir dabei, Systeme und Erinnerungen zu etablieren, die dir fortlaufend den Wert deines Ziels vor Augen halten.

Visualisierung, das wurde wissenschaftlich erwiesen, hat sich an dieser Stelle als sehr nützlich erwiesen. Sobald wir uns vorstellen, wie wir das Ziel erreicht haben, erhöht sich auch unser angenommener Wert desselben (Wert eins).

Im Durchschnitt verbringt jeder Mensch täglich 3,15 Stunden am Handy. Bei mir sind es mehr als fünf Stunden am Tag, weswegen ich den Sperrbildschirm und den Hintergrund meines Smartphones in mein persönliches Visualisierungs-Moodboard verwandelt habe. Wenn man am Tag drei Stunden lang auf den Bildschirm seines Handys starrt, kann ein Hintergrund oder ein Sperrbildschirm, der den Wert deiner Ziele unterstreicht, einen enormen Einfluss auf dein Unterbewusstsein ausüben.

Für den zweiten Wert in deiner Gleichung, wie ansprechend dein Weg zum Ziel ist, musst du alles in deiner Macht Stehende tun, um den Weg zu deinem Ziel zu genießen, und du brauchst psychologische Taktiken, die deine Motivation aufrechterhalten.

In den letzten drei Jahren bin ich kontinuierlich an sechs Tagen in der Woche ins Fitnessstudio gegangen. Zwar belohnt mich mein Körper für jedes Training mit einem natürlichen Dopaminkick, ich habe aber auch bewusst Systeme geschaffen, die mich spielerisch zur Verantwortung ziehen, damit ich meinem Vorhaben treu bleibe.

Ich habe eine »Fitness-Blockchain« ins Leben gerufen. Dabei handelt es sich im Grunde um eine WhatsApp-Gruppe aus zehn Freunden und Kollegen. Jeden Tag posten wir dort einen Screenshot unseres Trainings, das unsere Fitnesstracker aufgezeichnet haben. Am Ende des Monats wird die Person, die am unregelmäßigsten trainiert hat, aus der Gruppe geworfen, und das Los entscheidet über ein neues Mitglied. Die drei beständigsten Fitnessstudiogäste erhalten eine Gold-, Silber- oder Bronzemedaille, und für jede Medaille bekommt man Punkte, die in unsere Gruppentabelle eingetragen werden.

Der tägliche Austausch, das Verleihen der Medaillen am Ende des Monats, die Witze, die Verbindung, das Risiko und der Wettbewerb tragen alle zu einem sozialen Pakt bei – mehrere Personen entscheiden gemeinsam, sich beim Erreichen eines Zieles zu unterstützen und einander zur Verantwortung zu ziehen. Eine solche Gamifizierung – das Integrieren von Spielelementen wie Preisen, Punkten und Challenges – hat sich bei wissenschaftlichen Untersuchungen als eine wirksame Methode herausgestellt, die das Verpflichtungsgefühl, die Freude und damit den persönlichen Einsatz erhöht.

Diese Gruppe hat nicht nur den Ablauf des Ganzen wesentlich angenehmer und verbindlicher gestaltet (Wert 2), dadurch erschien auch das eigentliche Ziel – fitter und gesünder zu werden – lohnender (Wert 1), da ich nun imaginäre Titel gewinnen und sie mit Vergnügen meinen besten Freunden über Monate hinweg unter die Nase reiben konnte.

Damit deine Disziplin für lange Zeit stabil bleiben kann, musst du alles dafür tun, psychologische Reibung und materielle Hürden, die deinem Ziel im Weg stehen, zu minimieren. An dieser Stelle spielt der dritte Wert deiner Gleichung – wie psychisch belastend der Weg zum Ziel ist – eine Rolle.

Alles, was den Prozess weniger erfreulich macht – er scheint zu schwierig, zu kompliziert, zu voll von negativen Rückmeldungen, zu ungerecht, zu zeitaufwendig, zu kostspielig, zu angsteinflößend, zu einschränkend, zu isolierend oder man kann kaum Fortschritt erkennen –, erhöht die Belastung durch deine Zielsetzung, was wiederum deine Chancen schwächt, diszipliniert zu bleiben.

Als ich mit dem DJing anfing, war mir klar, dass ich wesentlich disziplinierter wäre, wenn ich möglichst niederschwellig üben könnte. Ich rief mir außerdem Gesetz 8 mit seinen Regeln für das Schaffen neuer Gewohnheiten in Erinnerung und baute dann mein DJ-Equipment auf dem Küchentisch auf, wo es, für mich direkt zugänglich, ein ganzes Jahr lang stand. Ich sorgte außerdem dafür, dass ich, wenn ich üben wollte, nur einen Knopf drücken musste, um das System zu starten.

Hätte ich es für jede Session extra aufbauen müssen oder hätte es in einem anderen Zimmer gestanden, in dem ich mich seltener aufhielt, hätte meine Disziplin nachgelassen, da bin ich mir absolut sicher. Der Aufwand, den der Weg zum Ziel dir abverlangt, hat einen negativen Einfluss auf deine Chancen, dein Ziel zu erreichen. Du musst also jeden Aspekt, der sich zu deiner psychischen Belastung hinzufügt und/oder der dich von deinem Ziel abbringen könnte, so klein wie möglich halten.

Denke daran: **Disziplin = Wert des Ziels + Befriedigung – Belastung.**

Wir müssen nicht schlauer sein als alle anderen. Wir müssen bloß disziplinierter sein als alle anderen.

Warren Buffett

✭ DAS GESETZ: DIE DISZIPLIN-GLEICHUNG: TOD, ZEIT UND DISZIPLIN

Erfolg ist unkompliziert, er ist kein Hexenwerk und auch kein Mysterium. Glück und Zufall können dir einen wunderbaren Rückenwind verschaffen, aber alles andere ergibt sich, je nachdem, wie du deine Zeit einsetzt. Meistens geht es darum, etwas zu finden, das uns genug in seinen Bann schlägt, damit wir täglich danach streben wollen, und ein Ziel zu finden, das uns wichtig genug erscheint, damit wir es unbeirrt verfolgen. Erfolg ist die Verkörperung von Disziplin – auch wenn es nicht immer leicht ist, sind seine grundlegenden Prinzipien wunderbar einfach.

Wähle genau aus, womit du deine Zeit verbringst und mit wem. Das ist ein Zeichen von Selbstrespekt.

The Diary of a CEO

PFEILER IV:
DAS TEAM

Gesetz 28:
Die Frage ist wer, nicht wie

Dieses Gesetz zeigt, wie man auf einfache Weise einzigartige Unternehmen, Projekte oder Organisationen schaffen kann – ohne dass man selbst mehr tun oder irgendetwas Neues lernen müsste.

Mir gegenüber saß Richard Branson, ein weltbekannter Unternehmer, Abenteurer, Weltraumreisender und Gründer der Virgin Group. Ich hatte an einer Privatvorstellung im Herzen Manhattans teilgenommen, bei der eine neue Dokumentation über Bransons Leben gezeigt worden war, und für den nächsten Tag hatte ich ihn um zwei Stunden seiner Zeit gebeten, damit ich ihn für meinen Podcast *The Diary of a CEO* interviewen konnte. Er erzählte mir:

> Ich war Legastheniker und damit in der Schule ein ziemlich hoffnungsloser Fall; ich nahm einfach an, ich sei ein bisschen dumm. Außerdem litt ich an Dyskalkulie; ich konnte gerade so addieren und subtrahieren. Sobald es aber etwas komplizierter wurde, konnte ich das nicht.
>
> Als ich ungefähr fünfzig Jahre alt war, saß ich in einer Vorstandssitzung und fragte den Direktor, ob das nun gute oder schlechte Nachrichten seien, die er hier für mich habe? Und einer der Direktoren meinte: »Komm mal mit raus, Richard.« Ich ging mit ihm raus, und er sagte: »Du kennst den Unterschied zwischen Netto- und Bruttogewinn nicht, oder?«
>
> Ich antwortete: »Nein.«

Er sagte: »Das dachte ich mir«, und zückte ein Blatt Papier und Buntstifte. Und er malt das Blatt blau an, zeichnet dann ein Fischernetz darauf und einen kleinen Fisch in das Netz. Und er sagt: »Also, die Fische, die sich im Netz befinden, das ist dein Gewinn am Ende des Jahres, und der Rest des Ozeans, das ist dein Bruttoumsatz.« Und ich: »Verstehe.«

Das alles spielt im Grunde keine Rolle. Für jemanden, der ein Unternehmen leitet, ist es ausschlaggebend, ob er das Unternehmen zum besten in seinem Sektor machen kann. Die Zahlen kann jemand anderes zusammenrechnen. Es hilft natürlich, wenn du addieren und subtrahieren kannst, aber selbst wenn nicht, würde ich mir darüber nicht allzu viele Gedanken machen. Du kannst dir jemanden suchen, der das kann.

Ich kann einfach gut mit Menschen. Ich kann Menschen vertrauen. Ich umgebe mich mit wirklich guten Menschen. So ist das, wenn man Legastheniker ist und eine Rechenschwäche hat; ich hatte keine Wahl, ich musste delegieren.

Mir verschlug es die Sprache. Es hat etwas sehr Befreiendes, Inspirierendes und Machtvolles an sich, wenn ein Multimilliardär, ein Rockstar unter den Unternehmern, dessen Gruppe aus vierzig Firmen besteht, die 71.000 Menschen beschäftigen und 24 Milliarden Dollar jährlich in Verkäufen umsetzen, wenn also so jemand dir erzählt, er könne nicht sonderlich gut lesen oder rechnen, und dass es im Grunde auch »keine Rolle spielt«.

Dieses Geständnis war Musik in meinen Ohren, nicht nur weil es ihn menschlich erscheinen ließ und er ehrlich war, sondern weil ich mich dadurch selbst weniger wie ein Hochstapler fühlte! Als ich zweiundzwanzig Jahre alt war, machte das Unternehmen, das ich gegründet hatte, bereits mehrere Hundert Millionen Umsatz. Wir beschäftigten Hunderte Menschen auf der ganzen Welt, und ich verbrachte einen Großteil meiner Zeit damit, zwischen unseren Büros auf dem europäischen Festland, im Vereinigten Königreich und in den USA hin- und herzufliegen. Doch irgendwo ganz tief in mir drin konnte ich das nagende Gefühl nicht loswerden, ich sei gar kein richtiger CEO. Schließlich war ich weder außergewöhnlich gut in Mathe noch in Rechtschreibung oder in den sonstigen operativen Abläufen, mit denen man ein Unternehmen leitet. In den letzten zehn Jahren habe ich meine Energie darauf verwandt, bestmögliche Produkte zu entwerfen, und ich habe alles, was ich nicht gerne tue oder nicht tun kann (was meistens ein und dasselbe ist), an jemanden delegiert, der wesentlich fähiger, erfahrener und sich seiner Sache sicherer ist als ich.

Für mich hat das immer gut funktioniert – ich versuche schon seit Langem nicht mehr, ein Experte in Dingen zu werden, in denen ich nicht gut bin oder die ich nicht verstehe. Diese Einstellung deckt sich jedoch nicht mit den Ratschlägen, die man von Wirtschaftshochschulen, Büchern übers Unternehmertum und erfolgreichen Blogs erhält. In der Regel behaupten diese, man müsse in vielen verschiedenen Bereichen gut sein, um erfolgreich sein zu können.

Ich habe den Stand-up-Komiker Jimmy Carr bei mir zu Hause in London interviewt, und er hat mich in diesem Punkt ebenso weise wie heiter unterstützt:

> Ich denke, die Schule lehrt uns in diesem Zusammenhang vielleicht das Falsche. Die Schule unterrichtet uns in Mittelmäßigkeit, wir sollen Allrounder sein. Dabei leben wir in einer Welt, die nicht für Allrounder gemacht ist. Wer schert sich schon um Leute, die alles ein bisschen können? Wenn du in Physik eine Vier bekommst und in Englisch eine Eins, dann geh nur noch zum Englischunterricht … »Wir bekommen dich in Physik auf eine Drei« … Ich sag dir, was die Welt nicht braucht: jemanden, der mies in Physik ist! Finde also heraus, wo deine natürlichen Stärken liegen, und konzentriere dich darauf!

Jimmys Aussage beschreibt ganz wunderbar meine Strategie der letzten zehn Jahre. In Wahrheit bin ich wirklich schlecht darin, Dinge zu tun, die mir keinen Spaß machen, was meine 31-prozentige Anwesenheitsrate in der Schule und der daraus folgende Rauswurf ausreichend beweisen sollten. Und diese Fähigkeit hat sich als meine Superkraft herausgestellt, denn sie erlaubt es mir, mich ganz und gar auf die wenigen Dinge einzulassen, in denen ich gut bin und die mir Spaß machen.

Im Geschäftsleben geht es weniger darum zu lernen, wie man etwas tut. Es geht vielmehr darum zu wissen, wer etwas für einen tun kann, besonders wenn du den Wunsch hast, ein wirklich großes Unternehmen aufzubauen. Im Geschäftsleben geht es vor allem um Menschen. Im Grunde ist jedes Unternehmen, ob es ihm bewusst ist oder nicht, in erster Linie eine Personalagentur. Jeder CEO und jeder Gründer wird danach beurteilt, ob er 1. in der Lage ist, die bestmöglichen Arbeitskräfte einzustellen, und ob er 2. für diese ein Arbeitsklima schaffen kann, in dem sie ihr Bestes leisten können – eine Kultur, in der sie zu mehr werden als der Summe ihrer Teile, in der 1 + 1 = 3 ergibt. Hätte ich einen sechzehnjährigen Richard Branson engagiert und ihm eine Arbeitsumgebung geschaffen, die das Beste aus ihm herausholt, wäre ich nun stolzer Inhaber eines 20 Milliarden schweren Unternehmens.

Gründer, besonders unerfahrene Gründer, neigen dazu, die eigene Bedeutung schrecklich zu überschätzen – sie gehen fälschlicherweise davon aus, ihre Ergebnisse hingen allein von ihrer eigenen Brillanz, ihren Ideen und ihren Fähigkeiten ab.

In Wahrheit hängt dein Ziel von dem gebalten Einfallsreichtum, den Ideen und der Arbeit von der Gruppe ab, die du zusammengestellt hast. Jede große Idee, alles, was du erschaffst, dein Marketing, deine Produkte, deine Strategie – alles kommt aus dem Verstand der Menschen, die du eingestellt hast.

Du führst eine Personalagentur – das ist deine Priorität, und Gründer, die das verstehen, bauen Unternehmen auf, die die Welt verändern.

> Für mich besteht die wichtigste Aufgabe, die jemand wie ich hat, im Rekrutieren. Wir haben uns den Kopf darüber zerbrochen, wen wir einstellen sollen. Ein großer Teil meines Erfolgs baut darauf auf, dass ich wahrhaft begabte Menschen gesucht und mich nicht mit den zweit- oder drittbesten Mitarbeitern zufriedengegeben, sondern wirklich auf Spitzenleute gesetzt habe. Es ergibt überhaupt keinen Sinn, intelligente Menschen einzustellen und ihnen dann zu sagen, was sie tun sollen. Wir stellen intelligente Menschen ein, damit sie uns sagen, was wir tun sollen.
>
> **Steve Jobs**

✩ DAS GESETZ: DIE FRAGE IST WER, NICHT WIE

Wir wurden darauf trainiert, uns zu fragen: »Wie kann ich das machen?«, wenn es darum geht, etwas zu erledigen. Dabei ist die bessere Frage, die auch die weltbesten Gründer zuerst stellen: »Wer kann das am besten für mich erledigen?«

Dein Ego wird darauf bestehen, dass du etwas tust.

Dein Potenzial wird darauf bestehen, dass du delegierst.

Gesetz 29:
Schaffe eine Kultmentalität

Dieses Gesetz offenbart dir das Geheimnis, wie man innerhalb eines Teams, eines Unternehmens oder einer Organisation eine wahrhaft gute Arbeitskultur schaffen kann.

> Du solltest dein Start-up führen wie eine Kultgemeinschaft.
>
> **Peter Thiel, Mitbegründer von Paypal**

Massenselbstmord ist die fatalste Form des Gruppendenkens. Jim Jones war der Anführer der Peoples-Temple-Sekte. Im Jahr 1978 überzeugte er seine Anhänger davon, dass der Weltuntergang kurz bevorstehe. Eines Tages folgten mehr als neunhundert seiner Jünger – darunter Frauen und Kinder – seinen Anweisungen und begingen Selbstmord, indem sie Limonade tranken, die mit Zyanid versetzt worden war.

☆ EIN UNTERNEHMEN KANN EIGENTLICH UNMÖGLICH ZU EINER ECHTEN KULTGEMEINSCHAFT WERDEN

Kulte und Sekten sind korrupt, bösartig, manipulativ und setzen psychologische Gehirnwäsche ein, um ihre Mitglieder zu kontrollieren. Sie sind auf Anführer angewiesen, die ihre Anhänger vom eigenständigen Denken abhalten. Im Unterschied dazu sind moderne Unternehmen, die in einer sich schnell ändernden, unvorhersehbaren, turbulenten Welt bestehen wollen, darauf angewiesen, dass alle ihre Angestellten in der Lage sind, selbstständig zu denken. Das Letzte, was du heutzutage als Chef brauchst, sind Mitarbeiter, die sich kein unabhängiges Urteil bilden können.

In seinem bahnbrechenden Buch *Immer erfolgreich* meint Jim Collins, es gäbe nichts daran auszusetzen, wenn Angestellte sich kultartig gewissen *Werten verschreiben.* Diejenigen, die visionäre Unternehmen aufbauen, so Collins, unterstützen so etwas ganz bewusst, anstatt sich lediglich auf Arbeitsmoral, Ideale und die Fähigkeiten ihrer Angestellten zu verlassen.

Sekten sind grauenhafte, böse und abscheuliche Institutionen. Sie nutzen die Schwächen, Unsicherheiten und die Gutgläubigkeit der Menschen aus. Ich rate dir keinesfalls, dir an ihrer Immoralität, Boshaftigkeit oder ihren Täuschungen ein Beispiel zu nehmen. Allerdings fasziniert und verblüfft es mich, zu sehen, wie Menschen sich einer Sache, einer Marke oder einer Mission derart verschreiben können, dass sie bereit sind, ihr Leben dafür zu geben.

Ich habe mit den CEOs der weltweit angesehensten Marken zusammengesessen, von denen ein paar – in ihren eigenen Worten – eine »Kultanhängerschaft« haben. Einige haben eine »kultartige« Unternehmenskultur, und wieder andere erwähnten eine »Kultmentalität«, die herrschte, als das Unternehmen sich im Aufbau befand.

Dazu sagte Peter Thiel, deutsch-amerikanischer Milliardär, Entrepreneur und Mitbegründer von Paypal:

> Jede Unternehmenskultur lässt sich auf einem linearen Spektrum darstellen: die besten Start-ups kämen einer Sekte wahrscheinlich recht nahe. Der größte Unterschied besteht darin, dass Sekten in der Regel auf fanatische Weise in einer wichtigen Sache falschliegen. Bei einem erfolgreichen Start-up haben die Menschen, die

dort arbeiten, in einer bestimmten Sache, von der Außenstehende keine Ahnung haben, auf fanatische Weise recht.

Weshalb sollte man mit Menschen zusammenarbeiten, die sich gegenseitig nicht mögen? Betrachtet man den Arbeitsplatz aus einer rein professionellen Sicht, wo unabhängige Akteure sich auf Basis reiner Transaktion schlichtweg an- und abmelden, ist das mehr als nur kaltherzig: Es ist unvernünftig. Zeit ist dein wertvollstes Gut, es wäre also abwegig, sie bei der Arbeit mit Menschen zu verbringen, mit denen man sich langfristig keine gemeinsame Zukunft vorstellen kann.

Wenn du dir genauer anschaust, welche T-Shirts die Leute in San Francisco auf der Arbeit tragen, wirst du auf ihnen die Firmenlogos ihrer Arbeitgeber erkennen – und Mitarbeitern der Tech-Branche sind diese T-Shirts wirklich wichtig. Die Start-up-Uniform verkörpert ein einfaches, aber essenzielles Prinzip: In deinem Unternehmen sollte jeder auf die gleiche Weise anders sein – eine Gemeinschaft von Gleichgesinnten, die sich voll und ganz der Mission ihres Unternehmens verschrieben haben.

Und mach vor allem bei dem Gefälligkeiten-Wettbewerb nicht mit. Jeder, der sich ernsthaft von einem kostenlosen Wäschedienst oder einer Tagesbetreuung für das eigene Haustier beeindrucken lässt, wäre keine gute Ergänzung für dein Team. Biete deinen Mitarbeitern einfach das Wesentliche, und versprich ihnen das, was kein anderer kann: die Möglichkeit, unverzichtbare Arbeit an einem einzigartigen Problem zu leisten, und das gemeinsam mit großartigen Menschen.

Wir alle kennen die nostalgischen Bilder von einer kleinen Gruppe, die sich in einer Scheune, einem Keller oder einer Wohnung um Computer drängt und an dem arbeitet, was sich als die nächste große milliardenschwere Firma herausstellen wird. Die Menschen auf diesen Bildern sehen immer sehr müde und ein wenig mangelernährt aus, scheinen aber hochkonzentriert zu sein. Facebook, Amazon, Microsoft, Google, Apple, sie alle haben so angefangen. Alle diese Unternehmen hatten in ihren Anfangsjahren sektenhafte Eigenschaften, und ihre Gründer schreiben den späteren Erfolg diesem anfänglichen religiösen Eifer, der Hingabe und der Obsession zu.

> Die Energie bei einem Start-up fühlt sich an, als sei man Teil einer Bewegung oder einer Kultgemeinschaft.
>
> **Kevin Systrom, Mitbegründer von Instagram**

> Als ich die Firma gründete, dachte ich mir: »Wer hat schon Lust auf eine Sekte? Das klingt schrecklich.« Aber wenn du ein Start-up hast, ist das genau die Atmosphäre, die du brauchst. Dein Ziel muss es sein, ein Unternehmen aufzubauen, das den Leuten wirklich am Herzen liegt.
>
> **Tony Hsieh, ehemaliger CEO von Zappos**

> Es hat etwas von einem Kult, wenn du verstehst, was ich meine. Die Energie, die Kameradschaft, das Gefühl, eine Mission und eine Bestimmung zu haben.
>
> **Evan Williams, Mitbegründer von Twitter**

✯ DIE VIER STADIEN DER FIRMENGRÜNDUNG

Ich bin der festen Überzeugung – gespeist aus meinen Erfahrungen beim Aufbau von mehr als zehn erfolgreichen Start-ups und durch Gespräche mit Hunderten erfolgreichen Gründern –, dass die besten Unternehmen einen evolutionären Prozess durchlaufen, der – obwohl das einige vielleicht abschrecken mag – dem einer Kultgemeinschaft gleicht.

Die vier Stadien eines Firmenlebens bestehen aus Kult-, Wachstums-, Unternehmungs- und Abstiegsphase. In der Kultphase beziehungsweise beim Sprung von null auf eins (zero to one) sind die Gründungsmitglieder meist so von ihrem wahnhaften Glauben, ihrem Enthusiasmus und ihrer Dringlichkeit erfüllt, dass sie »alles auf eine Karte setzen«. Sie opfern ihre Freizeit, ihre Beziehungen und leider auch ihre Gesundheit, um ihr Projekt voranzutreiben.

In der Wachstumsphase herrscht hinter den Kulissen des Unternehmens Chaos. Angestellte sind überarbeitet, haben zu wenig Ressourcen und sind oft unerfahren. Ihnen fehlen die Systeme, die Abläufe und das Personal, um mit dem Wachstum richtig umgehen zu können, aber sie fühlen sich, als seien sie auf dem Weg zu etwas ganz Großem, deswegen halten sie dennoch voller Begeisterung, Schrecken und Hoffnung daran fest.

Während der Unternehmungsphase sind die Menschen stabil. Ihr Leben ist nun ausgeglichener, die Bindung der Mitarbeiter verbessert sich, und Erwartungen, Prozesse und Systeme sind mittlerweile festgelegt worden.

Die letzte Phase, der Abstieg, kommt irgendwann bei jedem Unternehmen – meist aufgrund von Risikovermeidung, Gleichgültigkeit und des Vogel-Strauß-Effekts, den ich in Gesetz 22 beschrieben habe.

✯✯✯

Die schwerwiegendste Entscheidung, die du bei der Gründung deines Unternehmens treffen wirst, ist die Auswahl deiner ersten zehn Mitarbeiter. Jeder von ihnen macht 10 Prozent deiner Unternehmenskultur, deiner Werte und deiner Philosophie aus. Es wird dein Unternehmen nachhaltig prägen, wenn du bei diesen zehn Menschen richtigliegst und sie mit der passenden Kultur aneinander binden kannst. Ist eine Kultur stark, passen sich die neu Hinzukommenden ihr an. Ist eine Kultur schwach, passt sie sich den neu Hinzukommenden an. Dein elfter Mitarbeiter wird den anderen zehn in Werten und Philosophie auffallend ähneln.

Wenn man genügend erstklassige Mitarbeiter zusammenbringt, wenn man bereit ist, einen unglaublichen Arbeitsaufwand zu betreiben, und fünf der Besten in ihrem Feld aufspüren kann, dann arbeiten diese Menschen meiner Erfahrung nach wirklich gerne miteinander, weil sie bisher noch nie die Gelegenheit dazu hatten; und sie wollen auch nicht mit zweit- oder drittklassigen Mitarbeitern zusammenarbeiten. Dementsprechend reguliert sich das Ganze selbst, da sie auch nur weitere Top-Mitarbeiter einstellen wollen. Und auf diese Weise bildet man kleine Einheiten von erstklassigen Angestellten, die sich wie von selbst vermehren.

So war es beim Mac-Team. Es bestand nur aus den Besten der Branche.

Steve Jobs

Dieses Anfangsteam liefert einen Vorgeschmack darauf, wie die Unternehmenskultur aussehen wird, wenn es einmal einhundert Mitarbeiter sein werden. Aus diesem Grund fühlen sich Unternehmen, die einmal Großes leisten werden, anfangs wie ein Kult an – sie sind sich ihrer Werte sicher, verschreiben sich einer bestimmten Sache und sind davon besessen, ein Problem zu lösen.

Obwohl sich eine solche Mentalität nicht aufrechterhalten lässt und sich langsam auflöst, während das Unternehmen seine Entwicklungsphasen durchlebt, bleibt der Kern dieser Anfangsmentalität dennoch in Form einer Reihe von klaren Werten erhalten, die weiterhin alles durchdringen, was das Unternehmen tut.

Die Frage lautet also: Was macht einen Kult aus?

1. DAS GEFÜHL VON GEMEINSCHAFT UND ZUGEHÖRIGKEIT

Joshua Hart, der als Professor am Union College über Kulte und Sekten forscht, sagt: »Sie bieten Sinn, Bestimmung und Zugehörigkeit. Sie liefern eindeutige, feste Ansichten und verfechten die Überlegenheit der Gruppe. Und Anhänger, die sich nach Frieden, Zugehörigkeit und Sicherheit sehnen, können vielleicht genau das in einer gewissen Form dort finden, außerdem kann es ihr Selbstbewusstsein stärken, Teil dieser Gruppe zu sein.«

2. EINE GEMEINSAME MISSION

»Ein Kult ist eine Gruppe oder eine Bewegung, die sich gemeinsam einer in der Regel extremen Ideologie verschreibt«, so Janja Lalich, Expertin für Kult- und Sektenforschung. Mitglieder eines Kults verfügen außerdem über eine klare gemeinsame Identität, manchmal über eine gemeinsame Uniform – in der Wirtschaft zeigt sich das mitunter im Tragen des Firmenlogos.

3. EIN INSPIRIERENDER ANFÜHRER

»Was die Führer angeht, so geben sich diese typischerweise unfehlbar, selbstbewusst und imposant. Ihr Charisma zieht die Menschen an«, beschreibt Joshua Hart.

4. EINE VERTEIDIGUNGSHALTUNG IM SINNE VON »WIR GEGEN DEN REST DER WELT«

Kultgemeinschaften haben in der Regel einen eindeutigen Gegner. Für die Heaven's-Gate-Sekte bestand dieser aus der gesamten Zivilisation und allen Ungläubigen. In der Wirtschaft sind die Widersacher in der Regel die Konkurrenten innerhalb der Branche – andere Teams mit konkurrierenden Missionen.

> Wenn du Teil eines Start-ups bist, musst du zuallererst daran glauben, dass ihr die Welt verändern werdet.
>
> **Marc Andreessen, Mitbegründer von Netscape und Andreessen Horowitz**

☆ DIE ZEHN SCHRITTE ZU EINER ERFOLGREICHEN UNTERNEHMENSKULTUR

1. Lege die zentralen Werte deines Unternehmens fest, und verbinde sie mit weiteren Aspekten wie Mission, Vision, Prinzipien oder Bestimmung, um so eine solide Grundlage für deine Organisation zu schaffen.

2. Integriere die gewünschte Kultur in jeden Bereich deines Unternehmens, in die Einstellungsrichtlinien, die Prozesse und Abläufe in allen Abteilungen und in alle Tätigkeitsbereiche.
3. Einige dich auf gemeinsame Umgangsregeln und Normen, die für alle Teammitglieder gelten, und stelle so eine positive Arbeitsumgebung sicher.
4. Schaffe eine gemeinsame Bestimmung, einen Sinn, der über die kommerziellen Ziele deines Unternehmens hinausgeht, und fördere so eine tiefere Verbindung unter den Mitarbeitern.
5. Nutze Mythen, Geschichten, firmenspezifisches Vokabular und Legenden zusammen mit Symbolen und Gewohnheiten, um die Unternehmenskultur zu festigen, und bette sie so in das kollektive Bewusstsein der Mitarbeiter ein.
6. Entwickle eine einzigartige Gruppenidentität, und kultiviere ein Gefühl von Exklusivität und Stolz innerhalb deines Teams.
7. Schaffe eine Atmosphäre, die Errungenschaften, Fortschritt und das Ausleben der Unternehmenskultur feiert, und fördere so Motivation und Stolz.
8. Unterstütze Kameradschaft, Gemeinschaft und das Zugehörigkeitsgefühl unter Teammitgliedern, ermutige sie dazu, sich aufeinander zu verlassen, und schaffe ein kollektives Verpflichtungsgefühl, das die innere Verbundenheit des Teams stärken wird.
9. Reiße Mauern ein, und ermögliche es deinen Mitarbeitern, dass sie sich selbst auf authentische Weise ausdrücken können und in der Lage sind, ihre Individualität innerhalb der Organisation auszuleben.
10. Betone die einzigartigen Eigenschaften und Beiträge deiner Mitarbeiter und des Kollektivs, so stellst du sie als eigenständig und außergewöhnlich dar.

WESHALB DU AUF LANGE SICHT KEINE KULTARTIGE UNTERNEHMENSKULTUR BEIBEHALTEN SOLLTEST

Wenn das, was du aufbaust, langfristig bestehen bleiben soll, dann wird eine kultische Besessenheit nicht ausreichen. Kulte sind in allen Bereichen – und besonders in der freien Wirtschaft – auf lange Sicht nicht tragbar. Sie sind emotional zermürbend und dementsprechend weder in der Geschäftswelt noch im Leben für das Erreichen langfristiger Ziele geeignet. Das allerwichtigste und alles umfassende Prinzip, nach dem jeder handeln sollte, der auf ein langfristiges Geschäftsziel hinarbeitet, ist das Schaffen einer Unternehmenskultur, die auf lange Sicht tragbar ist. Eine Kultur also, in der Menschen an einer Mission teilhaben, die ihnen wahrhaft wichtig ist, in der ihnen ein hoher Grad an Autonomie zugesprochen wird, in der ihre Arbeit sie angemessen fordert, die ihnen den Eindruck gibt, dass es vorangeht und dass Fortschritt stattfindet, und in der sie von mitfühlenden Menschen umgeben sind, die sich gegenseitig unterstützen, die liebend gern zusammenarbeiten und die sich gegenseitig »psychologische Sicherheit« geben können.

Wenn dir das gelingt, dann bist du auf dem besten Weg zu langfristigem Erfolg.

✯ DAS GESETZ: SCHAFFE EINE KULTMENTALITÄT

In der Anfangsphase eines Start-ups kann es extrem nützlich sein, wenn dein Personal eine kultartige Mentalität und ein kultisches Engagement an den Tag legt. Es kann die Unternehmenskultur prägen und die notwendige Leidenschaft befeuern, die man braucht, wenn man ein Unternehmen gründen möchte. Sobald das Unternehmen aber wächst, muss es sich weiterentwickeln, damit es langfristige Ziele erreichen kann – Kulte sind nicht zukunftsfähig.

Ist eine Kultur stark, werden die neu Hinzukommenden sich ihr anpassen.

Ist eine Kultur schwach, passt sie sich den neu Hinzukommenden an.

The Diary of a CEO

Gesetz 30:
Das Drei-Stufen-System für großartige Teams

Dieses Gesetz zeigt dir, wie die weltweit besten Führungskräfte entscheiden, wen sie einstellen, wen sie feuern und wen sie befördern, und weshalb du die Unternehmenskultur allem anderen vorziehen musst, wenn du ein Team aufbaust.

Für viele ist Sir Alex Ferguson der beste Fußballtrainer aller Zeiten. Während seiner sechsundzwanzig Jahre an der Spitze von Manchester United gewann er achtunddreißig Trophäen, und als er im Sommer 2013 ein letztes Mal die Premier League gewonnen hatte, gab er bekannt, dass er sich nun mit einundsiebzig Jahren zur Ruhe setzen werde.

Als er im Jahr 1986 die angeschlagene Mannschaft übernahm, sagte er: »Das Allerwichtigste ist bei Manchester United die Kultur des Clubs. Die Kultur des Clubs schafft der Trainer.« Er betonte, dass Kultur und Werte – nicht nur Spieler und Strategien – über den Erfolg einer Mannschaft entscheiden. Für ihn mussten diese Werte von den Spielern, sobald sie der Mannschaft beitraten, umgehend verinnerlicht werden. Alle im Club, die Spieler, die Trainer, die Führungskräfte und die anderen Angestellten, sollten sie hochhalten.

Vor ein paar Jahren berichtete mir Patrice Evra, der 2006 als Spieler in Fergusons Mannschaft kam, wie der Trainer ihn im Hinterzimmer eines französischen Flughafens traf, als es darum ging, ob Evra der Mannschaft beitreten sollte.

»Sir Alex wollte mir in die Augen schauen und mir eine einzige Frage stellen. Er richtete seinen stählernen Blick auf mich und fragte: ›Bist du bereit, für diesen Club zu sterben?‹ Ich antwortete: ›Ja‹, und er streckte mir sofort die Hand entgegen und sagte: ›Willkommen bei Manchester United, mein Junge!‹«

Ferguson war davon überzeugt, dass eine starke, gemeinsame Kultur innerhalb des Clubs zu einer erfolgreichen Mannschaft auf dem Platz führt und dass dies langfristig anhaltenden Erfolg nach sich zieht. Er hatte recht. Vor und nach ihm ist es noch keinem Fußballtrainer gelungen, so durchgehend erfolgreich zu sein wie er.

Seine Philosophie zeichnete sich dadurch aus, dass er das Ethos, die Kultur und die Werte der Mannschaft immer über die einzelnen Spieler stellte. Eine berühmte Aussage während einer Pressekonferenz lautete: »Niemand ist größer als der Club«, und er war dafür bekannt, dass er jeden Spieler, auch kurzfristig, transferierte, wenn er nicht länger »den Geist von United« verkörperte, egal wie gut er auch spielen mochte, wie berühmt er war oder wie sehr Ferguson auf ihn angewiesen war.

In den letzten Jahren habe ich fünf ehemalige Spieler von Manchester United interviewt, und alle fanden, eine von Fergusons größten Stärken bestehe darin, Spieler abzugeben – selbst wenn sie sich auf dem Höhepunkt ihrer Leistungsfähigkeit befanden.

Rio Ferdinand erzählte mir:

> Jaap Stam war gerade der beste Verteidiger, den die Welt zu bieten hatte, und Sir Alex sagte: »Tschüs, man sieht sich.« David Beckham war auf dem Höhepunkt seiner Karriere, als er ihn gehen ließ! Ruud van Nistelrooy war der beste Torschütze bei United, und er schloss ihn aus der Mannschaft aus! Dieser Mann erkannte Dinge, noch bevor sie passierten.

Unter Fergusons Führung wurde Beckham zum besten rechten Mittelfeldspieler Europas. Aber Ferguson beunruhigten die Paparazzihorden, die Beckham nach seiner Heirat mit Popstar Victoria belagerten. Als Beckhams Beliebtheit in Manchester rapide anstieg, war das ganz und gar nicht im Sinne von Sir Alex' Teamkultur, und einen Sommer später wurde Beckham an Real Madrid verkauft.

Ein anderes Beispiel war Roy Keane, Mannschaftskapitän während Uniteds goldener Ära. Mit ihm gewann der Club sieben Titel und steuerte 1999 auf einen Dreifachsieg (FA Premier League, FA Cup und UEFA Champions League) zu. Nach Auseinandersetzungen während des Trainings und ausfälliger Kritik an Teamkollegen bei Interviews verscherzte es sich der unverblümte Mittelfeldspieler mit Ferguson und wurde 2005 an Celtic verkauft.

Ruud van Nistelrooy war einer der erfolgreichsten Torschützen, die United je gesehen hatte. Als er allerdings aus dem Stadion stürmte, weil er das letzte Spiel der Saison auf der Bank verbringen sollte, sah man ihn bei Manchester United nie wieder.

Dem durchschnittlichen Trainer oder Manager fehlen der Mut, die Voraussicht und die innere Einstellung, um solche kühnen und richtungsweisenden Entscheidungen zu fällen – deinen wertvollsten Angestellten zu feuern, weil er die Unternehmenskultur infrage stellt, ist eine schwierige Sache. Aber jeder wirklich große Trainer oder Manager weiß auch, dass es wesentlich gefährlicher ist, wenn ein »faules Ei« das ganze Omelett verdirbt, wie talentiert es auch sein mag.

Das Schwerste, was ich je lernen musste, war, wie man Leute feuert. Man muss das tun, um die Integrität des Unternehmens und die Atmosphäre im Team zu schützen.

Richard Branson

Die dreiundsiebzigjährige Geschäftsfrau Barbara Corcoran ist Investorin bei *Shark Tank* und Gründerin eines milliardenschweren Immobilienimperiums in New York. In meinem Interview mit ihr betonte sie, wie wichtig es ist, »toxische Einflüsse« aus einem Team zu entfernen, bevor sie die anderen »Kinder« (Angestellten) anstecken können:

> Ich habe nie lange damit gefackelt, einzelne Mitarbeiter zu feuern, die negativ eingestellt waren oder nicht ins Team passten. Sie ruinierten meine guten Kinder. Negative Menschen brauchen immer andere, mit denen sie gemeinsam negativ sein können. Man muss sie loswerden. Ich habe nie eine negative Person, die nicht in die Unternehmenskultur passte, für länger als ein paar Monate behalten. Diese Menschen rauben dir heimlich die Energie, und deine Energie ist dein wertvollstes Gut.

Mein größter Fehler im Geschäftsleben war es bisher, wenn ich zu lange zögerte, jemanden zu entlassen, der einen schlechten Einfluss auf meine Unternehmenskultur hatte. Corcoran hat absolut recht, diese Menschen sind ansteckend – sie verfügen über die toxische Macht, jüngere, großartige Teammitglieder mit großem Potenzial in pessimistische, durchschnittliche Zweifler zu verwandeln.

> Ein faules Ei kann viele gute ungenießbar machen.
>
> **CEO von General Electric**

Die *Harvard Business Review* führte eine Studie durch, in der sie den Einfluss schlechter Mitarbeiter auf ein Unternehmen untersuchte. Man wollte herausfinden, wie neue Ideen und Verhaltensweisen sich unter Kollegen verbreiten. Auf Basis von Abmahnungen und Mitarbeiterbeschwerden fanden sie heraus, dass Angestellte mit 37 Prozent höherer Wahrscheinlichkeit Fehlverhalten am Arbeitsplatz an den Tag legen, wenn sie mit einem neuen Kollegen Kontakt haben, der sich selbst bereits falsch verhalten hat. Diese Studie bestätigt, dass toxische Mitarbeiter in der Tat ansteckend sind. Fehlverhalten am Arbeitsplatz multipliziert sich sozial um den Wert 1,59; das bedeutet, jeder Fall von Fehlverhalten breitet sich in einem Unternehmen aus wie ein Virus und zieht weitere 0,59 Fälle nach sich, wenn der Angestellte, der sich falsch verhalten hat, bleiben darf.

Der Wissenschaftler Will Felps, ehemals Forscher an der University of Washington Business School, fragte einmal seine Frau, ob die Atmosphäre an ihrem Arbeitsplatz sie nach wie vor störe. »Er ist diese Woche nicht im Büro, und die ganze Atmosphäre ist wesentlich besser«, meinte sie.

Felps' Frau sprach von einem besonders toxischen Kollegen, der sich regelmäßig über einzelne Teammitglieder lustigmachte und sie bloßstellte, womit er ein sowieso schon schlechtes Arbeitsumfeld noch verschlimmerte. Als dieser Mitarbeiter jedoch ein paar Tage lang krank war, passierte etwas Interessantes:

> Die Leute fingen an, einander zu helfen, sie ließen im Radio klassische Musik laufen und gingen nach der Arbeit gemeinsam aus. Als er zurückkam, wurde allerdings alles wieder wie zuvor. Vor der Krankheit des Kollegen hatte sie ihn nicht als besonders wichtige Person im Büro wahrgenommen. Als sie aber sah, wie sich das soziale Klima in seiner Abwesenheit veränderte, kam sie zu dem Schluss, dass er einen großen negativen Einfluss ausübte. Er war wirklich das faule Ei, das das gesamte Omelett verdarb.

Dieser Fall ließ Felps aufhorchen, und gemeinsam mit seinem Kollegen Terence Mitchell, einem Professor für Wirtschaft und Psychologie, arbeitete er sich durch vierundzwanzig bereits veröffentlichte Studien. Beide suchten nach Informationen darüber, wie Teams und

Gruppen miteinander umgingen, und ergänzten diese mit ihren eigenen Nachforschungen: Sie wollten herausfinden, wie stark ein einziges »negatives« Teammitglied – jemand, der nicht seinen Anteil leistet, der seine Teammitglieder schikaniert oder der emotional instabil ist – ein ganzes, anderweitig gut funktionierendes Team aus der Bahn werfen konnte. Und solche Individuen kommen häufiger vor, als man denkt: Wie sich herausstellte, können sich die meisten Menschen an mindestens ein »faules Ei« erinnern, mit dem sie im Lauf ihrer Karriere zusammenarbeiten mussten.

Ihre Untersuchungen kamen außerdem zu dem Schluss, dass die meisten Organisationen nicht über ausreichend Maßnahmen verfügen, um angemessen mit negativen Mitarbeitern umzugehen, besonders dann, wenn diese schon lange im Unternehmen sind, umfassende Erfahrungen haben oder innerhalb des Unternehmens Einfluss üben können.

Sie fanden heraus, dass negatives Verhalten durchweg schwerer wog als positives, was bedeutet, dass ein einziges »faules Ei« die gesamte Team-Kultur verderben kann, was ein, zwei oder drei gute Mitarbeiter nicht ausgleichen können.

Daraus schlossen sie: Wird ein »Störenfried« nicht entlassen, führt das zu einer wachsenden Gleichgültigkeit seitens der Mitarbeiter. Das ungewünschte Verhalten wird imitiert, man zieht sich sozial immer mehr zurück, Angst und Unbehagen nehmen zu.

Die Wissenschaftler erkannten etwas, was ich ebenfalls immer und immer wieder in meiner Karriere beobachten konnte: Kein gutes Unternehmen geht davon unter, wenn eine Person es verlässt, aber es kann davon in den Ruin getrieben werden, dass eine Person bleibt.

> Ein faules Ei kann das ganze Omelett ruinieren, aber man muss bedenken, dass man die Bratpfanne ausspülen kann. Es ist äußerst wichtig, toxische Individuen aktiv zu entfernen, damit eine positive Kultur bestehen bleibt.
>
> **Oprah Winfrey**

DIE DREI MÖGLICHKEITEN: KÜNDIGEN, EINSTELLEN, FÖRDERN

Jemanden zu feuern, ist nie einfach. Alle bereits erwähnten großen Führungspersönlichkeiten, die wissen, wie wichtig es ist, die Unternehmenskultur um jeden Preis zu schützen, sprechen auch davon, wie schwer es ihnen fällt, welche Tortur es ist und wie emotional aufreibend, jemanden zu entlassen. Diese psychologische Reibung und der dadurch ausgelöste Vogel-Strauß-Effekt (vergleiche Gesetz 22) lassen uns zögern. Wir hinterfragen unsere Entscheidung und vermeiden es, das zu tun, von dem wir eigentlich wissen, dass es das Richtige wäre.

Vor diesem Hintergrund habe ich ein einfaches System entwickelt, das ich über die letzten zehn Jahre erfolgreich innerhalb meiner Managementteams anwenden konnte. Dank ihm konnten wir dieses Problem durchschauen und uns besser darüber klar werden, wen wir einstellen, befördern oder feuern sollten. Ich nenne es mein »Drei-Stufen-System«.

Zu Anfang stellt man sich (oder dem Managementteam) in Bezug auf ein bestimmtes Teammitglied eine sehr einfache Frage: »Wenn jeder hier die gleichen kulturellen Werte, die gleiche Einstellung und das gleiche Talent wie dieser Angestellte mitbrächte, würde das die

Messlatte (den Durchschnitt) anheben, bliebe sie gleich, oder würde sie sinken?«

Ziel dieser Frage ist es nicht, am Ende nur Teammitglieder mit den gleichen Ansichten, Erfahrungen oder Interessen zu haben, es geht nicht darum, gedankliche Vielfalt, Lebenserfahrung oder Weltanschauung zu vereinheitlichen. Sie sucht vielmehr nach Ähnlichkeiten in Bezug auf die Einstellung gegenüber dem Unternehmen, gegenüber seinen kulturellen Werten und Standards.

Denke an irgendein Team, zu dem du gehörst – das kann im Sport, im kreativen Bereich oder auf der Arbeit sein –, dann denke an eine Person innerhalb des Teams und frage dich: »Wenn jeder in diesem Team die gleichen kulturellen Werte dieser Person verkörperte, würde das die Messlatte höher setzen, bliebe sie gleich, oder würde sie sinken?«

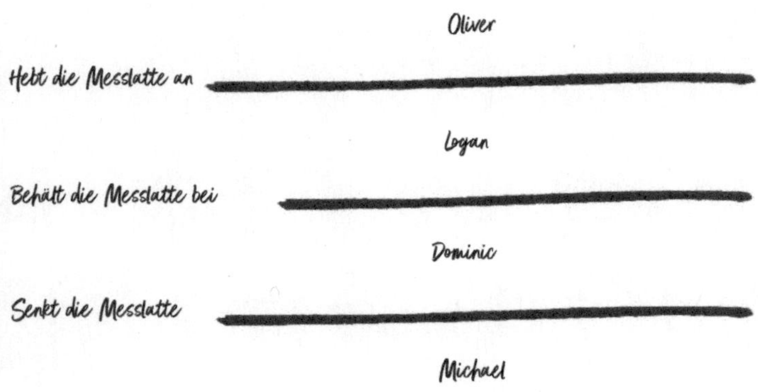

In diesem Bild habe ich vier hypothetische Menschen mithilfe dieser Frage eingeordnet. Es ist einfach: Michael – der die Messlatte herabsetzt – muss gefeuert werden, und Oliver – der die Messlatte anhebt – muss auf eine Führungsposition befördert werden. Wie die Forschung gezeigt hat, wird Michael einen unverhältnismäßig toxischen Einfluss auf das Arbeitsklima im Team ausüben, und Oliver kann die Teamkultur ausgesprochen positiv beeinflussen, wenn man ihm innerhalb der Organisation eine höhere Position gibt.

Dieses System hat sich auch als unglaublich hilfreich erwiesen, wenn es darum ging, neue Mitarbeiter an den derzeitigen Standards des Teams zu messen.

☆ DAS GESETZ: DAS DREI-STUFEN-SYSTEM FÜR GROSSARTIGE TEAMS

Jeder neue Mitarbeiter sollte die Messlatte anheben, und falls ein Angestellter – unabhängig davon, wie viel er dir in der Vergangenheit eingebracht hat – die Messlatte herabsetzt, solltest du so schnell und entschieden darauf reagieren wie Sir Alex Ferguson, um zu verhindern, dass er die heilige gemeinsame Kultur zerstört.

Jedes Unternehmen, jedes Projekt oder jede Organisation besteht im Kern aus einer Gruppe Menschen.

The Diary of a CEO

Gesetz 31: Nutze die Macht des Fortschritts

Dieses Gesetz zeigt dir das wichtigste Mittel, mit dem du Teamgeist, Motivation und Erfüllung in jeder Organisation fördern kannst. Wenn es dir gelingt, die Menschen die Macht des Fortschritts spüren zu lassen, werden sie gern Teil deines Teams sein.

> Medaillen schienen uns so weit entfernt, sie wirkten wie ein riesiger Berg am Horizont, unerreichbar. Alle dachten sich, wow, wie um alles in der Welt sollen wir es von hier bis dorthin schaffen? An was können wir glauben? Wie bringen wir das Ganze ins Rollen? Wie schaffen wir es, andere mit unserer Begeisterung anzustecken?
>
> **Sir David Brailsford, ehemaliger Sportdirektor des britischen Radsportverbands, im Podcast *The Diary of a CEO***

Vor ein paar Jahren interviewte ich Sir David Brailsford, den brillanten Kopf hinter der Methode der »Marginal Gains« (der »kleinen Erfolge«). Die Siege des britischen Radsportteams bei den Olympischen Spielen in Peking 2008 und die darüber hinaus anhaltenden Erfolge machten Brailsfords Methode weltbekannt.

Vor 2008 galt der britische Radsport als Lachnummer der Branche. Das wollte der Radsportverband ändern und stellte David Brailsford als Sportdirektor ein. Er sollte Philosophie, Strategie und Kultur des gesamten Teams neu ausrichten.

Brailsford wollte jeden Aspekt des Radsports um 1 Prozent verbessern, denn er war überzeugt, dass dies insgesamt zu einer erheblichen Leistungssteigerung führen würde. Unter seiner Leitung hörte der Radsportverband auf, großen Veränderungen hinterherzujagen, und begann sich stattdessen kleinen Details zu widmen, die sich leicht ändern ließen: das Verwenden von antibakteriellen Handreinigern, damit weniger Infektionen auftreten, mit Spiritus entfettete Fahrradreifen für eine bessere Haftung, bequemere Fahrradsättel, andere Kopfkissen in den Schlafzimmern der Athleten für einen besseren Schlaf, ausgiebiges Testen der Fahrräder und Anzüge im Windtunnel und so weiter.

Im Jahr 2008, fünf Jahre nach Brailsfords Übernahme, gewann die britische Mannschaft 57 Prozent aller Goldmedaillen im Straßen- und Bahnradrennen bei den Olympischen Spielen in Peking, und vier Jahre später stellte sie bei den Olympischen Spielen in London sieben Weltrekorde und neun olympische Rekorde auf! Zwischen 2007 und 2017 gewannen britische Radsportler einhundertachtundsiebzig Weltmeisterschaften, sechsundsechzig olympische und paralympische Goldmedaillen und errangen fünf Siege bei der Tour de France. Noch nie war ein Radrennteam über zehn Jahre hinweg so erfolgreich gewesen!

In meinem Interview mit Brailsford fragte ich ihn, wie sein Fokus auf kleine Fortschritte eine so enorme Motivation und einen solchen beständigen Erfolg nach sich ziehen konnten. Er erklärte mir:

> Die Menschen wollen das Gefühl haben, dass es vorangeht. Wenn wir auf Perfektion aus sind, ist Scheitern vorprogrammiert, weil Perfektion in zu weiter Ferne liegt.

Lass uns also, statt perfekt zu sein, einfach nur einen kleinen, winzigen Schritt nach vorn machen, und dieser kleine Fortschritt wird uns ein gutes Gefühl geben. Jetzt werfen wir erst mal einen Blick auf die grundlegenden Dinge, bringen sie in Ordnung, und dann fragen wir uns nächste Woche, welche Kleinigkeiten wir außerdem verändern können.

Es gibt Tausende Details, die eine Fahrleistung beeinflussen. Könnten wir zum Beispiel bis nächste Woche ein klein wenig besser essen? Dann wird jeder antworten: »Klar, das schaffen wir!« Okay. Was können wir sonst noch tun? Können wir diese Woche im Fitnessstudio mehr Leistung bringen? Können wir unsere Einstellung ein wenig ändern? Wärt ihr dazu bereit? »Klar, können wir.« Okay. Na, dann mal los. Und wenn dann die nächste Woche kommt, fragen wir uns: »Haben wir das alles geschafft?« »Ja, haben wir.« Zwar haben wir keine riesigen Fortschritte gemacht, aber ich sage dir, es hat sich ziemlich gut angefühlt.

Und dann bekommt man plötzlich das Gefühl voranzukommen. Und wenn man das hast, dann fühlt man sich gut, weil man etwas erreicht hat. Kleine Fortschritte bedeuten den Leuten viel, und wenn sie den Fortschritt spüren, dann wird ihnen klar, dass sie das am nächsten Tag noch einmal tun können.

Wenn du dagegen versuchst, etwas Großes zu tun, ist das weniger nachhaltig. Wir alle gehen im Januar mit vollem Einsatz ins Fitnessstudio, und dann haben wir natürlich im Februar schon längst wieder aufgehört. Und woran liegt das? Es ist eher selten, dass du eine wirklich große Veränderung auch durchhalten kannst. Aber es ist recht einfach, kleinschrittige Änderungen vorzunehmen und diese auch beizubehalten. Und es ist das Dranbleiben, was meiner Meinung nach mit der Zeit den großen Unterschied ausmacht. Wir haben nie an die Siegerpodeste oder an die Ziellinie oder an die Medaillen gedacht – wir haben nicht darüber gesprochen –, sondern wir haben über die ganz kleinen Dinge nachgedacht, die wir jetzt ändern können, um besser zu werden. Wenn man eine solche Kultur erschafft, spüren alle, dass es vorwärtsgeht, und sind voller Energie. Der Mannschaft fallen immer neue Dinge ein, die sich noch verbessern lassen. Und es kommt das Narrativ auf, dass wir auf dem richtigen Weg sind, dass wir uns verändern, dass wir den Willen haben, all die kleinen Dinge anzugehen, auf die andere keinen Bock haben. Und das ist der Unterschied.

Und ich sage das meiner Mannschaft ziemlich oft. Wenn wir mal wieder bis spät arbeiten, dann sage ich: »Alles klar, lasst uns mal für eine Minute zusammenkommen. Das ist der Grund, weswegen wir so gut sind, weil wir uns die Mühe machen, all diese kleinen Dinge zu tun, auf die die anderen Mannschaften, die jetzt schon Schluss gemacht haben und ins Hotel gegangen sind, keinen Bock haben.« Und das funktioniert, es funktioniert zu 100 Prozent, ich mache das jetzt seit zwanzig Jahren. Und dabei geht es um Enthusiasmus und um eine positive Einstellung, bei der man die kleinen Veränderungen nicht als lästige Pflichten wahrnimmt. Im Fortschritt liegt große Macht.

DIE GROSSE MACHT DER KLEINEN ERFOLGE

Wir messen Fortschritt in der Regel an konkreten Ergebnissen. Allerdings zeigen Forschungen, dass die eigentliche Motivationskraft des Fortschritts nicht von Fakten und Daten ausgeht, sondern über Gefühle und Emotionen funktioniert.

So beschreibt es auch Teresa Amabile in der *Harvard Business Review*: »An den Tagen, an denen Arbeitende das Gefühl haben, in ihrem Beruf voranzukommen, oder wenn sie Unterstützung beim Lösen eines Problems erhalten, fühlen sie sich ausgesprochen gut, und ihr Erfolgsstreben ist besonders stark.«

Die ausschlaggebende Formulierung an dieser Stelle ist: »[wenn] Arbeitende das Gefühl haben, in ihrem Beruf voranzukommen«.

Für deine Motivation ist es im Grunde irrelevant, wie viel du tatsächlich erreichst. Wenn du aber das Gefühl hast voranzukommen, dann wirst du auch weitermachen wollen.

Kommt man in ein schlecht motiviertes, angeschlagenes Team, ähnelt die kollektive psychologische Verfassung einem Doppeldeckerbus, der mit vier platten Reifen liegen geblieben ist. Alle Teams ziehen ihre Energie aus Inspiration und einer gemeinsamen Überzeugung – aus beidem speist sich ihr Antrieb, sie sind die Luft in den Reifen und der Kraftstoff im Motor.

Sir David Brailsford war sich dessen bewusst, als er in die erfolglose britische Radrennmannschaft kam. Er wusste, dass es zu diesem Zeitpunkt weniger auf große, konkrete Ziele ankam, vielmehr brauchte die Mannschaft das Gefühl, dass sie etwas erreichte. Aus diesem Grund konzentrierte er sich zuerst auf die kleinen Erfolge – das ist der einfachste Weg, um die Motivationskraft des Fortschritts zu entfesseln. So bringt man den Bus wieder zum Laufen, füllt Benzin in den Tank und bringt die Räder ins Rollen.

Diese kleinen Erfolge sind deshalb so wichtig, weil sie im Vergleich zu den großen Durchbrüchen in der Welt wesentlich wahrscheinlicher auftreten. Würden wir nur auf die großen Erfolge warten, könnte das eine Weile dauern. Und wahrscheinlich würden wir schon bald aufgeben, lange bevor wir irgendetwas Greifbares zustande brächten. Statt großer Durchbrüche benötigt man den Schwung der kleinen Erfolge.

Teresa Amabile

Im Zuge ihrer außergewöhnlichen Forschungen analysierte Amabile beinahe 12.000 Tagebucheinträge und Angaben zu Motivation und Gefühlen und kam zu folgendem Schluss: »Fortschritte bei der eigenen Arbeit – sogar kleine Fortschritte – sind häufiger mit positiven Gefühlen und höherer Motivation verbunden als irgendein anderes Ereignis im Arbeitsalltag.«

Als ich Nir Eyal interviewte, den Autor des Bestsellers *Die Kunst, sich nicht ablenken zu lassen*, erklärte er mir, der einzige Grund für Prokrastination bestehe darin, dass man »psychologisches Unbehagen« vermeiden wolle. Je größer die Aufgabe ist und je weniger wir uns ihr gewachsen fühlen, desto eher prokrastinieren wir. Der Aufsatz, den du über ein Thema schreiben musst, das du nicht verstehst, die heikle Sache, die du in deiner Beziehung ansprechen musst und die sehr wahrscheinlich in einen üblen Streit münden wird, das Unternehmen, das du aufbauen willst, ohne so richtig zu wissen, wo du anfangen sollst – diese Herausforderungen erscheinen uns gigantisch. Sie lösen ein enormes psychologisches Unbehagen aus, weswegen sie auch zu ausgiebiger Prokrastination führen.

Der Schlüssel zum Überwinden dieses Unbehagens, mit dem man der Prokrastination vorbeugt, ist das »Zerkleinern« der Aufgabe in einfache, erreichbare Mikroziele.

Wie lassen sich Ziele so formulieren, dass sie sich erreichbar anhören und anfühlen? Mit dieser Frage hat sich der großartige Theoretiker für Organisationsverhalten Karl E. Weick während seiner jahrzehntelangen Forschungen ausführlich beschäftigt.

Im Jahr 1984 veröffentlichte Weick einen bahnbrechenden Artikel. Darin erklärte er, warum die Gesellschaft große soziale Probleme nicht zufriedenstellend lösen könne. Der Grund bestehe darin, wie sie der Welt *präsentiert* werden. »Das gewaltige Ausmaß, in dem soziale Probleme wahrgenommen werden, verhindert oft Innovation und Handeln«, merkte er an. »Menschen definieren soziale Probleme oft auf eine Weise, die sie überfordert, was sie daran hindert, etwas dagegen zu unternehmen.« Er behauptete sogar: »Menschen können Probleme nur dann lösen, wenn sie sie nicht als ›Probleme‹ wahrnehmen«:

> Wird das Ausmaß eines Problems vergrößert, nimmt die Qualität des Denkens und der Handlungen ab, da es Prozesse wie Frustration, Erregung und Hilflosigkeit in Gang setzt.

Dementsprechend liegt der Schlüssel zu Aktivität, Selbstbewusstsein und Vorankommen im *Verkleinern* der Herausforderung.

Kleine Erfolge »mögen unwichtig erscheinen«, räumt Weick ein, allerdings lässt sich durch »eine Reihe von Erfolgen« ein Muster erkennen, »das Verbündete anlocken, Gegner abschrecken und zu einem geringeren Widerstand gegenüber noch folgenden Vorschlägen führen kann«. Kleine Erfolge »sind kompakt, greifbar, optimistisch und unbestreitbar«.

Zu wenige Führungskräfte sind sich dessen bewusst.

Der amerikanische Psychologe Frederick Herzberg sprach 1968 in einem richtungsweisenden Artikel in der *Harvard Business Review* davon, dass Individuen in ihren Berufen dann am meisten motiviert sind, wenn ihnen »Erfolgsmöglichkeiten« eingeräumt werden.

Als jedoch die *Harvard Business Review* weltweit beinahe 700 Manager verschiedener Unternehmen und Branchen befragte, waren die meisten entweder schlichtweg nicht davon überzeugt, oder sie hatten die Sache nicht verstanden.

Die Befragten sollten Möglichkeiten, wie man die Motivation und die Gefühle von Angestellten beeinflussen kann, ihrer Effizienz nach einordnen. Nur 5 Prozent bewerteten »Fortschritte bei der eigenen Arbeit« als größten Motivator, 95 Prozent stellten ihn an letzte oder dritte Stelle.

Stattdessen nannte die Mehrheit »Anerkennung für gute Arbeit« als wichtigsten Faktor für die Motivation von Angestellten und das Schaffen von Zufriedenheit. Obwohl Anerkennung zweifelsohne das Arbeitsleben eines Angestellten verbessert, baut sie dennoch letztlich auf Erfolg auf.

Für eine Führungspersönlichkeit ist es von entscheidender Bedeutung, die transformierende Kraft des Fortschritts zu verstehen und zu wissen, wie man sie fördern und katalysieren kann. Dieses Wissen kann sich signifikant auf den Innovationsgeist, die Motivation, die kreative Leistung und das Wohlbefinden der Angestellten auswirken.

WIE MAN IN TEAMS DIE AUSSICHT AUF FORTSCHRITT SCHAFFT

Diese fünf Methoden von Professorin Amabile können dir dabei helfen, den Fortschritt deines Teams zu fördern und dabei von den Vorteilen leicht zu erreichender Ziele zu profitieren:

1. SINN SCHAFFEN

Menschen haben ein tief gehendes Verlangen nach sinnvoller Arbeit. Steve Jobs nutzte das im Jahr 1983 zu seinem Vorteil, als er John Sculley davon überzeugen wollte, seine extrem erfolgreiche Stellung bei PepsiCo aufzugeben und Apples neuer CEO zu werden. Jobs stellte ihm folgende Frage: »Willst du für den Rest deines Lebens gezuckertes Wasser verkaufen, oder willst du die Welt verändern?« Kurz darauf wechselte Sculley zu Apple. Jobs' Strategie hatte Erfolg, weil er den Sinn betonte, den die Arbeit bei Apple hatte. Fortschritt steigert die berufliche Motivation nur dann, wenn einem die Arbeit etwas bedeutet.

Eine der nützlichsten Änderungen, die wir in den letzten zehn Jahren in meinen Unternehmen vorgenommen haben, war das Einführen von Systemen, die sicherstellen, dass jedes Teammitglied in jeder Abteilung spürt, welchen wichtigen Einfluss seine Arbeit auf die Welt hat. Bei einem Unternehmen haben wir einen internen Sender namens »Impact« eingerichtet, der beeindruckende Geschichten, Erfahrungsberichte und Rückmeldungen darüber sendet, wie die Bemühungen eines jeden Teammitglieds das Leben von Menschen überall auf der Welt beeinflusst haben.

Manager dürfen so etwas nicht dem Zufall überlassen. In einer zunehmend digitalisierten Welt, in der wir immer mehr mit Zahlen, Statistiken und Bildschirmen arbeiten, ist es heute einfacher denn je, den Sinn hinter den ganzen Messwerten aus dem Blick zu verlieren.

Wenn sich Arbeit sinnlos anfühlt, verpufft die Motivation.

Laut 238 Tagebucheinträgen von Arbeitenden aller möglichen Branchen verliert Arbeit dann am schnellsten ihren Sinn, wenn die Führungsriege die Ideen eines Angestellten oder seine Arbeit abtut, ihm sein Gefühl von Eigenverantwortung und Selbstständigkeit nimmt oder von ihm verlangt, Zeit in Arbeiten zu investieren, die noch vor ihrem Abschluss abgebrochen oder geändert werden oder die unbedeutend sind.

2. KLARE UND ERREICHBARE ZIELE SETZEN

Für Führungspersonen ist es wichtig, Ziele klar zu formulieren, damit die Teammitglieder wissen, was genau sie erreichen müssen. Das Ziel sollte in kleine, mittelfristige Meilensteine unterteilt werden, die schnelle Erfolge sicherstellen, damit die Sache ins Rollen kommt.

Fortschritt sollte deutlich festgehalten werden, sodass kleinere Erfolge nicht übersehen werden.

In meinen Unternehmen arbeiten wir in allen Teams mit OKRs (Objectives und Key Results), also mit Zielsetzungen und Ergebniskennzahlen – einem periodischen Zielsetzungsframework –, um sicherzustellen, dass genau das passiert.

3. SELBSTSTÄNDIGKEIT SCHAFFEN

Sobald das gewünschte Ergebnis klar formuliert wurde, sollten Führungskräfte zurücktreten und ihren Teammitgliedern die Führung überlassen. Ermutige sie dazu, ihre Expertise und ihre Fähigkeiten zu nutzen, um ihr Vorgehen eigenständig zu planen.

Eine der wichtigsten Eigenschaften aller meiner bisherigen Teams ist, dass ich den Leuten genug Platz für Scheitern und Gelingen eingeräumt habe. Meine Aufgabe als CEO besteht darin, meine Mitarbeiter zu unterstützen und ihnen ihre Arbeit zu ermöglichen, statt jeden noch so kleinen Arbeitsschritt meines Teams zu überwachen.

4. HINDERNISSE AUS DEM WEG RÄUMEN

Führungskräfte sollten vorausschauend alle möglichen Hindernisse, bürokratischen Abläufe oder Freigabeverfahren abschaffen, die ihr Team in seinem täglichen Fortschritt behindern. Außerdem sollten Führungskräfte erkennen, was ihr Team braucht, und dies umgehend zur Verfügung stellen.

Wie ich bereits in Gesetz 20 erwähnt habe, konnte ich durch regelmäßige Treffen mit all meinen Abteilungsleitern dieser Aufgabe schnell und entschlossen nachkommen. Teammitglieder wissen in der Regel sehr genau, was ihnen im Weg steht – allerdings machen sich Führungskräfte nur selten die Mühe, sie zu fragen, und selbst wenn sie es tun, reagieren sie selten schnell genug auf das Problem. Das führt zu einem Vertrauensverlust, und die Mitarbeiter sind zunehmend zurückhaltender, wenn es darum geht, Probleme oder Spannungen anzusprechen.

5. FORTSCHRITTE BEKANNT GEBEN

Führungskräfte müssen so laut und breitenwirksam wie möglich auf Fortschritte hinweisen, sie öffentlich machen und loben. Anerkennung verstärkt gewünschtes Verhalten, außerdem zeigt es benachbarten Teams, dass Fortschritt auch bei ihnen möglich ist.

In jedem meiner Unternehmen und Teams ist es die Aufgabe der Teamleitung, jede Woche einen Bericht über den Teamfortschritt an das gesamte Unternehmen zu senden. Dieses Ritual hat sich als extrem wirksam erwiesen, da es einen gemeinsamen Sinn dafür schafft, dass wir »auf dem richtigen Weg sind«, wie Sir David Brailsford es formulieren würde. Und sobald Menschen das Gefühl haben, dass es vorangeht, sind sie motivierter, glücklicher und arbeiten besser mit der Führungsebene zusammen.

☆ DAS GESETZ: NUTZE DIE MACHT DES FORTSCHRITTS

Fördere und feiere kleine Erfolge, um Probleme zu lösen. Es führt zu einem kontinuierlichen Vorankommen, schafft eine Erfolgsatmosphäre und gibt dem Team das positive Gefühl, auf größere Ziele hinzuarbeiten. Mitarbeiter sind dann am meisten motiviert, wenn sie sich mit ihrer Arbeit identifizieren und das Gefühl haben, dass sie etwas bewirken können.

Das Gefühl voranzukommen ist auf beruflicher Ebene das befriedigendste Gefühl der Welt.

The Diary of a CEO

Gesetz 32: Sei unberechenbar, wenn du führst

Dieses Gesetz wird dich lehren, wie du ein wahrhaft großartiger Manager und Vorgesetzter wirst – indem du unberechenbar bist.

Ich wollte herausfinden, was Ferguson zum größten Sportmanager aller Zeiten machte, deswegen setzte ich mich mit der Manchester-United-Legende Patrice Evra zusammen, der fast zehn Jahre lang als linker Verteidiger unter Sir Alex Ferguson gespielt hatte. Patrice erinnerte sich sofort an einen Tag im Jahr 2007, der die Brillanz des Trainers hervorragend auf den Punkt brachte.

Es war der 4. Februar 2007, ein kalter, düsterer Sonntagnachmittag in London. Der Himmel war grau, und es nieselte, als Manchester United am White Hart Stadium, der Heimat der Tottenham Hotspurs, ankam.

Manchesters Red Devils waren in Höchstform in die Saison gestartet und standen nun in der Tabelle mit drei Punkten Vorsprung ganz oben. An diesem Tag sahen sie sich einem Team gegenüber, das ebenfalls gut in Form war und mit diesem Heimspiel den Konkurrenten die Führung streitig machen wollte.

Während der ersten Hälfte war das Spiel auf beiden Seiten angespannt, keine Mannschaft konnte sich klare Vorteile verschaffen. Beide Teams kämpften erbittert um den Ballbesitz, das Mittelfeld war voller hoher Pässe und Grätschen. In der letzten Minute der ersten

Halbzeit gelang es Manchester United jedoch, einen unverhofften Strafstoß zu verwandeln, weswegen sie durch reines Glück mit einem 1:0 in die Pause gingen.

Als die Mannschaft in der Kabine war, betrat Ferguson die Umkleide, setzte sich und schwieg für volle drei Minuten. Im Raum war es gespenstisch still, während die Spieler nervös auf ihren Plätzen saßen und den Blick ihres stummen Trainers mieden. Sie alle wussten, es war kein gutes Zeichen, wenn Ferguson still wurde.

Patrice war gerade dabei, das »beste Spiel seines Lebens« zu spielen. Er hatte der Tottenhamer Defensive durchgehend zugesetzt, immer wieder war er die linke Seite entlanggestürmt und hatte punktgenaue Flanken geliefert.

Er grinste, trank Wasser und bekam immer wieder Zuspruch von seinen Mannschaftskollegen, als er bemerkte, dass Ferguson ihn direkt anstarrte. Er erinnerte sich:

> Ich mache gerade das beste Spiel meines Lebens. Glaub mir, ich hatte einen richtig guten Lauf. Ich ging zurück in die Umkleide, ich war entspannt, zufrieden, trank ein bisschen Wasser. Meine Teamkollegen gratulierten mir, sagten Sachen wie: »Wow, Patrice, du bist voll dabei!« Dann kam Ferguson rein, saß drei Minuten nur still da und nahm mich direkt ins Visier. Er fragte mich: »Patrice, ist alles in Ordnung?« Ich sagte: »Ja, alles in Ordnung, Chef.« Dann fragte er mich: »Bist du müde?«
>
> Ehrlich gesagt dachte ich erst, dass seine Frage ein Witz war. Vielleicht gab es ja irgendwo eine versteckte Kamera, und er nahm mich auf den Arm. Die anderen Spieler waren genauso verwirrt wie ich.
>
> »Nein, mir geht's gut«, antwortete ich.
>
> »Warum hast du den Ball zurück zum Torwart gespielt?«, fuhr er fort.

»Weil vor mir nichts offen war, das war die einzige Möglichkeit, die ich hatte«, erklärte ich.

»Wenn du das noch einmal machst, kommst du zu mir auf die Bank, dann kannst du dir den Rest des verdammten Spiels von da aus anschauen. Das ist das mieseste Spiel, das du je für Manchester United gespielt hast.« Er schrie: »Wenn du noch einmal zurückspielst, verspreche ich dir, dass du nie wieder für Manchester United auf dem Platz stehen wirst.«

Ich hielt meinen Mund. Ich musste mir auf die Zunge beißen, aber ich wollte ihm vor versammelter Mannschaft nicht widersprechen. Alle waren geschockt. Jeder fragte sich: *Was ist denn jetzt los?*

Manchester startete mit neuer Energie in die zweite Halbzeit, in den Spielern loderte es, und sie waren hochkonzentriert. Die Mannschaft dominierte die gesamte zweite Hälfte, schoss drei weitere Tore und sicherte sich einen 4:0-Sieg gegen das heimische Team. Das Spiel sollte als einer der größten Auswärtssiege in die Annalen des Vereins eingehen. Der *Independent* beschrieb es als »beispiellose Demontage, [ausgeführt] von einer Mannschaft, die sich auf der Höhe ihrer Leistungsfähigkeit befindet«.

Patrice beschäftigte nach wie vor der Einlauf, den ihm Ferguson während der Pause verpasst hatte:

Ich ging duschen, zog mich an und konnte es kaum erwarten, ins Bett zu gehen und am nächsten Morgen beim Training mit ihm über den Vorfall zu sprechen. Am nächsten Tag klopfte ich an seine Bürotür, und er bat mich herein.

»Ohhh, Patrice, wie geht's dir, mein Junge? Komm rein und setz dich!«, begrüßte mich Ferguson.

Ich antwortete: »Chef, was war das gestern? Wieso haben Sie diese Sachen zu mir gesagt?«

»Patrice, du warst der beste Spieler auf dem Feld. Aber weißt du, Cristiano Ronaldo fing an, zu viele Tricks zu machen, einige deiner Teamkollegen nutzten ihre Chancen nicht richtig, und wenn man für Manchester United spielt, dann muss man nach dem ersten Tor ein zweites und ein drittes schießen. Da kann man nicht nur mit einem 1:0 rausgehen. Du warst der beste Spieler, mein Junge, und jetzt raus aus meinem Büro!«

Er pfiff vor sich hin, sang und lachte.

Er wusste, dass ich es verkraften konnte. Er schrie mich an, weil er dem Rest der Mannschaft etwas klarmachen wollte, auch Cristiano, er wollte sichergehen, dass sie konzentriert blieben und Tottenham ernst nahmen. Also nahm er sich den besten Spieler auf dem Platz vor, den Spieler, von dem er wusste, dass er was aushalten kann, damit jeder andere in der Mannschaft dachte: *Wenn er den besten Spieler auf dem Platz fertigmacht, dann sollte ich mich lieber mehr anstrengen.* Das meine ich mit führen, das ist Fergie.

Zu meiner Überraschung erzählte mir jeder Spieler von Manchester United, mit dem ich sprach, dass Sir Alex Ferguson sich nicht um Taktik, Strategie oder Formationen scherte. In erster Linie war es ihm wichtig, das Bestmögliche aus jedem Einzelnen herauszuholen. Gleiches galt für die Teamkultur und die Einstellung der Spieler. Er wollte auf jeden Fall vermeiden, dass sie selbstzufrieden wurden.

Gary Neville, der seine gesamte Spielerkarriere unter Ferguson bei Manchester United verbrachte, erzählte mir:

Er wusste genau, wie er dein Herz erreichen konnte, egal wer du warst, er wusste immer, wie er dich kriegen konnte. Wenn er mich motivieren wollte, dann sprach er über meine Großeltern. Mein Opa wurde im Krieg verletzt, bis heute steckt ein Granatsplitter in seiner Schulter, den er sich im Kampf zugezogen hat. Also sagte mir Sir Alex Sachen wie: »Was ist mit deinen Großeltern, die jeden

> Tag aufstehen, sich die Krawatte binden und dann hart arbeiten, die in den Krieg gezogen sind?« Wenn Sir Alex das zu mir sagte, dann hielt ich durch. Zu jemand anderem sagte er etwas komplett anderes. Er konnte jeden auf eine andere Weise kriegen, um sicherzugehen, dass sie nicht aufgeben würden.

Rio Ferdinand spielte zwölf Jahre lang als Innenverteidiger und Kapitän für Manchester United. Er erzählte mir, Fergusons größtes Talent bestehe darin, dass er jeden Einzelnen gut kannte und auf alle unterschiedlich eingehen konnte:

> Er verstand etwas von Menschen. Er behandelte niemals zwei Spieler gleich. Für ein Team ist es nicht unbedingt das Beste, wenn alle gleich behandelt werden. Jeder ist anders, also geht auch jeder anders mit Ratschlägen um. Jeder reagiert anders auf Kritik. Und deswegen muss ein Anführer oder Trainer jeden Einzelnen genau kennen. Das war eines von Sir Alex Fergusons größten Talenten. Er wusste alles über jeden. Mein Großvater lag einmal im Krankenhaus, und obwohl er ihn nur zweimal getroffen hatte, kannte er seinen Lieblingsdrink, und er schickte meiner Mutter Blumen. Er wusste, wie viel mir so etwas bedeutet. Es waren diese Kleinigkeiten, die mich noch mehr für ihn kämpfen ließen.

Die folgenden Zitate anderer ehemaliger Spieler von Ferguson fassen zusammen, was ihn zu so einem besonderen Trainer und Manager machte.

Er ging mit jedem Spieler anders um. Er wusste, wie er aus jedem das Beste herausholen konnte.

Peter Schmeichel

Er war sehr streng mit mir, aber das musste er auch sein. Er sah etwas in mir, das mich von den anderen Spielern unterschied, und er trieb mich dazu an, das Beste aus mir herauszuholen.

David Beckham

Er wusste immer genau, wann er mir in den Hintern treten und wann er mir kurz einen Arm auf die Schulter legen musste. Er wusste, dass man verschiedene Spieler unterschiedlich behandeln muss.

Ryan Giggs

Er behandelte mich anders als die anderen Spieler, aber auf eine gute Art. Er spornte mich an, besser zu werden, und ich glaube, das hat mich zu dem Spieler gemacht, der ich heute bin.

Wayne Rooney

Er ging anders mit mir um als mit den anderen Spielern. Er redete immer mit mir und gab mir Ratschläge. Dank ihm wurde ich zu einem besseren Spieler.

Cristiano Ronaldo

✪ DIE KUNST DES INKONSEQUENTEN FÜHRENS

Jedes Buch, das sich mit Führungsstilen und Management beschäftigt, betont die Tugenden der Beständigkeit, Vorhersehbarkeit und Fairness als zentrale Eigenschaften von großartigen Anführern. Allerdings habe ich in den zehn Jahren, in denen ich mich mit wirklich außergewöhnlichen Managern auseinandergesetzt habe, genau das Gegenteil erkannt. Meine eigenen Erfahrungen, die ich mit mehr als tausend Mitarbeitern in vier verschiedenen Unternehmen gesammelt habe, haben mich einiges gelehrt. Ich habe gelernt, wie ich mich auf jeden einlassen kann, in meiner Herangehensweise uneinheitlich zu sein und meine Gefühle geschickt wie ein Chamäleon zu wechseln, um das Beste aus jedem Mitglied meines Teams herauszuholen, und wie ich feststellte, korreliert das positiv mit meiner Fähigkeit, andere zu motivieren.

In den vorangegangenen Gesetzen dieses Buchs haben wir bereits herausgefunden, dass wir Menschen keinesfalls die rationalen, logischen und analytischen Wesen sind, für die wir uns halten. Wir sind emotional, unlogisch und werden von einer Vielzahl emotionaler Impulse, von Ängsten, Sehnsüchten, Unsicherheiten und Kindheitserinnerungen gelenkt. In diesem Sinne ist ein Führungsansatz, der verallgemeinert und sich auf Vernunft, Informationen und Fakten konzentriert, ungeeignet, um Leidenschaft, Motivation und Aktionismus in einer Gruppe zu wecken.

> *Damit wir Vorgesetzten für jedes Mitglied unseres Teams das passende Puzzleteil sein können, müssen wir genauso uneinheitlich, emotional verschieden und wandelbar sein, wie es die Menschen in unseren Teams sind.*

Rio Ferdinand erinnerte sich daran, was für ein talentierter Schauspieler Ferguson war. Er konnte jedes Gefühl von Wut bis Euphorie vortäuschen, um so die Gefühle hervorzurufen, von denen er annahm, dass sie der Mannschaft am meisten nützen würden:

Er war so raffiniert. Unter uns Spielern sprachen wir oft darüber. Die Art, wie er sprach – er stellte sich nach einem verlorenen Spiel vor die Kameras und ließ sich absichtlich mit voller Wut über den Schiedsrichter aus, um so von den Spielern abzulenken. Er nahm den Fokus von der Mannschaft, damit wir uns nicht schlecht fühlten, damit wir für das nächste Spiel motiviert blieben. Er war so raffiniert. Der beste Menschenführer.

☆ DAS GESETZ: SEI UNBERECHENBAR, WENN DU FÜHRST

Nur wenn du dir der einzigartigen Form jedes deiner Teammitglieder bewusst bist, kannst du dich nahtlos wie ein Puzzleteil in dein Team einfügen. Sir Alex Ferguson hatte dafür einen legendären siebten Sinn, was seine ehemaligen Spieler und Mitarbeiter und sogar die Trainer konkurrierender Mannschaften bestätigen. In Bezug auf seine Spieler verfügte er über ein enzyklopädisches Wissen, er wusste einfach alles, von den Hobbys der Spielerfrauen bis zu den Namen der Haustiere, und wie mir Rio Ferdinand erzählte, kannte er sogar den Lieblingswhiskey der Großväter. Während der eine Spieler unter Fergusons berüchtigten Einläufen zu wahrer Größe aufstieg, brauchte ein anderer Spieler vielleicht ein wenig mehr Einfühlungsvermögen, und wieder andere waren womöglich motivierter, wenn man sie in Ruhe ließ. Aus diesem Grund musste Ferguson gar nicht das strategische Genie sein, für das ihn viele hielten, sondern vielmehr ein Experte der Emotionen. Wer Menschen motivieren will, sollte vor allem eines beherrschen: emotionales Führen.

Großartige Führungskräfte sind fluide, flexibel und ständig in Bewegung.

Sie nehmen immer genau die Form an, die sie haben müssen, um deine Motivation zu vervollständigen.

Gesetz 33:
Das Lernen hört nie auf

SCANNE DEN QR-CODE:

www.the33rdlaw.com

Quellenangaben

DIE VIER PFEILER DER GROSSARTIGKEIT

PFEILER I: DAS SELBST

Covey, Stephen R., *Die 7 Wege zur Effektivität, Prinzipien für persönlichen und beruflichen Erfolg,* übers. v. Angela Roethe, Ingrid Pross-Gill und Nikolas Bertheau, 51. Aufl., Offenbach 2018.

Duckworth, Angela, *GRIT – Die neue Formel zum Erfolg, Mit Begeisterung und Ausdauer ans Ziel,* übers. v. Leon Mengden, München 2017.

Langer, Ellen J., *Mindfulness: Das Prinzip Achtsamkeit. Die Anti-Burn-out Strategie,* übers. v. Ilse Strasmann, München 2015.

Pfeiler II: Die Geschichte

Brown, Brené, »The Power of Vulnerability« [Video]. TED Conferences. https://www.ted.com/talks/brene_brown_the_power_of_vulnerability [2010].

Godin, Seth, *Das ist Marketing! So wird man wirklich sichtbar*, übers. v. Silvia Kinkel, München 2019.

Pink, Daniel H., *Unsere kreative Zukunft: Warum und wie wir unser Rechtshirnpotenzial entwickeln müssen,* übers. v. Rita Höner, München 2008.

Pfeiler III: Die Philosophie

Covey, Stephen R., *Die 7 Wege zur Effektivität. Prinzipien für persönlichen und beruflichen Erfolg,* übers. v. Angela Roethe, Ingrid Pross-Gill und Nikolas Bertheau, 51. Aufl., Offenbach 2018.

Haidt, Jonathan, *Die Glückshypothese: Was uns wirklich glücklich macht. Die Quintessenz aus altem Wissen und moderner Glücksforschung,* übers. v. Isolde Seidel, Kirchzarten 2007.

Keller, Timothy, *Berufung: Eine neue Sicht für unsere Arbeit*, übers. v. Friedemann Lux, Giessen/Basel 2014.

Pfeiler IV: Das Team

Collins, Jim, *Der Weg zu den Besten. Die sieben Management-Prinzipien für dauerhaften Unternehmenserfolg*, übers. v. Martin Baltes und Fritz Böhler, Frankfurt a.M. 2011.

Duhigg, Charles, *Smarter, schneller, besser. Warum manche Menschen so viel erledigt bekommen – und andere nicht*, übers. v. Silvia Kinkel, München 2017.

Lencioni, Patrick M., *Die 5 Dysfunktionen eines Teams*, übers. v. Andreas Schieberle, Weinheim 2014.

Gesetz 1

Abbate, Bill, »Why a Good Reputation is Important to Your Life and Career«, in: *Medium*, https://medium.com/illumination/why-a-good-reputation-important-to-your-life-and-career-80c1da06430e [29. Januar 2021].

Bolles, Richard N., »4 Ways To Change Careers In Midlife«, in: *Forbes*, https://www.forbes.com/sites/nextavenue/2014/09/02/4-ways-to-change-careers-in-midlife/?sh=38da133419df [2. September 2014].

Forbes Coaches Council, »15 Simple Ways To Improve Your Reputation In The Workplace«, in: *Forbes*, https://www.forbes.com/sites/forbescoachescouncil/2017/10/10/15-simple-ways-to-improve-your-reputation-in-the-workplace/?sh=d88cf7f53607 [10. Oktober 2017].

Schoeller, Martin, »Behind The Billions: Elon Musk«, in: *Forbes*, https://www.forbes.com/sites/forbeswealthteam/article/elon-musk/ [15. November 2022].

SpaceX, https://www.spacex.com/mission/ [o. D.].

Umoh, Ruth, »Billionaire Richard Branson reveals the simple trick he uses to live a positive life«, CNBC, https://www.cnbc.com/2018/01/16/richard-branson-uses-this-simple-trick-to-live-a-positive-life.html [16. Januar 2018].

WatchDoku – The documentary film channel, »ELON MUSK: THE REAL LIFE IRON MAN«, [Video], https://www.youtube.com/watch?v=TUQgMs8Fkto [8. Dezember 2021].

Western Governors University, »The 5 P's of Career Management«, https://www.wgu.edu/blog/career-services/5-p-career-management2007.html#close [29. Juli 2020].
Williams-Nickelson, Dr. Carol, »Building a professional reputation«, in: *gradPSYCH magazine*, https://www.apa.org/gradpsych/2007/03/matters [März 2003].

Gesetz 2

The Decision Lab, »Why do we buy insurance? Loss-aversion, explained«, https://thedecisionlab.com/biases/loss-aversion [o. D.].
Education Endowment Foundation, »Mastery learning, High impact for very low cost based on limited evidence«, https://educationendowmentfoundation.org.uk/education-evidence/teaching-learning-toolkit/mastery-learning [September 2021].
Feynman, Richard P. und Ralph Leighton (1992), *Sie belieben wohl zu scherzen, Mr. Feynman! Abenteuer eines neugierigen Physikers*, hrsg. v. Edward Hutchings, übers. v. Hans-Joachim Metzger, München 1987.
Harari, Yuval Noah, *21 Lektionen für das 21. Jahrhundert,* übers. v. Andreas Wirthensohn, München 2018.
Hibbert, S. A., *Skin in the game: How to create a learning curve that sticks,* John Wiley & Sons 2019.
Kahneman, Daniel und Amos Tversky, »Prospect theory: An analysis of decision under risk«, in: *Econometrica* 47, Nr. 2 (1979), S. 263–292, https://doi.org/10.2307/1914185
Manson, Mark, *Die subtile Kunst des Daraufscheißens,* übers. v. Anett Stütze, München 2017.
Sinek, Simon, *Frag immer erst: Warum. Wie Top-Firmen und Führungskräfte zum Erfolg inspirieren,* übers. v. Christian Gonsa, München 2014.
Taleb, Nassim Nicholas, *Das Risiko und sein Preis – Skin in the Game,* übers. v. Susanne Held, München 2018.
Thaler, Richard H. und Cass R. Sunstein, *Nudge: Wie man kluge Entscheidungen anstößt*, übers. v. Christoph Bausum, Berlin 2009.
Thompson, Clive, *Smarter Than You Think: How Technology is Changing Our Minds for the Better,* London 2013.

Gesetz 3

Bazerman, Max H. und Don A. Moore, *Judgment in Managerial Decision Making*, 8. Aufl., Hoboken 2013.

Fisher, Roger, William Ury und Bruce Patton, *Das Harvard-Konzept. Die unschlagbare Methode für beste Verhandlungsergebnisse*, übers. v. Jürgen Neubauer, Werner Raith und Wilfried Hof, Frankfurt/New York 1991.

Gladwell, Malcolm, *Tipping Point: Wie kleine Dinge Großes bewirken können*, übers. v. Malte Friedrich, durchges. Neuaufl., München 2016.

Heath, Chip und Dan Heath, *Was bleibt: Wie die richtige Story Ihre Werbung unwiderstehlich macht*, übers. v. Heike Schlatterer, München 2008.

Sharot, Tali, *Die Meinung der anderen: Wie sie unser Denken und Handeln bestimmt – und wie wir sie beeinflussen*, übers. v. Susanne Kuhlmann-Krieg, München 2019.

Sharot, Tali, Christoph W. Korn und Raymond J. Dolan, »How unrealistic optimism is maintained in the face of reality«, in: *Nature Neuroscience* 14, Nr. 11 (2011), S. 1475–1479. https://doi.org/10.1038/nn.2949

Thompson, Leigh L., *The Mind and Heart of the Negotiator*, 6. Aufl., London 2014.

Gesetz 4

Carter-Scott, Chérie, *Wenn Erfolg ein Spiel ist, sind dies die Regeln*, übers. v. Annekatrin Gudat, München 2002.

Cialdini, Robert B., *Influence. Wie man (andere) überzeugt: Nützliche Erkenntnisse der Psychologie*, übers. v. Jürgen Neubauer, Hamburg 2023.

Dawkins, Richard, *Der Gotteswahn*, übers. v. Sebastian Vogel, Neuausgabe, Berlin 2016.

Festinger, Leon, *Theorie der Kognitiven Dissonanz*, übers. v. Volker Möntmann, 3. Aufl., Bern 2020.

Gladwell, Malcom, *Blink! Die Macht des Moments*, übers. v. Jürgen Neubauer, Frankfurt/New York 2005.

Haidt, Jonathan, *The Righteous Mind: Why Good People are Divided by Politics and Religion*, London 2013.

Harris, Sam, *The Moral Landscape: How Science Can Determine Human Values*, New York 2010.

Kahneman, Daniel, *Schnelles Denken, langsames Denken*, übers. v. Thorsten Schmidt, München 2012.

Lipton, Bruce H., *Intelligente Zellen. Wie Erfahrungen unsere Gene steuern*, übers. v. Nayoma de Haën, 1. erw. Neuauflage, Burgrain 2016.

McTaggart, Lynne, *Intention – mit Gedankenkraft die Welt verändern. Globale Experimente mit fokussierter Energie*, übers. v. Isolde Seidel, Kirchzarten bei Freiburg 2007.

Pinker, Steven, *Aufklärung jetzt: für Vernunft, Wissenschaft, Humanismus und Fortschritt. Eine Verteidigung*, übers. v. Martina Wiese, Frankfurt a.M. 2023.

Prochaska, James O., John C. Norcross und Carlo C. DiClemente, *Changing for Good: The Revolutionary Program that Explains the Six Stages of Changes and Teaches You How to Free Yourself from Bad Habits*, New York 1994.

Sharot, Tali, *Das optimistische Gehirn: Warum wir nicht anders können, als positiv zu denken*, übers. v. Jorunn Wissmann, Berlin/Heidelberg 2014.

Sharot, Tali, Christoph W. Korn und Raymond J. Dolan, »How unrealistic optimism is maintained in the face of reality«, in: *Nature Neuroscience* 14, Nr. 11 (2011), S. 1475–1479, https://doi.org/10.1038/nn.2949

Sharot, Tali, *Die Meinung der anderen: Wie sie unser Denken und Handeln bestimmt – und wie wir sie beeinflussen*, übers. v. Susanne Kuhlmann-Krieg, München 2019.

Shermer, Michael, *Why People Believe Weird Things: Pseudoscience, Superstition, and Other Confusions of Our Time*, New York 2002.

Shermer, Michael, *Skeptic: Viewing the World with a Rational Eye*, New York 2017.

Stokstad, Erik, »Seeing climate change: Science, empathy, and the visual culture of climate change«, in: *Environmental Humanities* 10, Nr. 1 (2018), S. 108–124.

Tavris, Carol und Elliot Aronson, *Ich habe recht, auch wenn ich mich irre. Warum wir fragwürdige Überzeugungen, schlechte Entscheidungen und verletzendes Handeln rechtfertigen*, München 2010.

Zajonc, Robert B., »Feeling and Thinking: Preferences Need No Inferences«, in: *American Psychologist* 35, Nr. 2 (1980), S. 151–175, https://doi.org/10.1037/0003-066X.35.2.151

Gesetz 5

Anderson, C. P. und S. Slade, »How to turn criticism into a competitive advantage«, in: *Harvard Business Review* 95, Nr. 5 (2017), S. 94–101.

Aronson, Elliot, »The theory of cognitive dissonance: A current perspective«, in: Leonard Berkowitz (Hrsg.), *Advances in Experimental Social Psychology*, Bd. 4, New York/London 1969, S. 1–34.

Chansky, T. E., »Transitions: How to Lean In and Adjust to Change«, https://tamarchansky.com/transitions-how-to-lean-in-and-adjust-to-change/ [2020].

Festinger, Leon, *Theorie der Kognitiven Dissonanz,* übers. v. Volker Möntmann, 3. Aufl., Bern 2020.

Ford, Henry, *Mein Leben und Werk. Autobiografie eines modernen Unternehmers,* übers. v. Curt Thesing, Hanau 2014.

Grove, Andrew S., *Nur die Paranoiden überleben. Strategische Wendepunkte vorzeitig erkennen,* übers. v. Jürgen Ulrich Lorenz, München 1999.

MacDailyNews, »Microsoft CEO Steve Ballmer laughs at Apple iPhone« [Video], https://www.youtube.com/watch?v=nXq9NTjEdTo [13. März 2010].

Mulligan, Mark, »How iPod changed everything«, in: *Music Industry Blog*, https://musicindustryblog.wordpress.com/2022/05/11/how-ipod-changed-everything/ [11. Mai 2022].

Orr, Marissa, *Lean Out: The Truth About Women, Power, and the Workplace,* New York 2019.

Ross, Lee, »The intuitive psychologist and his shortcomings: Distortions in the attribution process«, in: Berkowitz, L. (Hrsg.), *Advances in Experimental Social Psychology*, Bd. 10, New York/London 1977, S. 173–220.

Ross, L. (2014). *The psychology of intractable conflict: A handbook for political leaders,* Oxford University Press.

Stoll, Clifford, »Why the Web Won't Be Nirvana«, in: *Newsweek*, https://www.newsweek.com/clifford-stoll-why-web-wont-benirvana-185306 [26. Februar 1995].

Gesetz 6

Cialdini, Robert B., *Influence: Wie man (andere) überzeugt. Nützliche Erkenntnisse der Psychologie,* übers. v. Jürgen Neubauer, Hamburg 2023.

Cooper, Joel, *Cognitive dissonance: Fifty Years of a Classic Theory.* London 2007.
Festinger, Leon, *Theorie der Kognitiven Dissonanz*, übers. v. Volker Möntmann, 3. Aufl., Bern 2020.
Kamarck, Elaine, »Are You Better Off Than You Were 4 Years Ago?«, in: WBUR, https://www.wbur.org/cognoscenti/2012/09/11/better-off-2012-elaine-kamarck [11. September 2012].
McArdle, Megan, *The Up Side of Down: Why Failing Well is the Key to Success,* New York 2014.
Maddux, James E. und Ronald W. Rogers, »Protection motivation and self-efficacy: A revised theory of fear appeals and attitude change«, in: *Journal of Experimental Social Psychology* 19, Nr. 5 (1983), S. 469–479, https://doi.org/10.1016/0022-1031(83)90023-9
O'Keefe, Daniel J., *Persuasion: Theory and Research*, 2. Aufl., Los Angeles/London u.a. 2002.
O'Mara, Margaret, »Are You Better Off than You Were Four Years Ago? The Economy in Presidential Politics«, in: *Perspectives on History*, https://www.historians.org/research-and-publications/perspectives-on-history/october-2020/are-you-better-off-than-you-were-four-years-ago-the-economy-in-presidential-politics [10. September 2020].
Reagan Library, »Presidential Debate with Ronald Reagan and President Carter, October 28, 1980« [Video], https://www.youtube.com/watch?v=tWEm6g0iQNI [6. Mai 2016].
Schwarz, Norbert, »Self-reports: How the questions shape the answers«, in: *American Psychologist* 54, Nr. 2 (1999), S. 93-105, https://doi.org/10.1037/0003-066X.54.2.93
Sherman, David K. und Geoffrey L. Cohen, »The psychology of self-defense: Self-affirmation theory«, in: *Advances in Experimental Social Psychology* 38(2006), S. 183–242, https://doi.org/10.1016/S0065-2601(06)38004-5
Sprott, David E., Eric. R. Spangenberg, Lauren G. Block, Gavan J. Fitzsimons, Vicki G. Morwitz und Patti Williams, »The question–behavior effect: What we know and where we go from here«, in: *Social Influence* 1, Nr. 2 (2006), S. 128–137, https://doi.org/10.1080/15534510600685409
Tavris, Carol und Elliot Aronson, *Ich habe recht, auch wenn ich mich irre.*

Warum wir fragwürdige Überzeugungen, schlechte Entscheidungen und verletzendes Handeln rechtfertigen, München 2010.
Wood, Wendy, Leona Tam und M. G. Witt, »Changing circumstances, disrupting habits«, in: *Journal of Personality and Social Psychology* 88, Nr. 6 (2005), S. 918–933, https://doi.org/10.1037/0022-3514.88.6.918

Gesetz 7

Aryani, Eka, »The role of self-story in mental toughness of students in Yogyakarta«, in: *Journal of Educational Psychology and Counseling* 2, Nr. 1 (2016), S. 25–31.
Duckworth, Angela L., Christopher Peterson, Michael D. Matthews und D. R. Kelly, »Grit: perseverance and passion for long-term goals«, in: *Journal of Personality and Social Psychology* 92, Nr. 6 (2007), S. 1087–1101, https://doi.org/10.1037/0022-3514.92.6.1087
Eubank jun., Chris, persönliches Gespräch, 1. Mai 2023.
Gladwell, M., *Outliers: Die Geheimnisse erfolgreicher Menschen*, München 2023.
Macnamara, Brooke N., David Z. Hambrick und Frederick L. Oswald, »Deliberate Practice and Performance in Music, Games, Sports, Education, and Professions: A Meta-Analysis«, in: *Psychological Science* 25, Nr. 8 (2014), S. 1608–1618, https://doi.org/10.1177/0956797614535810
Polk, L., »Self-concept and resilience: A correlation«, in: *International Journal of Social Science and Economic Research* 3, Nr. 2 (2018), S. 1280–1291.
Singh, P., *Your self-story: The secret strategy for achieving big ambitions*, HarperCollins 2023.
Steele, Claude M. und Joshua Aronson, »Stereotype threat and the intellectual test performance of African Americans«, in: *Journal of Personality and Social Psychology* 69, Nr. 5 (1995), S. 797–811, https://doi.org/10.1037/0022-3514.69.5.797
Tentama, Fatwa, »Self-story, resilience, and mental toughness«, in: *Journal of Applied Psychology* 4, Nr. 1 (2020), S. 13–21.
Wooden, John, *Wooden: A lifetime of observations and reflections on and off the court*, New York u.a. 1997.
Woolfolk Hoy, Anita und P. K. Murphy, »Identity development, motiva-

tion, and achievement in adolescence«, in: Judith L. Meece und Jacquelynne S. Eccles (Hrsg.), *Handbook of Research on Schools, Schooling, and Human Development*, New York/London 2008, S. 391–414.
Zhang, S., S. Tompson, D. White-Spenik und C. B. Blair, »Stereotype threat and self-affirmation: The moderating role of race/ethnicity and self-esteem«, in: *Cultural Diversity and Ethnic Minority Psychology* 19, Nr. 4 (2013), S. 395–405.

Gesetz 8

American Psychological Association, »What you need to know about willpower: The psychological science of self-control«, https://www.apa.org/topics/personality/willpower [21. März 2023].
Baumeister, Roy F., Ellen Bratslavsky, Mark Muraven und Dianne M. Tice, »Ego depletion: Is the active self a limited resource?«, in: *Journal of Personality and Social Psychology* 74, Nr. 5 (1998), S. 1252–1265, https://doi.org/10.1037/0022-3514.74.5.1252
Clear, James, »How to Break a Bad Habit (and Replace It With a Good One)«, https://jamesclear.com/how-to-break-a-bad-habit [4. Februar 2020].
Duhigg, Charles, *Die Macht der Gewohnheit. Warum wir tun, was wir tun*, übers. v. Thorsten Schmidt, München/Zürich 2012.
Eyal, Nir, *Hooked. Wie Sie Produkte erschaffen, die süchtig machen*, übers. v. Jordan T. A. Wegberg, München 2014.
Ferrario, C. R., G. Gorny und H. S. Crombag, »On the neural and psychological mechanisms underlying compulsive drug seeking in addiction«, in: *Progress in Neuro-Psychopharmacology and Biological Psychiatry* 29, Nr. 4 (2005), S. 613–627.
Friedman, Ronald S. und Jens Förster, »The effects of promotion and prevention cues on creativity«, in: *Journal of Personality and Social Psychology* 81, Nr. 6 (2001), S. 1001–1013.
Gollwitzer, Peter M. und Paschal Sheeran, »Implementation intentions and goal achievement: A meta-analysis of effects and processes«, in: *Advances in Experimental Social Psychology* 38 (2006), S. 69–119, https://doi.org/10.1016/S0065-2601(06)38002-1
Hofmann, Wilhelm, Marieke Adriaanse, Kathleen D. Vohs und Roy F.

Baumeister, »Dieting and the self-control of eating in everyday environments: An experience sampling study«, in: *British Journal of Health Psychology* 19, Nr. 3 (2014), S. 523–539, https://doi:10.1111/bjhp.12053

Muraven, Mark, Dianne M. Tice und Roy F. Baumeister, »Self-control as a limited resource: Regulatory depletion patterns«, in: *Journal of Personality and Social Psychology* 74, Nr. 3 (1998), 774–789, https://doi.org/10.1037/0022-3514.74.3.774

Segerstrom, Suzanne C., Annette L. Stanton, Lynn E. Alden und Brenna E. Shortridge, »A Multidimensional Structure for Repetitive Thought: What's On Your Mind, And How, And How Much?«, in: *Journal of Personality and Social Psychology* 85, Nr. 5 (2003), S. »909–921, https://doi.org/10.1037/0022-3514.85.5.909

Sharot, Tali, *Die Meinung der anderen. Wie sie unser Denken und Handeln bestimmt – und wie wir sie beeinflussen,* übers. v. Susanne Kuhlmann-Krieg, München 2019.

Wegner, Daniel M., David J. Schneider, Samuel R. Carter und Teri L. White, »Paradoxical effects of thought suppression«, in: *Journal of Personality and Social Psychology* 53, Nr. 1 (1987), S. 5–13, https://doi.org/10.1037/0022-3514.53.1.5

Wood, Wendy und David T. Neal, »A new look at habits and the habit-goal interface«, in: *Psychological Review* 114, Nr. 4 (2007), S. 843–863, https://doi.org/10.1037/0033-295X.114.4.843

Gesetz 9

Buffett, Warren E., »Owner's Manual«, in: *Fortune* 137, Nr. 3 (1998), S. 33.

Caci, Grazia, Adriana Albini, Mario Malerba, Douglas M. Noonan, Patrizia Pochetti und Riccardo Polosa, »COVID-19 and Obesity: Dangerous Liaisons«, in: *Journal of Clinical Medicine* 9 Nr. 8 (2020), 2511, https://doi.org/10.3390/jcm9082511

Centers for Disease Control and Prevention, »Obesity, Race/Ethnicity, and COVID-19«, https://www.cdc.gov/obesity/data/obesity-and-covid-19.html [27. September 2022].

Obama, Barack, »Remarks by the President on the Affordable Care Act«, https://obamawhitehouse.archives.gov/the-press-office/2013/09/26/remarks-president-affordable-care-act [26. September 2013].

Gesetz 10

Allan, Paola u.a., *Climate Change 2021: The Physical Science Basis, Contribution of Working Group I to the Sixth Assessment Report of the Intergovernmental Panel on Climate Change,* Cambridge/New York 2021.

Brennan, Siofra, »Is this the best workplace in Britain?«, in: *Mail Online,* https://www.dailymail.co.uk/femail/article-5718875/Is-best-workplace-Britain.html [14. Mai 2018].

Coldwell, Will, »Drink in the view: BrewDog to open its first UK ‚beer hotel'«, in: *The Guardian,* https://www.theguardian.com/travel/2018/feb/20/drink-in-the-view-brewdog-to-open-its-first-uk-beer-hotel [20. Februar 2018].

International Energy Agency, »Net Zero by 2050: A Roadmap for the Global Energy Sector«, https://www.iea.org/reports/net-zero-by-2050 [Mai 2021].

McCarthy, Niall, »The Tesla Model 3 Was The Best-Selling Luxury Car In America Last Year«, in: *Forbes,* https://www.forbes.com/sites/niallmccarthy/2019/02/08/the-tesla-model-3-was-the-best-selling-luxury-car-in-america-last-year-infographic/ [8. Februar 2019].

Morris, James, »How Did Tesla Become The Most Valuable Car Company In The World?«, in: *Forbes,* https://www.forbes.com/sites/jamesmorris/2020/06/14/how-did-tesla-become-the-most-valuable-car-company-in-the-world/ [14. Juni 2020].

NASA Global Climate Change, »The Causes of Climate Change«, https://climate.nasa.gov/causes/ [o. D., abgerufen 30. April 2023].

National Oceanic and Atmospheric Administration, »Climate«, https://www.climate.gov/ [o. D., abgerufen 30. April 2023]

Shastri, Aditya, »Complete Analysis on Tesla Marketing Strategy – 360 Degree Analysis«, in: *IIDE,* https://iide.co/case-studies/tesla-marketing-strategy/ [13. Februar 2023].

Sutherland, Rory, *Alchemy: The Surprising Power of Ideas that Don't Make Sense,* London 2019.

Union of Concerned Scientists, *The Climate Deception Dossiers, Internal Fossil Fuel Industry Memos Reveal Decades of Corporate Disinformation,* https://www.ucsusa.org/resources/climate-deception-dossiers [29. Juni 2015].

United Nations Environment Programme, *The Heat Is On, A world of climate promises not yet delivered, The Emissions Gap Report 2021*, https://www.unep.org/resources/emissions-gap-report-2021 [26. Oktober 2021].
United Nations Framework Convention on Climate Change, »Paris Agreement«, https://unfccc.int/process-and-meetings/the-paris-agreement/the-paris-agreement [abgerufen 30 April 2023].
United States Environmental Protection Agency, »Climate Change Indicators in the United States«, https://www.epa.gov/climate-indicators [2. Mai 2023].
World Wildlife Fund, »Effects of Climate Change«, https://www.worldwildlife.org/threats/climate-change [o. D., abgerufen 30. April 2023].

Gesetz 11

127 Hours [Spielfilm], Fox Searchlight Pictures 2010.
Avery, Suzanne N. und Jennifer Urbano Blackford, »Slow to warm up: the role of habituation in social fear«, in: *Social Cognitive and Affective Neuroscience* 11, Nr. 11 (2016), S. 1832–1840, https://doi.org/10.1093/scan/nsw095
BBC NEWS, »I cut off my arm to survive«, http://news.bbc.co.uk/1/hi/health/2346951.stm [23. Oktober 2002].
Davies, S. J., *The Art of Mindfulness in Sport Psychology: Mindfulness in Motion*, London 2017.
Diamond, David M., Collin R. Park, Adam M. Campbell, James C. Woodson und Cheryl D. Conrad, »Influence of predator stress on the consolidation versus retrieval of long-term spatial memory and hippocampal spinogenesis«, in: *Hippocampus* 16, Nr. 7 (2005), S. 571–576, https://doi.org/10.1002/hipo.20188
Frederick, Peter, »Persuasive Writing: How to Harness the Power of Words«, https://www.researchgate.net/publication/275207550_Persuasive_Writing_How_to_Harness_the_Power_of_Words [März 2011].
Groves, Philip M. und Richard F. Thompson, »Habituation: A dual-process theory«, in: *Psychological Review* 77, Nr. 5 (1970), S. 419–450, https://doi.org/10.1037/h0029810
Hájková, Anna, »The society of Holocaust victims: what was life inside a Nazi camp like?«, https://blog.oup.com/2021/11/the-society-of-holo-

caust-victims-what-was-life-inside-a-nazi-camp-like/ [24. November 2021].
James, Lawrence R., »A review of habituation«, in: *Psychological Bulletin* 49, Nr. 4 (1952), S. 345–356.
James, William, *The Principles of Psychology*, Bd. 1, New York 1890.
Keegan, Sheila M., *The Psychology of Fear in Organizations: How to Transform Anxiety into Well-being, Productivity and Innovation,* London 2015.
LeDoux, Joseph, Angst: *Wie wir Furcht und Angst begreifen und therapieren können, wenn wir das Gehirn verstehen,* übers. v. Sebastian Vogel, Wals 2016.
McGonigal, Kelly, *Glücksfaktor Stress: Warum Stress uns erfolgreich und gesund macht,* übers. v. Benjamin Schilling, Stuttgart 2018.
McGuire, William J., »Personality and susceptibility to social influence«, in: Borgatta, Edgar F. und Lambert, William W. (Hrsg.), *Handbook of Personality Theory and Research,* Chicago 1968, S. 1130–1187.
Mitchell, Andrew A. und Jerry C. Olson, »Are product attribute beliefs the only mediator of advertising effects on brand attitude?«, in: *Journal of Marketing Research* 18, Nr. 3 (1981), S. 318–332, https://doi.org/10.2307/3150973
Petty, Richard E. und John T. Cacioppo, *Communication and Persuasion: Central and Peripheral Routes to Attitude Change,* New York 1986.
Ralston, Aron, *Im Canyon. Fünf Tage und Nächte bis zur schwierigsten Entscheidung meines Lebens,* übers. v. Susanne Schädlich, Berlin 2016.
Sapolsky, Robert M., *Gewalt und Mitgefühl. Die Biologie des menschlichen Verhaltens,* übers. v. Hainer Kober, München 2021.
Selye, Hans, *Stress beherrscht unser Leben. Das Standardwerk des Pioniers der Stressforschung,* übers. v. Helmut Sopp, München 1991.
Smith, C. A., »The effects of stimulus variation on the semantic satiation phenomenon«, in: *Journal of Verbal Learning and Verbal Behavior* 4, Nr. 5 (1965), S. 447–453.
Sokolov, E. N., »Higher Nervous Functions: The Orienting Reflex«, in: *Annual Review of Physiology* 25(1963), S. 545–580, https://doi.org/10.1146/annurev.ph.25.030163.002553
Wilson, F. A. W. und Edmund T. Rolls, »The effects of stimulus novelty and familiarity on neuronal activity in the amygdala of monkeys perfor-

ming recognition memory tasks«, in: *Experimental Brain Research* 93, Nr. 3 (1993), S. 367–82, https://link.springer.com/article/10.1007/BF00229353

Wilson, Timothy D. und Nancy Brekke, »Mental contamination and mental correction: Unwanted influences on judgments and evaluations«, in: *Psychological Bulletin* 116, Nr. 1 (1994), S. 117–142, https://doi.org/10.1037/0033-2909.116.1.117

Winkielman, Piotr, Jamin Halberstadt, Tedra Fazendeiro und Steve Catty, »Prototypes are attractive because they are easy on the mind«, in: *Psychological Science* 17, Nr. 9 (2006), S. 799–806, https://doi.org/10.1111/j.1467-9280.2006.01785.x

Gesetz 12

Manson, Mark, *Die subtile Kunst des Daraufscheißens*, übers. v. Anett Stütze, München 2017.

Midson-Short, Daniel, »The Rise of Cursing in Marketing«, https://shorthandcontent.com/marketing/curse-words-in-marketing/ [9. März 2019].

Knight, Sarah, *Calm the F**k Down: How to Control What You Can and Accept What You Can't So You Can Stop Freaking Out and Get on With Your Life*, London 2018.

Kludt, Amanda, »Dermalogica's Founder Thinks People-Pleasing Leads to Mediocrity«, in: *Eater*, https://www.eater.com/2018/11/2/18047774/dermalogicas-ceo-jane-wurwand-start-to-sale [2. November 2018].

The Diary of a CEO, »Dermalogica Founder: Building A Billion Dollar Business While Looking After Your Mental Health« [Video], https://www.youtube.com/watch?v=0KDESUdPRXs [13. Juni 2022].

Gesetz 13

Battye, Luke, »Why We're Loving It: The Psychology Behind the McDonald's Restaurant of the Future«, https://www.behavioraleconomics.com/loving-psychology-behind-mcdonalds-restaurant-future/ [10. Januar 2018].

Dmitracova, Olesya, »What companies can learn from behavioural psychology«, in: *Independent*, https://www.independent.co.uk/voices/customer-service-behavioural-psychology-uber-fred-reichheld-mckinsey-company-a9229931.html [2. Dezember 2019].

Duhigg, Charles, *Die Macht der Gewohnheit: Warum wir tun, was wir tun*, übers. v. Thorsten Schmidt, München/Zürich 2012.
Fowler, G., »The Secret to Uber's Success? It Isn't Technology«, in: *Wired*, [22. Juli 2014].
Hogan, Candice, »How Uber Leverages Applied Behavioral Science at Scale«, in: Uber Blog, https://www.uber.com/en-GB/blog/applied-behavioral-science-at-scale/ [28. Januar 2019].
Kim, W. Chan und Renée Mauborgne, »Blue Ocean Strategy«, in: *Harvard Business Review*, https://hbr.org/2004/10/blue-ocean-strategy [Oktober 2004].
Sutherland, Rory, *Alchemy: The Surprising Power of Ideas that Don't Make Sense*, London 2019.
The Secret Developer, »Uber's Psychological Moonshot«, in: *Medium*, https://medium.com/@tsecretdeveloper/ubers-psychological-moonshot-8e75078722ae [6. Januar 2023].
Uber, »About Uber«, https://www.uber.com/us/en/about/ [2023].

Gesetz 14

Ranganathan, C., *Friction is Fiction: The Future of Marketing*, New York 2019.
Sutherland, Rory, »Life lessons from an ad man« [Video], https://www.ted.com/talks/rory_sutherland_life_lessons_from_an_ad_man [Juli 2009].
Tversky, Amos und Daniel Kahneman, »Judgment under uncertainty: Heuristics and Biases«, in: *Science* 185, Nr. 4157 (1974), S. 1124–1131, https://www.science.org/doi/10.1126/science.185.4157.1124
Wertenbroch, Klaus und Bernd Skiera, »Measuring Consumers' Willingness to Pay at the Point of Purchase«, in: *Journal of Marketing Research* 39, Nr. 2 (2002), S. 228–241, https://doi.org/10.1509/jmkr.39.2.228.19086
West, Patricia M., Christina L. Brown und Stephen J. Hoch, »Consumption vocabulary and preference formation«, in: *Journal of Consumer Research* 23, Nr. 2 (1996), S. 120–135, https://doi.org/10.1086/209471

Gesetz 15

Babin, Barry J., David M. Hardesty und Tracy A. Suter, »Color and shopping intentions: The intervening effect of price fairness and perceived affect«, in: *Journal of Business Research* 56, Nr. 7 (2003), S. 541-551, https://doi.org/10.1016/S0148-2963(01)00246-6

Hari, Johann, *Abgelenkt. Wie uns die Konzentration abhandenkam und wie wir sie zurückgewinnen*, übers. v. Simone Fischer, München 2022.

Khan, Uzma und Ravi Dhar, »Licensing Effect in Consumer Choice«, in: *Journal of Marketing Research* 43, Nr. 2 (2006), S. 258–266, https://doi.org/10.1509/jmkr.43.2.259

Kivetz, Ran und Itamar Simonson, »Earning the Right to Indulge: Effort as a Determinant of Customer Preferences Toward Frequency Program Rewards«, in: *Journal of Marketing Research* 39, Nr. 2 (2002), S. 155–170, https://doi.org/10.1509/jmkr.39.2.155.19084

Koelbel, C. und J. G. Helgeson, »Scarcity appeals in advertising: Theoretical and empirical considerations«, in: *Journal of Advertising* 37, Nr. 1 (2008), S. 19–33.

Kotler, Philip, Hermawan Kartajaya und Iwan Setiawan, *Marketing 4.0: Der Leitfaden für das Marketing der Zukunft*, übers. v. Petra Pyka, Frankfurt 2017.

Levy, Sidney J., »Symbols for sale«, in: *Harvard Business Review* 37, Nr. 4 (1959), S. 117–142.

Müller-Lyer, F. C., »Optische Urteilstäuschungen«, in: Dr. Wilhelm His, Dr. Wilhelm Braune und Dr. Emil du Bois-Reymond (Hrsg.), *Archiv für Anatomie und Physiologie, Supplement-Band zur physiologischen Abtheilung*, Leipzig 1889, S. 263–270.

Thaler, Richard H., »Mental accounting and consumer choice«, in: *Marketing Science* 4, Nr. 3 (1985), S. 199–214.

WHOOP Homepage, https://www.whoop.com/ [abgerufen 1. Mai 2023].

Gesetz 16

Alagappan, Sathesh, »The Goldilocks Effect: Simple but clever marketing«, in: *Medium*, https://medium.com/@WinstonWolfDigi/the-goldilocks-effect-simple-but-clever-marketing-dfb87f4fa58c [15. Dezember 2014].

Ariely, Dan, »Are we in control of our decisions?« [Video], https://www.youtube.com/watch?v=9X68dm92HVI [19. Mai 2009].

Clear, James, »The Goldilocks Rule: How to Stay Motivated in Life and Business«, https://jamesclear.com/goldilocks-rule [4. Februar 2020].

Le Cunff, Anne-Laure, »The Goldilocks Principle of Stress and Anxiety«, in: *Ness Labs*, https://nesslabs.com/goldilocks-principle [2020].
Kemp, S., »The Goldilocks Effect: Using Anchoring to Boost Your Conversion Rates«, Neil Patel, https://neilpatel.com/blog/goldilocks-effect/ [2019].
Kinnu, »What is the Anchoring Bias and How Does it Impact Our Decision-Making?«, https://kinnu.xyz/kinnuverse/science/cognitive-biases/how-mental-shortcuts-filter-information/ [11. Januar 2023].
Tversky, Amos und Daniel Kahneman, »Loss Aversion in Riskless Choice: A Reference-Dependent Model«, in: *The Quarterly Journal of Economics* 106, Nr. 4 (1991), S. 1039–1061, https://doi.org/10.2307/2937956

Gesetz 17

Bratton, John und Jeffrey Gold, *Human Resource Management: Theory and Practice*, 5. Aufl., Oxford 2012.
Build-A-Bear, About Build-A-Bear Workshop®, https://www.buildabear.com/about-us.html [o.D., abgerufen 1. Mai 2023].
Buric, Roman, »The Endowment Effect – Everything You Need to Know«, in: *InsideBE*, https://insidebe.com/articles/the-endowment-effect-2/ [o. D. 2022].
Kahneman, Daniel und Amos Tversky, »Prospect theory: An Analysis of Decision Under Risk«, in: *Econometrica* 47, Nr. 2 (1979), S. 263–292, https://doi.org/10.2307/1914185
Kivetz, Ran, Oleg Urminsky und Yuhuang Zheng, »The Goal-Gradient Hypothesis Resurrected: Purchase Acceleration, Illusionary Goal Progress, and Customer Retention«, in: *Journal of Marketing Research* 43, Nr. 1 (2006), S. 39–58, https://doi.org/10.1509/jmkr.43.1.39
Thaler, Richard, »Mental Accounting and Consumer Choice«, in: *Marketing Science* 4, Nr. 3 (1985), S. 199–214, https://doi.org/10.1287/mksc.4.3.199
Vohs, Kathleen D., Nicole L. Mead und Miranda R. Goode, »Merely Activating the Concept of Money Changes Personal and Interpersonal Behavior«, in: *Current Directions in Psychological Science* 17, Nr. 3 (2008), S. 208–212, https://doi.org/10.1111/j.1467-8721.2008.00576.x

Gesetz 18

Becker, Howard S., *Die Kunst des professionellen Schreibens. Ein Leitfaden für die Geistes- und Sozialwissenschaften,* übers. v. Hanne Herkommer, 2. Aufl., Frankfurt a.M. 2000.

Duistermaat, Henneke, *How to Write Seductive Web Copy: An Easy Guide to Picking Up More Customers,* Manchester 2013.

Ferriss, Tim, *Tools der Titanen: Die Taktiken, Routinen und Gewohnheiten der Weltklasse-Performer, Ikonen und Milliardäre,* übers. v. Petra Pyka, München 2017.

Godin, Seth, *All Marketers Are Liars: The Power of Telling Authentic Stories in a Low-Trust World,* London u.a. 2012.

Godin, Seth, *The Icarus Deception: How High Will You Fly?* London u.a. 2012.

Guberman, R., *The Ultimate Guide to Video Marketing,* Entrepreneur Press 2016.

Johnson, Mimi, »The Power of Pause«, Ethos3 – a presentation training and design agency, https://ethos3.com/the-power-of-pause/ [o. D.].

Kawasaki, Guy, *The Art of the Start: Von der Kunst, ein Unternehmen erfolgreich zu gründen,* München 2014.

Pink, Daniel H., *Unsere kreative Zukunft. Warum und wie wir unser Rechtshirnpotenzial entwickeln müssen,* übers. v. Rita Höner, München 2008.

Ries, Eric, *Lean Startup: Schnell, risikolos und erfolgreich Unternehmen gründen,* übers. v. Ursula Bischoff, München 2014.

Robbins, Anthony und Peter Mallouk, *Unangreifbar. Deine Strategie für finanzielle Freiheit, Schritt für Schritt das Geldspiel beherrschen,* übers. v. Almuth Braun, München 2017.

Sinek, Simon, *Frag immer erst: Warum. Wie Top-Firmen und Führungskräfte zum Erfolg inspirieren,* übers. v. Christian Gonsa, München 2014.

Thiel, Peter mit Blake Masters, *Zero to one. Wie Innovation unsere Gesellschaft rettet,* übers. v. Jürgen Neubauer, Frankfurt a.M./New York 2014.

Vaynerchuk, Gary, *Der Kampf um Kunden: So landen Sie gezielte Treffer mit Facebook, Twitter & Co,* Kulmbach 2014.

Vorster, Andrew, »7 seconds«, https://www.andrewvorster.com/7-seconds/ [2021].

Gesetz 19

Altman, David, »Go Big by Thinking Small: The Power of Incrementalism«, Project Management Institute, https://community.pmi.org/blog-post/73777/go-big-by-thinking-small-the-power-of-incrementalism-theory#_=_ [12. Januar 2023].

Amabile, Teresa M. und Steven J. Kramer, »The Power of Small Wins«, in: *Harvard Business Review*, https://hbr.org/2011/05/the-power-of-small-wins [Mai 2011].

Clifford, Joe, »Power to the People – Toyota's Suggestion System«, in: *Toyota UK Magazine*, https://mag.toyota.co.uk/toyota-and-the-power-of-suggestion [10. Februar 2014].

Le Cunff, Anne-Laure, »Constructive criticism: how to give and receive feedback«, Ness Labs, https://nesslabs.com/constructivecriticism-give-receive-feedback [2020].

Laloux, Frederic, *Reinventing Organizations visuell: Ein illustrierter Leitfaden sinnstiftender Formen der Zusammenarbeit*, übers. v. Mike Kauschke, München 2016.

Liker, Jeffrey K., *Der Toyota-Weg. Die 14 Managementprinzipien des weltweit erfolgreichsten Autokonzerns*, übers. v. Almuth Braun, München 2022.

Senge, Peter M., *Die fünfte Disziplin. Kunst und Praxis der lernenden Organisation*, übers. v. Maren Klostermann und Hans Freundl, 11. Aufl., Freiburg 2021.

Spear, Steven J. und Bowen, H. Kent, »Decoding the DNA of the Toyota production system«, in: *Harvard Business Review* 77, Nr. 5 (1999), S. 96–106.

Kos, Blaz, »Kaizen – Constant improvement as the winning strategy«, Spica, https://www.spica.com/blog/kaizen-method [12. April 2023].

Toyota Blog, »What is kaizen and how does Toyota use it?«, in: *Toyota UK Magazine*, https://mag.toyota.co.uk/kaizen-toyota-production-system/#:~:text=Kaizen%20(English%3A%20Continuous%20improvement)%3A,maximise%20productivity%20at%20every%20worksite [31. Mai 2013].

Womack, James P. und Daniel T. Jones, *Lean Thinking. Ballast abwerfen,*

Unternehmensgewinn steigern, übers. v. Maria Bühler und Hans-Peter Meyer, 3. erw. u. akt. Auflage, Frankfurt a.M. 2013.

Wye, Alistair, »Never ignore marginal gains. The secret of how a 1% gain each day adds up to massive results for legal organisations«, Lawtomated, https://lawtomated.com/never-ignore-marginal-gains-the-secret-of-how-a-1-gain-each-day-adds-up-to-massive-results-for-legal-organisations/ [20. November 2020].

Gesetz 20

Barbie, Donna J. (Hrsg.), *Tiger Woods Phenomenon: Essays on the Cultural Impact of Golf's Fallible Superman*, Jefferson, N.C. 2012.

Barabási, Albert-László, *The Formula: The Universal Laws of Success*, New York 2018.

Darwin, Charles, *Über Die Entstehung der Arten im Thier- und Pflanzenreich durch natürliche Züchtung, oder Erhaltung der vervollkommneten Rassen im Kampf ums Daseyn*, übers. v. Heinrich Georg Bronn, Stuttgart 1860.

Gottman, John M. und Nan Silver, *Die 7 Geheimnisse der glücklichen Ehe*, übers. v. Susanne Dahmann, Berlin 2014.

Hammer, Michael und James A. Champy, *Reengineering the Corporation: A Manifesto for Business Revolution*, New York 1993.

Harmon, Butch und John Andrisani, *Butch Harmon's Playing Lessons*, New York 1998.

Kaizen Institute, »What is kaizen?«, https://www.kaizen.com/about-us/what-is-kaizen.html [o. D.].

Kanigel, Robert, *The One Best way: Frederick Winslow Taylor and the Enigma of Efficiency*, Cambridge, MA 2005.

Liker, Jeffrey K., *Der Toyota-Weg. Die 14 Managementprinzipien des weltweit erfolgreichsten Autokonzerns*, übers. v. Almuth Braun, München 2022.

McGrath, Rita G., *The End of Competitive Advantage: How to Keep Your Strategy Moving as Fast as Your Business*, Boston, MA 2013.

Nakao, Y., *The Toyota way: Continuous improvement as a business strategy*, Business Expert Press 2014.

Gesetz 21

Batten Institute University of Virginia Darden School of Business, »Creating An Innovation Culture: Accepting Failure is Necessary«, in: *Forbes*, https://www.forbes.com/sites/darden/2012/06/20/creating-an-innovation-culture-accepting-failure-is-necessary/?sh=11dc9e21754e [20. Juni 2012].

Bezos, Jeff, »2016 Letter to Shareholders«, https://www.amazon.com/p/feature/z6o9g6sysxur57t [17. April 2017].

Bezos, Jeff, *Invent & Wander*, übers. von Anja Lerz, Hans Freundl und Sigrid Schmid, München 2021.

Cold Call, »At Booking.com, Innovation Means Constant Failure« [Podcast], in: *Harvard Business Review*, https://hbr.org/podcast/2019/09/at-booking-com-innovation-means-constant-failure [31. August 2022].

Donovan, Nicola, »The role of experimentation at Booking.com«, https://partner.booking.com/en-gb/click-magazine/industry-perspectives/role-experimentation-bookingcom [6. August 2019].

Hamel, Gary und Michele Zanini, »Excess Management Is Costing the U.S. $3 Trillion Per Year«, in: *Harvard Business Review*, https://hbr.org/2016/09/excess-management-is-costing-the-us-3-trillion-per-year [5. September 2016].

Hamel, Gary und Michele Zanini, »Yes, You Can Eliminate Bureaucracy«, in: *Harvard Business Review*, https://hbr.org/2018/11/the-end-of-bureaucracy [29. Oktober 2018].

Harris, Dan, *Wie ich die entscheidenden 10 Prozent glücklicher wurde. Meditation für Skeptiker*, übers. v. Elisabeth Liebl, München 2016.

IBM, »Chronological History of IBM«, https://www.ibm.com/ibm/history/history/history_intro.html

Kahneman, Daniel, *Schnelles Denken, langsames Denken*, übers. v. Thorsten Schmidt, München 2012.

Kaizen Institute, »What is kaizen?«, https://www.kaizen.com/about-us/what-is-kaizen.html [o. D.].

Kim, Eugene, »How Amazon CEO Jeff Bezos has inspired people to change the way they think about failure«, in: *Business Insider India*, https://www.businessinsider.in/tech/how-amazon-ceo-jeff-bezos-has-inspired-people-to-change-the-way-they-think-about-failure/articleshow/52481780.cms [28. Mai 2016].

Kotter, John P., »Leading Change: Why Transformation Efforts Fail«, in: *Harvard Business Review Press,* Mai-Juni 1995, https://hbr.org/1995/05/leading-change-why-transformation-efforts-fail-2

Lencioni, Patrick, *Der Vorteil. Warum nur vitale und robuste Unternehmen in Führung gehen,* übers. v. Brigitte Döbert, Weinheim 2014.

Lindzon, J., »Do we still need managers? Most workers say ›no‹«, in: *Fast Company,* https://www.fastcompany.com/90716503/do-we-still-need-managers-most-workers-say-no [02. März 2022].

Mackenzie, K., *What Is Empowerment, and How Does It Support Employee Motivation?,* New York 2019.

Obama, Barack, *Ein verheißenes Land,* übers. v. Sylvia Bieker u.a., München 2020.

Peter, Laurence J. und Raymond Hull, *Das Peter-Prinzip oder Die Hierarchie der Unfähigen,* übers. v. Michael Jungblut, Reinbek bei Hamburg 1995.

Ruimin, Zhang, »Raising Haier«, in: *Harvard Business Review,* https://hbr.org/2007/02/raising-haier [Februar 2007].

Sinek, Simon, *Frag immer erst: Warum. Wie Top-Firmen und Führungskräfte zum Erfolg inspirieren,* übers. v. Christian Gonsa, München 2014.

Stone, Madeline, »The pandemic became personal when Booking Holdings' CEO caught COVID-19. Now, he's taking on Airbnb and calling on the government to save a battered travel industry«, in: *Business Insider,* https://www.businessinsider.com/bookingholdings-ceo-airbnb-pandemic-travel-future-2020-9?r=US&IR=T [24. September 2020].

Westrum, R., »A typology of resilience situations«, in: *Journal of Contingencies and Crisis Management* 12, Nr. 3 (2004), S. 98–107.

Gesetz 22

Atkinson, Emily, »Andes plane crash survivors have ›no regrets‹ over resorting to cannibalism«, in: *Independent,* https://www.independent.co.uk/news/world/americas/andes-plane-crash-survivors-cannabalism-b2203833.html [20. Oktober 2022].

Delgado, Kolina J., »Social Psychology in Action: A Critical Analysis of *Alive*«, https://corescholar.libraries.wright.edu/psych_student/2 [Frühling 2009].

Mulvaney, Kieran, »Miracle of the Andes: How Survivors of the Flight Disaster Struggled to Stay Alive«, https://www.history.com/news/miracle-andes-disaster-survival [12. Oktober 2021].
Parrado, Nando mit Vince Rause, *72 Tage in der Hölle. Wie ich den Absturz in den Anden überlebte*, übers. v. Sebastian Vogel, München 2007.
Read, Piers Paul, *Überleben. Die wahre Geschichte des Flugzeugabsturzes in den Anden*, übers. v. Jan Holthusen, München 2012.
Sterling, T., »Thirty-two years of the ›Alive‹ story«, in: *Air & Space Smithsonian* 25, Nr. 3 (2010), S. 16–22.
Stroud, Les, *Survive! Essential Skills and Tactics to Get You Out of Anywhere – Alive*, New York 2008.

Gesetz 23

Bride, H., »Women Who Escaped Death Tell of Thrilling Rescues: Stories of Courage and Fortitude Told by Those Who Lived Through Sinking of *Titanic«, in: New York Times* vom 20. April 1912.
Carter, William, *How I Survived the* Titanic, New York 1912.
Eyal, Nir, persönliches Gespräch, 25. April 2023.
Gollwitzer, Peter M. und Paschal Sheeran, »Implementation intentions and goal achievement: A meta-analysis of effects and processes«, in: *Advances in Experimental Social Psychology* 38 (2006), S. 69–119, https://doi.org/10.1016/S0065-2601(06)38002-1
Hopkinson, Deborah, *Titanic: Voices from the disaster*, New York 2014.
Lynch, Donald, *Titanic: An Illustrated History*, New York 1995.
Mowbray, Jay Henry, *The Sinking of the* Titanic: *Eyewitness Accounts*, Mineola/New York 2003.
Reed, Joanne, »Understanding The Psychology of Willful Blindness«, https://authorjoannereed.net/understanding-the-psychology-of-willful-blindness/#:~:text=%E2%80%9CThe%20psychology%20of%20willful%20blindness,to%20let%20out%20is%20crucial [2. August 2019].
Rosenberg, J., *The Ostrich Effect: The Psychology of Avoiding What We Most Fear and Deserve*, New York 2022.
Sprott, D. E., E. R. Spangenberg und R. Fischer, »Reconceptualizing perceived value: The role of perceived risk«, in: *Journal of Consumer Research* 30, Nr. 3 (2003), S. 433–448.

Thaler, Richard H., »Mental accounting matters«, in: *Journal of Behavioral Decision Making* 12, Nr. 3 (1999), S. 183–206, https://doi.org/10.1002/(SICI)1099-0771(199909)12:3<183::AID-BDM318>3.0.CO;2-F

Vaillant, George E., »Ego mechanisms of defense and personality psychopathology«, in: *Journal of Abnormal Psychology* 103, Nr. 1 (1994), S. 44–50, https://psycnet.apa.org/doi/10.1037/0021-843X.103.1.44

Gesetz 24

King, Billie Jean, *Pressure is a Privilege*, New York 2008.

Lazarus, Richard S. und Susan Folkman, *Stress, Appraisal, and Coping*, New York 1984.

McGonigal, Kelly, »How to make stress your friend« [Video], TED Conferences, https://www.ted.com/talks/kelly_mcgonigal_how_to_make_stress_your_friend [Juni 2013].

Park, Crystal L. und Susan Folkman, »Meaning in the Context of Stress and Coping«, in: *Review of General Psychology* 1, Nr. 2 (1997), S. 115–144, https://doi.org/10.1037/1089-2680.1.2.115

Sapolsky, Robert M., *Warum Zebras keine Migräne kriegen: Wie Streß den Menschen krank macht*, übers. v. Brigitte Stein, München/Zürich 1998.

Sheldon, Kennon M. und Andrew J. Elliot, »Goal striving, need satisfaction, and longitudinal well-being: The self-concordance model«, in: *Journal of Personality and Social Psychology* 76, Nr. 3 (1999), S. 482–497, https://doi.org/10.1037/0022-3514.76.3.482

Smyth, J. und J. R. Hockemeyer, »The beneficial effects of daily activity on mood: Evidence from a randomized, controlled study«, in: *Journal of Health Psychology* 3, Nr. 3 (1998), S. 357–373.

Spreitzer, Gretchen M. und Scott Sonenshein, »Toward the Construct Definition of Positive Deviance«, in: *American Behavioral Scientist* 47, Nr. 6 (2004), S. 828–847, https://doi.org/10.1177/0002764203260212

Tedeschi, Richard G. und Lawrence G. Calhoun, »Posttraumatic Growth: Conceptual Foundations and Empirical Evidence«, in: *Psychological Inquiry* 15, Nr. 1 (2004), S. 1–18, https://doi.org/10.1207/s15327965pli1501_01

Wood, Alex M. und Stephen Joseph, »The absence of positive psychological (eudemonic) well-being as a risk factor for depression: A ten-year cohort study«, in: *Journal of affective disorders* 122, Nr. 3 (2010), S. 213–217, https://doi.org/10.1016/j.jad.2009.06.032

Gesetz 25

Custer, R. L., »Why do startups fail?«, *US Small Business Administration*, https://www.sba.gov/sites/default/files/Business-Survival.pdf [2018].
Delisle, Julie, »Pre-mortem: an effective tool to avoid failure«, *Beeye*, https://www.mybeeye.com/blog/pre-mortem-effective-tool-to-prevent-failure [2. April 2017].
Dweck, Carol, *Selbstbild. Wie unser Denken Erfolge oder Niederlagen bewirkt*, übers. v. Jürgen Neubauer, München 2017.
Kahneman, Daniel, *Schnelles Denken, langsames Denken*, übers. v. Thorsten Schmidt, München 2012.
Klein, Gary, »Performing a Project Premortem«, in: *Harvard Business Review*, https://hbr.org/2007/09/performing-a-project-premortem [September 2007].
Klein, Gary, Tim Koller und Dan Lovallo, »Bias Busters: Premortems: Being smart at the start«, in: *McKinsey Quarterly*, https://www.mckinsey.com/capabilities/strategy-and-corporate-finance/our-insights/bias-busters-premortems-being-smart-at-the-start [3. April 2019].
Sharot, Tali, *Das optimistische Gehirn. Warum wir nicht anders können, als positiv zu denken*, übers. v. Jorunn Wissmann, Berlin/Heidelberg 2014.
Shermer, Michael, *Believing Brain: From Ghosts and Gods to Politics and Conspiracies – How We Construct Beliefs and Reinforce Them as Truths*, London 2012.
Smith, Ken G. und Michael A. Hitt, *Great Minds in Management: The Process Of Theory Development*, Oxford 2005.
Tversky, Amos und Daniel Kahneman, »Judgment Under Uncertainty: Heuristics and Biases«, in: *Science* 185, Nr. 4157 (1974), S. 1124–1131, https://doi.org/10.1126/science.185.4157.1124
Wegner, Daniel M., *The Illusion of Conscious Will*, Cambridge, MA/London 2003.

Gesetz 26

American Psychological Association, *Publication Manual of the American Psychological Association*, 6. Aufl., American Psychological Association 2010.

Berman, Marc G., John Jonides und Stephen Kaplan, »The cognitive Benefits of Interacting with Nature«, in: *Psychological Science* 19, Nr. 12 (2008), S. 1207–1212, https://doi.org/10.1111/j.1467-9280.2008.02225.x

US Bureau of Labor Statistics, »Occupational Employment and Wages, May 2021«, United States Department of Labor, https://www.bls.gov/oes/current/oes_nat.htm [8. April 2022].

Carhart-Harris, Robin L., Mark Bolstridge, James Rucker, Camilla M. J. Day, David Erritzoe, Mendel Kaelen und D. J. Nutt, »Psilocybin with psychological support for treatment-resistant depression: an open-label feasibility study«, in: *The Lancet Psychiatry* 3, Nr. 7 (2016), S. 619–627, https://doi.org/10.1016/S2215-0366(16)30065-7

Hamilton, Ilana, »What Are The Highest-Paying Jobs in the U.S.?«, in: *Forbes Advisor,* https://www.forbes.com/advisor/education/what-are-the-highest-paying-jobs-in-the-u-s/ [4. April 2023].

Hankel, Isaiah, »In a Crowded Job Market, Here Are the Right Skills for the Future«, in: *Forbes*, https://www.forbes.com/sites/forbesbusinesscouncil/2021/01/08/in-a-crowded-job-market-here-are-the-right-skills-for-the-future/ [8. Januar 2021].

Jeung, Da-Yee, Changsoo Kim und Sei-Jin Chang, »Emotional Labor and Burnout: A Review of the Literature«, in: *Yonsei Medical Journal* 59, Nr. 2 (2018), S. 187–193, https://doi:10.3349/ymj.2018.59.2.187

Markman, Art, *Smart Thinking: How to Think Big, Innovate and Outperform Your Rivals,* London 2012.

Markman, Art, »3 signs you need to improve your emotional intelligence«, in: *Fast Company*, https://www.fastcompany.com/90839541/signs-need-work-emotional-intelligence [26. Januar 2023].

Martocchio, Joseph J., *Strategic Compensation: A Human Resource Management Approach,* 9. Aufl., London 2018.

Perlo-Freeman, Sam und E. Sköns, E., »The State of Peace and Security in Africa 2021«, Stockholm International Peace Research Institute (SIPRI) 2021.

Reffold, Karla, »Command A Higher Salary With These Five Strategies«, in: *Forbes*, https://www.forbes.com/sites/forbeshumanresourcescouncil/2019/03/28/command-a-higher-salary-with-these-five-strategies/?sh=353bea346467 [28. März 2019].
Rice, Ronald E., »The internet and health communication: A framework of experiences«, in: James Price Dillard und Michael Pfau (Hrsg.), *The Persuasion Handbook: Developments in theory and practice*, Thousand Oaks,CA/London/Neu-Delhi 2009, S. 325–344.
Sadun, Raffaela, James Fuller, Stephen Hansen und P. J. Neal, »The C-Suite Skills That Matter Most«, in: *Harvard Business Review* 100, Nr. 4, S. 42–50, https://hbr.org/2022/07/the-c-suite-skills-that-matter-most [Juli–August 2022].
Stewart, David W. und Michael A. Kamins, *Secondary Research: Information Sources and Methods*, 2. Aufl., Thousand Oaks, CA/London/Neu-Delhi 1993.
Van Hoof, Hubert, »Social Media in Tourism and Hospitality: A Literature Review«, in: *Journal of Travel and Tourism* 30, Nr. 1-2 (2013), S. 3–22, https://www.academia.edu/14370892/Social_Media_in_Tourism_and_Hospitality_A_Literature_Review

Gesetz 27

Carver, Charles S., Michael F. Scheier und Suzanne C. Segerstrom, »Optimism«, in: *Clinical Psychology Review* 30, Nr. 7 (2010), S. 879–889, https://doi.org/10.1016/j.cpr.2010.01.006
Cohn, Michaela A., Barbara L. Fredrickson, Stephanie L. Bown, Joseph A. Mikels und Anne M. Conway, »Happiness unpacked: Positive emotions increase life satisfaction by building resilience«, in: *Emotion* 9, Nr. 3 (2009), S. 361–368, https://doi.org/10.1037/a0015952
Davis, Don E., Elise Choe, Joel Meyers, Nathaniel Wade, Kristen Varjas, Allison Gifford und Everett L. Worthington, »Thankful for the little things: A meta-analysis of gratitude interventions«, in: *Journal of Counseling Psychology* 63, Nr. 1 (2016), S. 20–31, https://doi.org/10.1037/cou0000107
Harvey, M., *The Discipline of Entrepreneurship*, London 2019.
Huta, Veronika und Alan S. Waterman, »Eudaimonia and its Distinction from Hedonia: Developing a classification and Terminology for Under-

standing Conceptual and operational Definitions«, in: *Journal of Happiness Studies* 15 (2014), S. 1425–1456, https://doi.org/10.1007/s10902-013-9485-0

Schulte, Jane, *Work smart, not hard: Organizational tips and tools that will change your life*, Bloomington, IN 2008.

Patterson, Kerry, Joseph Grenny, Ron McMillan und Al Switzler, *Heikle Gespräche: Worauf es ankommt, wenn viel auf dem Spiel steht*, übers. v. Brigitte Döbert, Wien 2012.

Rudd, Melanie, Kathleen D. Vohs und Jennifer Aaker, »Awe Expands People's Perception of Time, Alters Decision Making, and Enhances Well-being«, in: *Psychological Science* 23, Nr. 10 (2012), S. 1130–1136, https://doi.org/10.1177/0956797612438731

Scheier, Michael F. und Charles S. Carver, »Optimism, coping, and health: Assessment and implications of generalized outcome expectancies«, in: *Health Psychology* 4, Nr. 3 (1985), S. 219–247, https://doi.org/10.1037/0278-6133.4.3.219

Sinek, Simon, *Frag immer erst: Warum. Wie Top-Firmen und Führungskräfte zum Erfolg inspirieren*, übers. v. Christian Gonsa, München 2014.

Tracy, Brian, *Eat that frog. 21 Wege, wie Sie in weniger Zeit mehr erreichen*, übers. v. Ingrid Proß-Gill, Offenbach 2002.

United Nations Department of Economic and Social Affairs, Population Division, »World Population Prospects 2019: Data Booklet«, United Nations, https://population.un.org/wpp/publications/files/wpp2019_databooklet.pdf

Vanderkam, Laura, *Off the Clock: Feel Less Busy While Getting More Done*, New York 2018.

World Health Organization, »GHE: Life expectancy and healthy life expectancy«, WHO 2021.

Gesetz 28

Branson, Richard, *The Virgin Way. Wie ich das Thema Führung sehe*, Kulmbach 2015.

Etem, Jordan, »Steve Jobs on Hiring Truly Gifted People« [Video], YouTube, https://www.youtube.com/watch?v=a7mS9ZdU6k4 [10. August 2017].

Friedman, Thomas L., *Die Welt ist flach. Eine kurze Geschichte des 21. Jahrhunderts*, übers. v. Michael Bayer, Frankfurt a.M. 2006.
The Diary of a CEO, »Jimmy Carr: The Easiest Way To Live A Happier Life« [Video], YouTube, https://www.youtube.com/watch?v=roROKlZ-hZyo [15. November 2021].
The Diary of a CEO, »Richard Branson: How A Dyslexic Drop-out Built A Billion Dollar Empire« [Video], YouTube, https://www.youtube.com/watch?v=-Fmiqik4jh0 [12. Dezember 2022].
Virgin Group, »Our Story«, Virgin, https://www.virgin.com/about-virgin/our-story [o. D.].

Gesetz 29

Collins, James C. und Jerry I. Portas, *Immer erfolgreich. Die Strategien der Top-Unternehmen*, übers. v. Fritz Böhler und Thorsten Schmidt, München 2005.
Higgins, D. M., »The psychology of cults: An organizational perspective«, in: *Frontiers in psychology* 10 (2019), S. 1291.
Hogan, Tom und Carol Broadbent, *The Ultimate Start-up Guide: Marketing Lessons, War Stories, and Hard-Won Advice from Leading Venture Capitalists and Angel Investors*, Wayne, NJ 2017.
Levy, Stephen, *Google inside: Wie Google denkt, arbeitet und unser Leben verändert*, übers. v. Gerhard Franken, Heidelberg/München u.a. 2012.
Pells, R., *Blue sky dreaming. How the Beatles became the architects of business success*, London 2018.
Thiel, Peter mit Blake Masters, *Zero to one. Wie Innovation unsere Gesellschaft rettet*, übers. v. Jürgen Neubauer, Frankfurt a.M./New York 2014.

Gesetz 30

BBC Sport, »Sir Alex Ferguson to retire as Manchester United manager«, https://www.bbc.co.uk/sport/football/22447018 [8. Mai 2013].
Branson, Richard, *The Virgin Way. Wie ich das Thema Führung sehe*, Kulmbach 2015.
Elberse, Anita, »Ferguson's Formula«, in: *Harvard Business Review*, https://hbr.org/2013/10/fergusons-formula [Oktober 2013].

Housman, Michael und Dylan Minor, »Toxic Workers«, in: Harvard Business School Working Paper, Nr. 16-057, (überarbeitet im November 2015), https://www.hbs.edu/ris/Publication%20Files/16-057_d45c0b4f-fa19-49de-8f1b-4b12fe054fea.pdf

Hytner, Richard, »Sir Alex Ferguson on how to win«, London Business School, https://www.london.edu/think/sir-alex-ferguson-on-how-to-win [18. Januar 2016].

Robbins, Stephen P., Mary K. Coulter und David A. DeCenzo, *Fundamentals of Management*, London 2016.

Gesetz 31

BBC News, »Viewpoint: Should we all be looking for marginal gains?«, BBC News, https://www.bbc.co.uk/news/magazine-34247629 [15. September 2015].

Clear, James, »This Coach Improved Every Tiny Thing by 1 Percent and Here's What Happened«, https://jamesclear.com/marginal-gains [4. Februar 2020].

Gawande, Atul, »Personal best«, in: *New Yorker*, https://www.newyorker.com/magazine/2011/10/03/personal-best [26. September 2011].

Medina, Juan Carlos, »How To Make Small Changes For Big Impacts«, in: *Forbes*, https://www.forbes.com/sites/financialfinesse/2021/07/12/how-to-make-small-changes-for-big-impacts/?sh=54ead259401b [12. Juli 2021].

Mehta, Kumar, »The most mentally tough people apply the 1% ›marginal gains‹ rule, says performance expert — here's how it works«, in: *CNBC*, https://www.cnbc.com/2021/02/23/how-to-be-mentally-tough-use-the-1percent-marginal-gains-rule-says-performance-expert.html?utm_content=Main&utm_medium=Social&utm_source=twitter%7Cmain [23. Februar 2021].

The Diary of a CEO, »The ›Winning Expert‹: How To Become The Best You Can Be: Sir David Brailsford« [Video], YouTube, https://www.youtube.com/watch?v=nTiqySjdD6s [17. Januar 2022].

Tomlin, Ian, »How A Marginal Gains Approach Can Transform Your Sales Conversations«, in: *Forbes*, https://www.forbes.com/sites/forbescommunicationscouncil/2021/05/27/how-a-marginal-gains-ap-

proach-can-transform-your-sales-conversations/?sh=2eb-47c5a2bad [27. Mai 2021].
Nir Eyal, *Die Kunst, sich nicht ablenken zu lassen. Indistractable – Werden Sie unablenkbar,* übers. v. Britta Fiezke, München 2019.

Gesetz 32

Elberse, Anita, »Ferguson's Formula«, in: *Harvard Business Review*, https://hbr.org/2013/10/fergusons-formula [Oktober 2013].
Evanish, Jason, »Master the Leadership Paradox: Be Consistently Inconsistent«, in: *Lighthouse – Blog About Leadership & Management Advice*, https://getlighthouse.com/blog/leadership-paradox-consistently-inconsistent/ [2022].
The Diary of a CEO, »Rio Ferdinand Reveals The Training Ground & Dressing Room Secrets That Made United Unbeatable« [Video], YouTube, https://www.youtube.com/watch?v=CwpSViM8MaY [12. April 2021].
The Diary of a CEO, »Patrice Evra: Learning How To Cry Saved My Life« [Video], YouTube, https://www.youtube.com/watch?v=UbF4p4yTfIY [8. November 2021].
The Diary of a CEO, »Gary Neville: From Football Legend To Building A Business Empire« [Video], YouTube, https://www.youtube.com/watch?v=cMCucLELzd0 [18. August 2018].

Danksagung

Melanie Lopes
Graham Bartlett
Esther Bartlett
Jason Bartlett
Mandi Bartlett
Kevin Bartlett
Julija Bartlett
Alessandra Bartlett
Amélie Bartlett
Jacob Bartlett
Thomas Frebel
Sophie Chapman
Michael James
Dom Murray
Grace Andrews
Jack Sylvester
Danny Gray
Emma Williams
Jemima Erith
Berta Lozano
Olivia Podmore
Josh Winter
Anthony Smith
Harry Balden
Ross Field
Holly Hayes
Grace Miller
Jemima Carr-Jones
Meghana Garlapati
Charles Rossy
Shereen Paul
William Lindsay-Perez
Smyly Acheampong
Stephanie Ledigo
Damon Elleston
Qudus Afolabi
Oliver Yonchev
Ash Jones
Dom McGregor
Michael Heaven
Anthony Logan
Marcus Heaven
Adrian Sington
Drummond Moir
Jessica Anderson
Jessica Patel

Laura Nicol
Lydia Yadi
Abby Watson
Joel Rickett
Vanessa Milton
Shasmin Mozomil
Vyki Hendy
Richard Lennon
Hannah Cawse
Carmen Byers
Heather Faulls
Amanda Lang
Mary Kate Rogers
Jessica Regione
Radhanath Swami
Tali Sharot
Julian Treasure
Hannah Anderson
Rory Sutherland
Chris Eubank jun.
Johann Hari
Daniel Pink
Nir Eyal
Gary Brecka
Sir Richard Branson
Jimmy Carr
Rio Ferdinand
Barbara Corcoran
Patrice Evra
Gary Neville